"十三五"江苏省高等学校重点教材

（编号：2017—2—040）

热力学与统计物理学教程

颜森林　编

中国水利水电出版社
www.waterpub.com.cn
·北京·

内 容 提 要

本书是根据作者在南京晓庄学院物理系多年讲授"热力学与统计物理学"这门课程的讲义改写的。本书内容共 9 章,以平衡态理论为主要内容,包括热力学和统计物理学两个部分,热力学内容有热力学的基本概念和规律、热力学函数及其应用、单元系的相平衡、多元复相系平衡简介;统计物理学内容有热力学系统微观状态基本理论表述、玻耳兹曼统计、量子统计物理、系综理论、涨落理论。

本书既可作为综合性大学、师范大学物理学以及应用物理学专业的教材,也可作为电子信息科学与技术、光电信息科学与工程、材料科学、化学、能源与热动力工程等以及相关专业的专业基础课程教材和相关人员的参考书等。

图书在版编目(CIP)数据

热力学与统计物理学教程 / 颜森林编. -- 北京 : 中国水利水电出版社, 2018.6(2025.1重印).
"十三五"江苏省高等学校重点教材
ISBN 978-7-5170-6741-2

Ⅰ. ①热… Ⅱ. ①颜… Ⅲ. ①热力学-高等学校-教材②统计物理学-高等学校-教材 Ⅳ. ①O414

中国版本图书馆CIP数据核字(2018)第185591号

书　　名	"十三五"江苏省高等学校重点教材 **热力学与统计物理学教程** RELIXUE YU TONGJI WULIXUE JIAOCHENG
作　　者	颜森林　编
出版发行	中国水利水电出版社 (北京市海淀区玉渊潭南路 1 号 D 座 100038) 网址:www. waterpub. com. cn E-mail:zhiboshangshu@163. com 电话　(010)62572966-2205/2266/2201(营销中心)
经　　售	北京科水图书销售有限公司 电话:(010)68545874、63202643 全国各地新华书店和相关出版物销售网点
排　　版	北京智博尚书文化传媒有限公司
印　　刷	三河市龙大印装有限公司
规　　格	185mm×260mm　16 开本　12 印张　285 千字
版　　次	2018 年 6 月第 1 版　2025 年 1 月第 3 次印刷
定　　价	32.00 元

凡购买我社图书,如有缺页、倒页、脱页的,本社营销中心负责调换

版权所有·侵权必究

前　言

　　本书是根据作者在物理专业多年讲授"热力学与统计物理学"这门课程的讲义改写的。在讲义编写过程中,编著者认为,①为了保证宏观的热力学方法和微观统计物理方法的相对独立性以及突出它们的特点,分开介绍热力学和统计物理学是有益的。在说明热力学物理概念中引入一些物理量的定义时,以宏观状态为主进行阐述;在说明统计物理概念引入一些物理量的意义时,以微观状态为主进行阐述,在统计物理中又尽可能把它与热力学的分工与联系充分表现出来。②本书以描述平衡态理论为主要内容,所以非平衡态理论以及不可逆过程热力学并未涉及。③热力学部分以热力学的基本概念和规律以及热力学函数及其应用为知识主体,相平衡以特色简介为主。④统计物理部分从微观状态出发,以玻耳兹曼统计和量子统计物理相关应用为主线,特以吉布斯正则分布和巨正则分布为知识特点。

　　"热力学与统计物理学"是本书作者比较喜欢的一门课程,本科学习阶段以马本堃、高尚惠、孙烃写的《热力学与统计物理学》为学习教本,研究生学习阶段又学习了"统计力学""量子统计物理学""群论"和"固体理论"等相关课程。近十几年本科教学阶段均以汪志诚写的《热力学·统计物理》为教材,其学术特点鲜明而富有创新,使本书作者得益多多,还有其他非常具有特色的教材(如参考文献所列等)都给本书作者以深刻的影响,这些经典教材的理论体系、知识结构、图表、公式、习题等都在本书中有体现,这里不再一一列出。在30多年学习、教学、科研过程中,以第一作者(独立)名义发表和出版了近百学术论文和著作,对热力学与统计物理学有自己的一些理解和体会。为了与时俱进,适应经济社会发展和物理学及现代科学技术的进步,遵循教育教学的规律,体现本人对教学理念以及人才培养模式和教学改革的思考,特别是满足物理学本科生对"热力学与统计物理学"课程学习的需要,根据该课程以及相关学科专业特点,博采众长、继承与发展其优势,编出了本书。由于学时限制,同时又要能讲出"热力学与统计物理学"这门课程的特色,体现出问题导向性学习、探究性学习、自主学习等特点,所以以教程形式编出。本书是"2017 年江苏省高等学校重点教材"项目(编号:2017－2－040)。

　　鉴于编者经验不足、水平有限,错误与不妥之处难免,恳请读者批评指出。

编者
于南京
2018 年 6 月

目　　录

第1章 热力学的基本概念和规律

1.1 热力学研究的对象以及平衡状态描述

系统与外界 热力学研究的对象是由大量微观粒子(分子、原子或其他粒子)组成的宏观物质系统。其特点是在时间与空间上具有宏观的尺度以及包含极大数目的力学自由度。热力学研究物质系统有关热现象及其规律。与热力学系统发生相互作用的其他物质系统称为**外界**。与其他物质系统没有任何相互作用的系统称为**孤立系**。与外界可有能量交换,但没有物质交换的系统称为**闭系**。与外界既有能量交换、又有物质交换的系统称为**开系**。如某液体盛于开口容器中,由于液体分子可以蒸发,又可重新凝结,因此液体系统与周围环境既有物质交换,也有能量交换,这便是开放系统的例子。

对孤立系统,严格说来,自然界并不真正存在这种情况,但当系统与外界相互作用小到可以忽略时可近似看成孤立系统。所以孤立系统是理想极限的概念。

平衡态 在自然界中,如一个孤立系统,不论其初态如何复杂,经过足够长的时间后,系统的各种宏观性质或者说系统宏观物理量在长时间内不再发生任何的变化,达到这样的状态称为热力学平衡态,否则称为非平衡态。本书主要讨论平衡态。

关于孤立系统的平衡态,还涉及以下物理问题。

(1)弛豫时间:由初态到平衡态的时间。弛豫时间的长短,由系统的性质及弛豫机制决定。

(2)热动平衡:平衡态时系统的宏观性质不再随时间而改变,但组成系统的大量粒子仍在不断地运动,即从微观的角度来看组成系统的微观粒子仍在进行复杂的运动,只是此时不论个别微观粒子如何运动,大量微观粒子的总体给出的宏观物理量不再随时间变化,即达到动态平衡。

(3)涨落:虽然平衡态系统大量微观粒子的总体给出的宏观物理参量不再随时间变化,但组成系统的微观粒子仍在进行复杂的运动,它们的宏观物理量的数值仍会在平衡态发生或多或少的涨落。但在一般情况下,这种涨落相对于热力学系统宏观物理量而言是非常小的,是可以忽略的。

(4)非孤立系:把系统与外界整体合并考虑可以看作一个复合的孤立系统。所以说孤立系统有平衡态,非孤立系统也有平衡态。

状态及参量　　热力学研究特点是对大量微观粒子运动的总体所呈现出来的系统的宏观物理性质及各种宏观物理过程的有关热现象的表述。那么,如何描述热力学系统的平衡态呢?由于热力学平衡态与非平衡态相比要简单得多,通常只需要用一组最少但必要而又充分且独立的状态参量就可完全确定平衡态的性质,这组独立的状态参量的数目由经验来决定。系统其他的宏观物理性质或参量则由状态唯一地决定,表现在数学上有一定的函数关系,统称为**态函数**。而足以确定系统平衡态的自变量,我们称它们为**状态参量**。通常把状态参量划分为内参量与外参量两大类。**内参量**表示系统内部的状态,它决定组成系统的大量微观粒子的热运动的状况,决定系统本身的宏观物理特性;**外参量**表示系统周围环境的状况,或者说表示加在系统上的外界条件。例如封闭在容器内的气体,在没有外力场时,其热力学系统平衡态由两个参量便可确定,通常用温度 T 表示系统内部的热运动状态,即内参量,用容器的体积 V 表示外参量,而系统的其他宏观物理性质,则是态函数,也就是确定系统状态的参量的函数。如气体的压强便可看成温度与体积这两个独立状态参量的函数。

热力学中需要用几何参量、力学参量、化学参量和电磁参量这四类参量来描述热力学平衡态。这四类参量分别属于力学、化学和电磁学范围。

广延量和强度量　　均匀系的热力学量可以分为两类:一类与系统的质量或物质的量无关,称为**强度量**。例如,压强 p、温度 T、磁场强度 H 等;另一类与系统的质量或物质的量成正比,称为**广延量**。如质量 M、物质的量 n、体积 V、总磁矩 m 等;广延量除以质量、物质的量或体积便成为强度量。例如,摩尔体积 $V_m = V/n$,密度 $\rho = M/V$,磁化强度 $M = m/V$ 等都是强度量。

系与相　　如果一个热力学系统各个部分的性质完全一样,则该系统称为**均匀系**,一个均匀系的部分称为一个**相**,也叫**单相系**。如果整个系统是不均匀的,且可以分为多个均匀系的部分,则称为**复相系**。例如水和水蒸气构成一个两相系,水是一个相,水蒸气是另一个相。注意平衡态的描述是对均匀系而言的。对多个复相系的平衡还需要一定的相的平衡条件。

改变系统状态的三种方式　　当热力学系统处于热平衡状态时,自己不能改变自己的状态,唯一的办法是需要外界对系统施加作用与影响才能改变自己的状态。系统与外界之间的作用是相互的,这种相互作用会改变系统的状态,同时也会改变外界的状态。改变系统状态的有**做功、热传递以及物质交换**,即系统与外界之间的相互作用可分为**三类:一**是力学的或机械的相互作用,表现为系统对外界、或外界对系统以机械力或电磁力做宏观功方式,即通过宏观功来改变系统的能量,从而达到改变系统状态的效果。**二**是系统与外界并没有宏观功交换,但两者通过热传递的相互作用方式(热接触)达到了改变系统状态的效果。而在彼此之间传递的能量多少称为热量。例如,高温铁块放入一盆低温水中,一段时间后可观察到所研究的系统（铁）和外界（水）的状态（如温度）都发生了变化。尽管两者之间并没有宏观功发生，但是通过铁与水的直接接触，两者之间传递或交换了热量导致它们的状态都发生了变化。三是系统与外界之间发生了物质交换的相互作用方式。例如，液体酒精挥发到空气中、冰溶解为水等。对于封闭系统，只有前两类相互作用，对于开放系统，三类相互作用方式均存在。

1.2　热力学第零定律　温度

温度是由物体的冷热程度这一直觉观念中引申出来的，通俗地讲它是表示物质的冷热程度。温度是热力学中特有的一个物理学量，在热力学中温度的严格概念的建立及实验测定的原理基于热平衡定律，证明如下：

热平衡定律　温度　有 A、B、C 三个处于任意确定的热平衡态的系统，若系统 A 同时分别与系统 B、C 相互热接触，系统 A 与 B 的平衡不被打破，与此同时，系统 A 与 C 的平衡也不被打破，说明系统 A 分别与 B 以及 C 相互处于热平衡。有实验**证明**：此时如果系统 B 与 C 热接触，系统 B 和 C 的热平衡态也不会被打破，相互必处于热平衡，此定律称为**热平衡定律**。可表示为

$$(A-B)且(A-C) \rightarrow (B-C)$$

由此可以证明处于热平衡态系统存在一个**态函数—温度**。如果系统 A 与 C 达到热平衡，两系统物理参量就不是任意的。也就是说，两个系统中四个变量 (V_A, p_A) 和 (V_C, p_C) 之间必然存在一个函数关系：

$$F_{AC}(p_A, V_A; p_C, V_C) = 0 \tag{1.2.1}$$

原则上可解出

$$p_C = F_{AC}(p_A, V_A; V_C) \tag{1.2.2}$$

同理，如果系统 B 与 C 达到热平衡，它们的状态量也必然存在函数关系：

$$F_{BC}(p_B, V_B; p_C, V_C) = 0 \tag{1.2.3}$$

或

$$p_C = F_{BC}(p_B, V_B; V_C) \tag{1.2.4}$$

如果 A、B 都与 C 达到热平衡，式（1.2.2）和式（1.2.4）应同时成立，即有

$$F_{AC}(p_A, V_A; V_C) = F_{BC}(p_B, V_B; V_C) \tag{1.2.5}$$

与此同时，则 A 与 B 也必达到热平衡，即 A、B 的状态参量间应存在下述函数关系

$$F_{AB}(p_A, V_A; p_B, V_B) = 0 \tag{1.2.6}$$

式（1.2.6）与变量 V_C 无关，应是式（1.2.5）的直接结果。显然，式（1.2.5）中所含的变量 V_C 在其等式两边也可消去，该式应可简化为

$$f_A(p_A,V_A)=f_B(p_B,V_B) \tag{1.2.7}$$

式(1.2.7)指出,互为热平衡的系统 A 与 B,分别存在一个状态函数 $f_A(p_A,V_A)$ 和 $f_B(p_B,V_B)$,而且两个函数的数值相等。经验表明,两个物体达到热平衡时具有相同的冷热程度——温度。因此,处于热平衡态的系统存在一个态函数——温度,所有能够相互处于热平衡的系统,它们的温度都有相同的数值。这里函数 $f(p,V)$ 就是系统的温度。这样根据热平衡定律,证明了处在平衡态下系统的函数温度的存在。热平衡定律是热力学理论的起点,又把它称为**热力学第零定律**。

热平衡基本原理表明:两个物体是否处于热平衡,并不依赖于两个物体是否存在热接触,热接触只是给物体是否处于热平衡创造了物理的条件,但两个物体是否处于同一热平衡状态,完全由物体内部分子热运动的状况决定,两个不接触的物体完全可能处于同一热平衡态。因此,互为热平衡的物体必有一共同的物理性质,这个性质保证它们在热接触时达到热平衡:把表征物体这个性质的物理量称为**温度**,并认为处于同一热平衡状态下的物体具有相同的温度。

温度计 由于相互处于热平衡的系统的温度有相同的数值,于是在比较各个系统的温度高低时,并不需要将各系统直接接触,只需取一个作为标准的物体,将它分别与其他物体接触即可。这一标准的物体除了某一状态参量外,其他都保持不变,只让这一状态参量随这一物体的温度而变,只要这种变化是单调的,便可以通过适当的方式用这一状态参量的数值来标示温度,这个经过标度的物体便称为**温度计**。

因此,可以用温度计来比较各个系统的温度。用来标示温度的状态参量所表示的物理特性称为测温物理特性。以某种物质(测量物质)的某一特性(测温特性)随冷热程度的变化为依据而确定的温标称为经验温标。如水银温度计等,测出的温度数值与水银及体积变化特性(如水银温度计水银长度)有关。

温标 理想气体是一个重要的理想的热力学系统。实际上所有的气体当它们充分稀薄时,都可看成是理想气体而与气体的种类无关。因此可采用理想气体作为测温物质,做成理想气体定压或定容温度计。由于定压气体温度计的结构复杂,操作和修正麻烦,因此,这里只讨论定容气体温度计。定容气体温度计用气体压强作为温度的标志,使用压强作为测温特性可以建立摄氏温标,也可建立另一种温标——**理想气体温标**(常用符号 T 表示)。规定:设 $T(p)$ 表示定容理想气体温度计与待测系统达到热平衡时的温度,其中 p 是此时定容理想气体温度计的压强值,规定 $T(p)$ 与 p 成正比,比值由规定水的三相点(纯水、纯冰及水蒸气三相共存的状态)温度数值 273.16 开来确定,开是理想气体温度的单位(符号为K),其量值等于摄氏度。实验表明,不论用任何测温物质,当压强趋于零极限下,它们趋于一个共同的极限温标,这个极限温标称为理想气体温标,可用 T 表示:

$$T=273.16\text{K} \lim_{p\to 0}\left(\frac{p}{p_t}\right) \tag{1.2.8}$$

式中,p_t 表示三相点状态下温度计中气体的压强。由此,在热力学第二定律的基础上引入一种不依赖任何具体物质特性的温标,称为**热力学温标**。在通常测量情况下,理想气体温标和热力学温标是一致的。

日常生活中常用摄氏度表示温度,使用定容理想气体温度计测量,水的沸点的理想气体温度的数值是 373.15K。摄氏温度 t 与热力学温度 T 之间的数值关系为

$$t = T - 273.15 \tag{1.2.9}$$

其单位是 ℃(摄氏度)。

1.3　物态方程及其相关物理量

态式　热力学系统的平衡态可由一组独立的物理参量来确定,如由系统的几何参量、力学参量、化学参量、电磁参量的数值确定,至于独立参量的数目,应由系统的性质及外界的条件来决定。通常把给出的温度与状态参量之间的函数关系的方程称为**物态方程**,或简称为**态式**。对于仅用体积 V 和压强 p 来描述的系统称为**简单系统**,如固定质量的某种气体、液体和各向同性的固体等系统。简单系统的平衡态的物态方程的一般形式为

$$F(p, V, T) = 0 \tag{1.3.1}$$

或

$$V = V(p, T), T = T(p, V), p = p(T, V) \tag{1.3.2}$$

称为均匀系的物态方程。

在热力学中,压强、体积和温度之间应有一定的函数关系,但理论上不能导出具体的函数形式。要获得态式的具体形式,需要总结实验事实而得出规律,或者由统计物理根据物质结构模型应用统计方法从理论上推导出来。

如果还存在其他外力场等影响(如外参量 $x_1, x_2, \cdots$)时,式(1.3.1)应扩展有如下的广义物态方程形式:

$$F(T, p, V, x_1, x_2, \cdots) = 0 \tag{1.3.1'}$$

热力学中,态式的重要性就在于,可利用热力学量之间的函数关系把一些不能直接测量的热力学量与态式联系起来,这样就能知道那些不能直接测定的热力学量。

几种热力学系统物态方程的具体表达式

1. 理想气体

理想气体物理模型是:气体足够稀薄、分子平均间距足够大、分子相互作用可以忽略。1662 年玻意耳发现:在温度不变时,定质量气体热力学系统的压强和体积的乘积是个常数,即

$$pV = C(常数) \tag{1.3.3}$$

对于定质量理想气体,对任意两个态是 1 和 2。先保持 V_1 不变,这时气体的压强 p'_2 为

$$p'_2 = p_1 \frac{T_2}{T_1} \tag{1.3.4}$$

然后保持温度不变使气体的压强变为 p_2,由玻意耳定律知

$$p'_2 V_1 = p_2 V_2 \tag{1.3.5}$$

联立式(1.3.4)和式(1.3.5),得

$$\frac{p_1 V_1}{T_1} = \frac{p_2 V_2}{T_2} \tag{1.3.6}$$

式(1.3.6)左、右两边表示气体两个态的关系,其比值是常量且与过程无关。如是 1mol 理想气体,用 R 表示这个比值是 $8.314 J/(\text{mol} \cdot K)$。由此 n mol 理想气体的物态方程则为

$$pV = nRT \tag{1.3.7}$$

2. 非理想气体热力学系统

一个比较简单的物态方程式是范德瓦耳斯气体。对于 n mol 的气体,范德瓦耳斯气体(简称**范氏气体**)方程为

$$\left(p + \frac{an^2}{V^2} \right)(V - nb) = nRT \tag{1.3.8}$$

式中,a 和 b 是常数,a 为分子间距离的修正项,b 为分子体积的修正项。其值由气体决定,可以由实验测定(表 1—1)。

表 1—1

气体	$a/10^5 Pa \cdot cm^6/mol^2$	$b/cm^3/mol$
He	0.03415×10^5	23.71
Ne	0.2120×10^5	17.10
H_2	0.2446×10^5	26.61
N_2	1.346×10^5	38.52
O_2	1.361×10^5	32.58

另外一个是**昂尼斯物态**方程,它以级数形式出现:

$$p = \left(\frac{nRT}{V} \right) \left[1 + \frac{n}{V} B(T) + \left(\frac{n}{V} \right)^2 C(T) + \cdots \right] \tag{1.3.9}$$

称为位力展开。其中 $B(T), C(T), \cdots$ 分别称为第二、第三、$\cdots$ 位力系数,它们都是温度的函数。

3. 外场中的顺磁性固体热力学系统的物态方程

如磁化强度 M,磁场强度 H 与温度 T 的关系:

$$F(M, H, T) = 0 \tag{1.3.10}$$

这就是顺磁性固体的物态方程。实验测得一些物质的**磁物态**方程为

$$M = \frac{a}{T} H \qquad (1.3.11)$$

式(1.3.11)称为居里定律,其中 a 称为居里常数,其数值因不同的物质而异,可由实验测定。如果样品是均匀磁化的,样品总磁矩 m 是磁化强度 M 与体积 V 的乘积,即 $m=MV$。

三个物理参量关系式与三个体变系数　在热力学系统中,态式常用几个物理参量描述,如三个物理参量 p、V、T 之间存在一定的函数关系,如式(1.3.1),其偏导数之间就一定存在着下述一个重要关系式(见附录1):

$$\left(\frac{\partial p}{\partial V}\right)_T \left(\frac{\partial V}{\partial T}\right)_p \left(\frac{\partial T}{\partial p}\right)_V = -1 \qquad (1.3.12)$$

在热力学系统中,只要三个物理参量存在一定的函数关系,类似的关系式(1.3.1)就常常被讨论。

热力学物质系统体变化是一个重要的热过程,不同条件下系统体变化具有不同物理特征,和态式有关。下面描述其相关的物理量:

体胀系数 α 是

$$\alpha = \frac{1}{V}\left(\frac{\partial V}{\partial T}\right)_p \qquad (1.3.13)$$

α 的物理意义是在保持压强不变的条件下,温度每升高 1K 所引起的物体体积相对变化率。

压力系数 β 是

$$\beta = \frac{1}{p}\left(\frac{\partial p}{\partial T}\right)_V \qquad (1.3.14)$$

β 的物理意义是在保持体积不变的条件下,温度每升高 1K 所引起的物体压强相对变化率。

等温压缩率 κ_T 是

$$\kappa_T = -\frac{1}{V}\left(\frac{\partial V}{\partial p}\right)_T \qquad (1.3.15)$$

κ_T 的物理意义是在保持温度不变的条件下,单位压强增加引起的物体体积相对变化率,负号表示体积缩小。

上面这三个系数有一定的关系,只要测出其中两个就能计算出第三个。利用式(1.3.2)的变化:

$$\frac{1}{V}\left(\frac{\partial V}{\partial T}\right)_p = -\frac{1}{V}\left(\frac{\partial V}{\partial p}\right)_T \frac{1}{p}\left(\frac{\partial p}{\partial T}\right)_V p$$

获得 α、β 和 κ_T 之间的关系:

$$\alpha = \kappa_T \beta p \qquad (1.3.16)$$

上面这三个物理量与物态方程有关。如果已知物态方程,由式(1.3.12)和式(1.3.16)就可以求出 α 和 κ_T。当然,也可以通过实验测得 α 和 κ_T,以获得有关物态方程的信息。对式(1.3.2)全微分

$$dV = \left(\frac{\partial V}{\partial T}\right)_p dT + \left(\frac{\partial V}{\partial p}\right)_T dp$$

也能获得和 α 及 κ_T 有关的微分形式的物态方程：

$$dV = V\alpha dT + V\kappa_T dp$$

1.4　准静态过程中的功

准静态过程　热力学系统的状态随时间的变化称为热力学过程。在热力学过程中的一个重要过程是准静态过程。如果过程进行中的每一个中间态都是平衡态,这种过程叫作**准静态过程**。显然准静态过程是一种理想化的过程,因为过程的进行,意味着原来的平衡态被破坏,所以实际过程中的每一个中间态都不再是平衡态。但是另一方面,由于气体分子的无规则运动及相互碰撞又时刻使气体的密度与压强迅速趋于均匀化,以达到新的平衡态,因此如果控制外参量,使过程进行得充分缓慢,则每一个时刻都来得及建立新的平衡态,这样的过程进行中的每一个中间态,都可近似地看成平衡态,这就是准静态过程。例如,气体在准静态膨胀过程中气体压强和外界压强必须维持平衡。

准静态过程中功的表达式

1. 系统体积改变做功问题

如用可移动活塞封闭定质量气体或者液体在圆柱形汽缸中。用 p 表示压强,汽缸截面积是 A。当活塞在力 pA 的作用下在汽缸准静态过程中移动了一个距离 dx 时,则气体体积变化为 $dV = -Adx$。故外界对系统所做的功可以表示为**微分表达式**：

$$dW = -pdV \tag{1.4.1}$$

如果系统在准静态过程中体积有限变化区域是由 V_A 变到 V_B,则外界对系统所做的功在形式上是式(1.4.1)的**积分表达式**：

$$W = -\int_{V_A}^{V_B} pdV \tag{1.4.2}$$

当知道在过程中系统的压强与体积的函数关系 $p = p(V)$ 时,就可以计算出外界所做的功。对于非准静态过程,如系统是等容吸热或者放热过程,但 $\triangle V = 0$,外界所做功 $W = 0$。又例如,当系统在恒定的外界压强下体积由平衡态 A(体积是 V_A)变为平衡态 B(体积是 V_B)时,外界所做功可以是

$$W = -p(V_B - V_A) = -p\Delta V \tag{1.4.3}$$

对于简单系统,其准静态过程可以形象地在 $p-V$ 图上表示出来。如图 1−1 所示一条曲线(如Ⅰ−B−Ⅱ)对应于某一准静态过程,曲线称为过程曲线,曲线下部分曲面积则表示给定的过程中,系统由状态Ⅰ变化到状态Ⅱ所做的功的数值。当系统由态Ⅰ变到态Ⅱ时,功为正值,表示系统在膨胀过程中对外界做了功;反之,当系统由态Ⅱ变到Ⅰ时,功为负值,表

示系统在受到压缩过程中对外界做了负功,也就是外界对系统做了功。

功是过程量,它的数值与过程的性质有关。例如:在定态
Ⅰ与定态Ⅱ之间可以采取不同的准静态过程来实现这种过渡。
这相当于图1-1上连接定态Ⅰ与定态Ⅱ的不同曲线(如Ⅰ-A
-Ⅱ及Ⅰ-B-Ⅱ)。不同曲线Ⅰ-A-Ⅱ与Ⅰ-B-Ⅱ所包围
的面积不同,表示在不同的过程中,系统做的功不同。

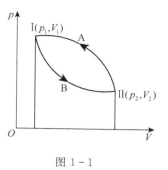

图 1-1

2. 液体表面薄膜做功问题

设液体表面薄膜张在长方形线框上,框长是 x,宽是 l,其一
边宽框可以平动。以 σ 表示单位长度的表面张力,单位是
N/m。表面张力导致液面呈现收缩趋势,当边框移动一段距离 dx 时,外界克服表面张力所
做的功为

$$\text{d}W = 2\sigma l\text{d}x$$

液膜面积变化是 $dA = 2l\text{d}x$,所以功是

$$\text{d}W = \sigma\text{d}A \tag{1.4.4}$$

式(1.4.4)给出在准静态过程中液膜面积改变 dA 时外界所做的功,其单位为焦耳(J)。

3. 电介质做功问题

对于平行板电容器,电容器内部充满电介质。设两板的电势差为 $\hat{U}$,当外界有使电容
器的电荷量增加 dq 时,外界所做的功为 $\text{d}W = \hat{U}\text{d}q$。

用 ρ 表示电容器的面电荷密度,A 表示平行板的面积,L 表示两极之间的距离,体积是
$V = AL$,E 表示电介质中的电场强度,由其产生的电位移是 D,则

$$\text{d}W = \hat{U}\text{d}q = (EL)(A\text{d}\rho) = VE\text{d}\rho$$

由电磁学中的高斯定律给出 $\rho = D$,进一步可得

$$\text{d}W = VE\text{d}D \tag{1.4.5}$$

式(1.4.5)给出在准静态过程中电介质的电位移改变 dD 时外界所做的功。由电磁学中熟
知的关系 $D = \varepsilon_0 E + P$,其中 P 是电极化强度,ε_0 称为介电常数,取值 $\varepsilon_0 = 8.8542 \times 10^{-12}$ F/m。
因此,可将 $\text{d}W$ 表示为

$$\text{d}W = V\text{d}\left(\frac{\varepsilon_0 E^2}{2}\right) + VE\text{d}P \tag{1.4.6}$$

式(1.4.6)说明,外界所做的功可以分为两部分,第一部分是激发电场的功,第二部分
是使介质极化的功。在国际单位中,E 的单位是 V/m,P 的单位是 C/m,功的单位是 J。

4. 磁介质做功问题

对磁介质做功问题分析类似于电介质做功问题:外界所做的功也可以分为两部分,第
一部分是激发磁场的功,第二部分是使介质磁化所做的功。在国际单位制中,磁场强度 H

和磁感应强度 B 的单位都是 A/m，功的单位是 J。由电磁学中熟知的关系 $B=\mu_0(H+M)$，其中 M 是磁化强度，真空磁导率是 $\mu_0=4\pi\times10^{-7}$ H/m。外界对磁介质做功为

$$\mathrm{d}W=V\mathrm{d}\left(\frac{\mu_0 H^2}{2}\right)+\mu_0 VH\mathrm{d}M \tag{1.4.7}$$

式(1.4.4)、式(1.4.6)、式(1.4.7)说明在准静态过程中外界对系统所做的功可以写成

$$\mathrm{d}W=\sum_i Y_i\mathrm{d}y_i \tag{1.4.8}$$

其中 y_i 叫**广义坐标**，是外参量，Y_i 是与 y_i 相应的**广义力**。这就是说，如果一个热力学系统具有 n 个独立的外参量 $y_1,y_2,\cdots,y_n$ 在准静态过程中，当外参量的变化发生 $\mathrm{d}y_1,\mathrm{d}y_2,\cdots,\mathrm{d}y_n$ 的改变时，外界所做的功等于外参量的变化与相应广义力的乘积之和。

1.5 内能 热量 热力学第一定律

热力学第一定律 做功和热传递是改变系统状态的两种方式，但是两种不同的能量交换方式。在做功过程中，系统外参量必发生改变。而热传递是外界和系统**热接触**（通过分子碰撞或者热辐射）发生的热量交换，但系统外参量不必发生改变。然而无论是做功还是热传递，都必须符合能量守恒与转化定律。热力学第一定律就是普遍的能量守恒与转化定律，是一切涉及热现象的宏观过程中的具体表现，是人们长期进行生产实践和科学实验的科学总结。

态函数－内能 先介绍焦耳最初测定热功当量的实验，其装置如图 1－2 所示。我们把装置中的水作为研究系统。认为系统开始处于状态 A，重物下降带动叶片搅拌水做功以提高水的温度，使其达到状态 B。但也可以用直接向水中传递热量的办法使水从状态 A 过渡到状态 B。也可以两种办法兼用，做一部分功，又传一部分热量，使水从状态 A 过渡到状态 B。实验事实说明两个问题：一是对系统做一定量的功和传一定量的热量的效果是一样的，从而揭示了热量是能量交换多少的物理实质。二是系统从状态 A 过渡到状态 B，中间所经历的过程可以是多种多样的：可能有外界做功，可能有外界向系统传热，也可能两者兼有，只要系统初态与终态一定，不论中间经历怎样的过程，外界向系统做功和外界向系统传的热量的总和是相同的。事实表明：态变过程中功与热量的总和仅取决于初终状态，而与经历的过程无关。因此表明：系统存在一个我们称之为**内能（或热力学能）**的态函数，常用 U 表示。

热力学第一定律表达式 热量 例如，在绝热过程（系统和外界之间没有热量交换过程）中，外界对系统所做的功 W_s 被用来定义终态 B 和初态 A 的内能之差：$U_B-U_A=W_s$，单位是焦耳(J)。可见内能函数中还有一个任意的常数。如态变是定容（体积不变）吸热过程，系统从外界吸收的热量（用 Q 表示）可以定义为终态 B 和初态 A 的内能差，即 U_B-U_A

$=Q$。如果系统所经历的过程中既有热交换又有做功，根据
能量守恒与转换定律，系统从外界吸收的热量是

$$Q=U_B-U_A-W \tag{1.5.1}$$

式(1.5.1)就是**热量**的定义。热量的单位也是焦耳(J)。另
外式(1.5.1)也可以写成增量形式：

$$\Delta Q=\Delta U-\Delta W \tag{1.5.1'}$$

式(1.5.1)又可写成下述形式：

$$U_B-U_A=Q+W \tag{1.5.2}$$

式(1.5.2)则是**热力学第一定律的数学表达式**。它的意义

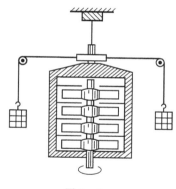

图 1-2

是，系统在终态 B 和初态 A 的内能之差等于在过程中外界对系统所做的功以及从外界吸
收的热量的总和。即在过程中通过做功和传热两种方式所传递的能量，都可转化为系统内
能。热力学第一定律就是能量守恒与转化定律对热现象的一种描述。

如果系统经历一个无穷小的过程，内能的变化为 dU，外界所做的功为 đW，系统从外界
吸收的热量为 đQ，则有**热力学第一定律的微分表达式**：

$$\mathrm{d}U=\text{đ}Q+\text{đ}W \tag{1.5.3}$$

注意，在有限的过程中 Q 和 W 都不是态函数，相应地在无穷小的过程中 đQ 和 đW 也只是
微分式而不是完整微分，所以在 đQ 和 đW 的 d 上加一横，以示区别。对气体或液体，进一
步有

$$\text{đ}Q=\left(\frac{\partial U}{\partial T}\right)_V\mathrm{d}T+\left[\left(\frac{\partial U}{\partial V}\right)_T+p\right]\mathrm{d}V \tag{1.5.4}$$

从微观角度上看，内能是系统中粒子的动能和粒子与粒子之间的相互作用能的总和。
通常物质系统中，粒子之间的相互作用是短程作用，相互作用能可以忽略。所以内能具有
广延量性质。如果整个系统没有达到平衡，但可分为若干个处于局域平衡的小部分，则整
个系统的内能是各部分内能之和：

$$U=\sum_i U_i \tag{1.5.5}$$

"制造第一类永动机是不可能的"　在热力学第一定律确立以前，许多人曾试图制造一
种机器，它不消耗能量，但可以对外做功，称这种机器叫作"第一类永动机"。实践证明：不
管设计制造者如何精巧，都以失败而告终。原因很简单，因为这种机器违背了热力学第一
定律——能量守恒与转化定律。热力学第一定律也可以另一种方法表述：制造第一类永动
机是不可能的。

1.6　热容　焓

通过上面的讨论可以看出,热量与宏观功的本质是一样的,都是系统能量变化的量度,一定量的功和一定量的热是相当的。功和热量是过程物理量,都不是态函数。所以,系统的初态与终态一定的情形下进行的不同的过程,功与热量应有不同的数值。

热容　一个系统在某一过程中温度升高 1K 所吸收的热量,称作系统在该过程的热容。以 ΔQ 表示系统在此过程中温度升高 ΔT 所吸收的热量,则系统在该过程的热容 C 为

$$C = \lim_{\Delta T \to 0} \frac{\Delta Q}{\Delta T} \tag{1.6.1}$$

热容的单位是焦耳每开尔文(J/K)。系统的热容 C 与摩尔热容 C_m 的关系为

$$C = nC_m \tag{1.6.2}$$

式中,n 是系统的物质的量。单位质量的物质在某一过程的热容称为物质在该过程中的比热容。比热容与物质的固有属性有关。

实验表明热容和比热容都与过程有关,若在加热过程中保持物体的体积不变,则得定容热容,以 C_V 表示;若过程是在恒定压力下进行的,则得定压热容且以 C_p 表示。

在等容过程中,系统的体积不变,外界对系统不做功,将 $W = 0$ 代入式(1.5.3),得 $\Delta Q = \Delta U$,则

$$C_V = \lim_{\Delta T \to 0} \left(\frac{\Delta Q}{\Delta T} \right)_V = \lim_{\Delta T \to 0} \left(\frac{\Delta U}{\Delta T} \right)_V = \left(\frac{\partial U}{\partial T} \right)_V \tag{1.6.3}$$

即定容热容联系上了内能态函数。对于简单系统,U 是 T、V 的函数,因而 C_V 也是 T、V 的函数。

在等压过程中,将外界对系统所做的功 $W = -p\Delta V$ 代入式(1.5.3),可得到 $\Delta Q = \Delta U + p\Delta V$。则

$$C_p = \lim_{\Delta T \to 0} \left(\frac{\Delta Q}{\Delta T} \right)_p = \lim_{\Delta T \to 0} \left(\frac{\Delta U + p\Delta V}{\Delta T} \right)_p = \left(\frac{\partial U}{\partial T} \right)_p + p \left(\frac{\partial V}{\partial T} \right)_p \tag{1.6.4}$$

态函数—焓　现引进一个名为焓的态函数 H:

$$H = U + pV \tag{1.6.5}$$

显然,在等压过程中态函数焓的变化为:$\Delta H = \Delta U + p\Delta V$。这正是在等压过程中系统从外界吸收的热量。由此,得到定压热容的表达式:

$$C_p = \left(\frac{\partial H}{\partial T} \right)_p \tag{1.6.6}$$

即定压热容联系上态函数焓。对于简单系统,定压热容是 T、p 的函数。对式(1.6.5)全微分

$$\mathrm{d}H = \mathrm{d}U + \mathrm{d}(pV)$$

$$= \left(\frac{\partial U}{\partial T}\right)_V \mathrm{d}T + \left(\frac{\partial U}{\partial V}\right)_T \mathrm{d}V + p\mathrm{d}V + V\mathrm{d}p$$

由此获得

$$C_p = C_V + \left[\left(\frac{\partial U}{\partial V}\right)_T + p\right]\left(\frac{\partial V}{\partial T}\right)_p \tag{1.6.7}$$

$$\left(\frac{\partial U}{\partial V}\right)_T = (C_p - C_V)\left(\frac{\partial T}{\partial V}\right)_p - p \tag{1.6.8}$$

对于某一物质,如从实验上测得物态方程、C_p 和 C_V,原则上就能确定内能。还可以获得

$$\mathrm{d}Q = C_V\mathrm{d}T + (C_p - C_V)\left(\frac{\partial T}{\partial V}\right)_p \mathrm{d}V \tag{1.6.9}$$

利用 $H = U + pV$,我们获得

$$\mathrm{d}Q = \mathrm{d}H - V\mathrm{d}p$$

选 p、T 为状态参量,利用 $\mathrm{d}H = \left(\frac{\partial H}{\partial T}\right)_p \mathrm{d}T + \left(\frac{\partial H}{\partial p}\right)_T \mathrm{d}p$,获得

$$\mathrm{d}Q = C_p\mathrm{d}T + \left[\left(\frac{\partial H}{\partial p}\right)_T - V\right]\mathrm{d}p \tag{1.6.10}$$

进一步有

$$C_V = C_p + \left[\left(\frac{\partial H}{\partial p}\right)_T - V\right]\left(\frac{\partial p}{\partial T}\right)_V \tag{1.6.11}$$

可获得

$$\mathrm{d}H = C_p\mathrm{d}T + \left[(C_V - C_p)\left(\frac{\partial T}{\partial p}\right)_V + V\right]\mathrm{d}p \tag{1.6.12}$$

1.7　气体自由膨胀　理想气体内能

　　图 1—3 所示为焦耳的自由膨胀实验研究装置,气体被压缩在容器的一半,另一半是真空,中间用活动门隔开,整个容器放置在水中。打开活动门,让气体充满另一半真空容器中。实验结果是水温不变。

　　由于气体向真空中膨胀,膨胀的气体没有受到任何外界阻力,所以气体不对外做功,即 $W = 0$。水温不变说明气体与外界(水)没有任何热量交换,即 $Q = 0$。自由膨胀过程中既不对外做功,也没有能量交换,即 $\Delta U = 0$。

　　如选 T、V 为状态参量,内能函数是 $U = U(T, V)$。利用这

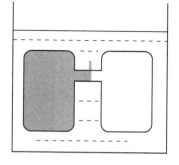

图 1 - 3

一函数关系，U、T、V 三个量之间的相互偏导式有

$$\left(\frac{\partial U}{\partial V}\right)_T \left(\frac{\partial V}{\partial T}\right)_U \left(\frac{\partial T}{\partial U}\right)_V = -1$$

或

$$\left(\frac{\partial U}{\partial V}\right)_T = -\left(\frac{\partial U}{\partial T}\right)_V \left(\frac{\partial T}{\partial V}\right)_U$$

其中 $\left(\frac{\partial T}{\partial V}\right)_U$ 称为**焦耳系数**。焦耳的实验结果给出 $\left(\frac{\partial T}{\partial V}\right)_U = 0$，由此得到

$$\left(\frac{\partial U}{\partial V}\right)_T = 0 \tag{1.7.1}$$

式(1.7.1)说明，气体的内能只是温度的函数，与体积无关。这个结果称为焦耳定律。理想气体严格符合焦耳定律。

对于理想气体，利用内能全微分 $\mathrm{d}U = -\left(\frac{\partial U}{\partial T}\right)_V \mathrm{d}T + \left(\frac{\partial U}{\partial V}\right)_T \mathrm{d}V = C_V \mathrm{d}T$ 和焦耳定律 $(\partial U/\partial V)_T = 0$，则式(1.6.3)的偏导数可以写为导数形式

$$C_V = \frac{\mathrm{d}U}{\mathrm{d}T} \tag{1.7.2}$$

即理想气体定容热容是温度的函数。由此，得到理想气体内能函数的积分表达式

$$U = \int C_V \mathrm{d}T + U_0 \tag{1.7.3}$$

结合焓的定义式(1.6.5)和理想气体的物态方程，得到理想气体的焓

$$H = U + pV = U + nRT \tag{1.7.4}$$

可见理想气体的焓仅是温度的函数。进一步**证明**：利用 $(\partial U/\partial V)_T = 0$，并对 $H = U + pV$ 求偏导数得出

$$\left(\frac{\partial H}{\partial p}\right)_T = \left(\frac{\partial U}{\partial V}\right)_T \left(\frac{\partial V}{\partial p}\right)_T + \left[\frac{\partial}{\partial p}(pV)\right]_T = 0 \tag{1.7.5}$$

并利用 $\mathrm{d}H = -\left(\frac{\partial H}{\partial T}\right)_p \mathrm{d}T + \left(\frac{\partial H}{\partial p}\right)_T \mathrm{d}p = C_p \mathrm{d}T$，由此，其焓的偏导数可以写成导数

$$C_p = \frac{\mathrm{d}H}{\mathrm{d}T} \tag{1.7.6}$$

即理想气体定压热容是温度的函数，其焓的积分表达式是

$$H = \int C_p \mathrm{d}T + H_0 \tag{1.7.7}$$

由上面结论得到理想气体的定压热容与定容热容之差为

$$C_p - C_V = \frac{\mathrm{d}H}{\mathrm{d}T} - \frac{\mathrm{d}U}{\mathrm{d}T} = nR \tag{1.7.8}$$

或者利用 $(\partial U/\partial V)_T = 0$ 以及下面形式获得

$$C_p = C_V + \left[\left(\frac{\partial U}{\partial V} \right)_T + p \right] \left(\frac{\partial V}{\partial T} \right)_p = C_V + p\,\frac{nR}{p} = C_V + nR$$

引入质量热容比 γ,它表示定压热容与定容热容的比值

$$\gamma = \frac{C_p}{C_V} \tag{1.7.9}$$

那么 C_p 和 C_V 就可以用 R 和 γ 表示出来,为

$$C_V = \frac{nR}{\gamma - 1}, \quad C_p = \frac{\gamma nR}{\gamma - 1} \tag{1.7.10}$$

即 γ 也是温度的函数。如果在所讨论的问题中温度变化范围不大,理想气体的 C_p 和 C_V 可以看成常数,式(1.7.3)和式(1.7.7)可表示为

$$U = C_V T + U_0 \tag{1.7.11}$$

$$H = C_p T + H_0 \tag{1.7.12}$$

1.8　理想气体的绝热过程和多方过程

热力学第一定律的微分表达式是

$$dU = \text{đ}W + \text{đ}Q$$

或者

$$\text{đ}Q = \left(\frac{\partial U}{\partial T} \right)_V dT + \left(\frac{\partial U}{\partial V} \right)_T dV - \text{đ}W$$

绝热过程　在绝热过程中,气体与外界没有热量交换,$\text{đ}Q = 0$。在准静态过程中,外界对气体所做的功为:$\text{đ}W = -p\,dV$。对于理想气体,由焦耳定律知:$(\partial U / \partial V)_T = 0$。因此

$$C_V dT + p\,dV = 0 \tag{1.8.1}$$

利用理想气体物态方程 $pV = nRT$ 的全微分 $p\,dV + V\,dp = nR\,dT$ 和式(1.7.9)得到

$$V\,dp + p\,dV = C_V(\gamma - 1)dT \tag{1.8.2}$$

联立式(1.8.1)和式(1.8.2)并消去 $C_V dT$,得到体积与压强之间的微分变化关系为

$$\frac{dp}{p} + \gamma\,\frac{dV}{V} = 0 \tag{1.8.3}$$

这就是理想气体在准静态绝热过程中的微分方程。

如理想气体的温度在其过程中变化不大,一般问题中可将 γ 看作常数。对式(1.8.3)积分,可得理想气体在准静态绝热过程中的物态方程为

$$pV^\gamma = 常数 \tag{1.8.4}$$

式(1.8.4)说明,理想气体在准静态绝热过程中所经历的各个状态,其压强与体积的 γ 次方的乘积是恒定不变的。

同理可得

$$TV^{\gamma-1} = 常数 \tag{1.8.5}$$

$$\frac{p^{\gamma-1}}{T^\gamma} = 常数 \tag{1.8.6}$$

大气 γ 值的测定 下面讨论通过声速测空气的 γ 值的问题。声速的公式为

$$a = \sqrt{\frac{\mathrm{d}p}{\mathrm{d}\rho}} \tag{1.8.7}$$

式中，p 为空气压强，ρ 为密度。空气是良好的绝热气体，可认为声音传送是准静态绝热过程。式 (1.8.7) $\dfrac{\mathrm{d}p}{\mathrm{d}\rho}$ 在绝热条件下的偏导数记为 $\left(\dfrac{\partial p}{\partial \rho}\right)_s$，则

$$a^2 = \left(\frac{\partial p}{\partial \rho}\right)_s = -v^2\left(\frac{\partial \rho}{\partial v}\right)_s$$

其中，$v = \dfrac{1}{\rho}$ 是空气媒质的比体积（单位质量的体积）。由式 (1.8.4) 得

$$\left(\frac{\partial p}{\partial \rho}\right)_s = -\gamma\frac{p}{v}$$

$$a^2 = \gamma pv = \gamma\frac{p}{\rho}$$

因此

$$\gamma = \frac{\rho a^2}{p} \tag{1.8.8}$$

这就是由声速确定 γ 的公式。

多方过程 理想气体的多方过程是指理想气体的状态在变化过程中，其参量的变化遵守如下的过程方程：

$$pV^z = 常数 \tag{1.8.9}$$

式中，z 叫作多方指数。

多方过程有重要的实用价值，如在热力工程的过程、大气中甚至外星球上进行的过程均认为是多方过程。这里要指出的是：由于热容一般说来是与温度有关的，所以多方过程的热容 C 也可能依赖于温度，但只要保证 z 为常数值即可。有了多方过程的方程，就可以应用准静态过程中的功表达式求出多方过程中气体所做的功。设气体的初态为 (p_1, V_1)，终态为 (p_2, V_2)，若 (p, V) 为过程中任一状态，根据多方方程应有

$$p_1V_1{}^z = pV^z = p_2V_2{}^z$$

代入功的表达式中有

$$W = \int_{V_1}^{V_2} p\,\mathrm{d}V = \int_{V_1}^{V_2} p_1V_1{}^z\frac{1}{V^z}\mathrm{d}V = \frac{p_1V_1 - p_2V_2}{z-1} \tag{1.8.10}$$

下面讨论多方过程的几种特殊情况。取不同的值可得到几种特殊过程，见表 1—2。在表 1—2 中等温过程的热容为 $\pm\infty$，其意义是因为过程是等温的，所以不论气体吸收或放

出多少热量,它的温度都不改变,因此热容无限大才有可能。

表 1—2

多方指数 z	方 程	热 容	过程性质	功
0	$p=$常数	C_p	等压	$p(V_2-V_1)$
1	$pV=$常数	$\pm\infty$	等温	
$\gamma=\dfrac{C_p}{C_V}$	$pV^\gamma=$常数	0	绝热	$\dfrac{p_1V_1-p_2V_2}{z-1}$
$\pm\infty$	$V=$常数	C_V	等容	0

1.9 循环过程 理想气体的卡诺循环

循环过程 热机的功能作用是把热能转化为机械能。在进行工作的过程中,各种热机如蒸汽机、汽轮机、内燃机等,尽管它们的机械结构不同、工作方式不同,但是它们具有共同的特点:通过工作物质不断地把它所吸收的热量转化为机械功,其过程是周而复始地进行,即从某一个态出发,经历系列过程又回到原来的态,这称为循环过程。

卡诺循环 1824 年,法国人卡诺针对研究如何提高热机效率问题,提出了一种重要的循环过程,叫作卡诺循环。准静态的卡诺循环是由两条等温曲线和两条绝热曲线构成的循环过程。下面主要讨论由理想气体为工质的准静态的卡诺循环及其效率等问题。

等温过程 设有 n mol 的理想气体和一个巨大的热源(可认为它吸热或放热时,温度不变)相接触,进行准静态的等温过程。在等温过程中,理想气体的温度是常量,压强与体积是变量:$p=nRT/V$。在这一过程中,如气体体积由 V_A 变到 V_B 时,外界做的功是

$$W=-\int_{V_A}^{V_B}p\mathrm{d}V=-nRT\int_{V_A}^{V_B}\frac{\mathrm{d}V}{V}=-nRT\ln\frac{V_B}{V_A} \tag{1.9.1}$$

焦耳定律指出理想气体的内能仅是温度的函数,在等温过程中内能不变,$\triangle U=0$。由热力学第一定律可知气体在过程中从热源吸收的热量 Q 为

$$Q=-W=nRT\ln\frac{V_B}{V_A} \tag{1.9.2}$$

式(1.9.1)和式(1.9.2)表明,在等温膨胀过程中,理想气体从热源所吸收的全部热量都转化为气体对外界所做的功。而在等温压缩过程中,外界对气体所做的所有功都通过气体转化为热量传递给热源。

绝热过程 在准静态绝热过程中,理想气体满足关系式:$p=C/V^\gamma$(C 是常量)。在这一过程中,当气体体积由 V_A 变到 V_B 时,外界做的功是

$$W = -\int_{V_A}^{V_B} p\,\mathrm{d}V = \int_{V_A}^{V_B} \frac{C}{V^\gamma}\mathrm{d}V = \frac{1}{\gamma-1}\left(\frac{C}{V_B^{\gamma-1}} - \frac{C}{V_A^{\gamma-1}}\right) \tag{1.9.3}$$

利用 $p_A V_A^\gamma = p_B V_B^\gamma = C$,式(1.9.3)可转化为

$$W = \frac{p_B V_B - p_A V_A}{\gamma-1} = \frac{nR(T_B - T_A)}{\gamma-1} = C_V(T_B - T_A) \tag{1.9.4}$$

理想气体在准静态绝热过程中,没有热量交换,显然,所有内能全部转化为功。如绝热是压缩过程,是外界对气体做正功,使内能增加,导致温度升高;如绝热是膨胀过程,是外界对气体做负功,内能减少,导致温度下降。

卡诺循环四个过程　现在综合讨论 n mol 理想气体的卡诺循环,如图 1-4 所示。其卡诺循环进行了下列四个准静态过程:

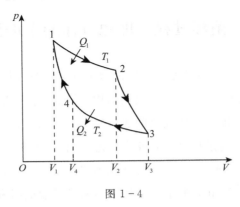

图 1-4

1. 等温膨胀过程

气体由状态 $1(p_1,V_1,T_1)$ 等温膨胀到状态 $2(p_2,V_2,T_1)$。在该过程中气体吸收的热量是

$$Q_1 = nRT_1\ln\frac{V_2}{V_1} \tag{1.9.5}$$

2. 绝热膨胀过程

气体由状态 $2(p_2,V_2,T_1)$ 绝热膨胀到状态 $3(p_3,V_3,T_2)$。在这个过程中气体吸收的热量为零。

3. 等温压缩过程

气体由状态 $3(p_3,V_3,T_2)$ 等温压缩到状态 $4(p_4,V_4,T_2)$。在等温压缩过程中气体放出的热量是

$$Q_2 = nRT_2\ln\frac{V_3}{V_4} \tag{1.9.6}$$

4. 绝热压缩过程

气体由状态 $4(p_4,V_4,T_2)$ 绝热膨胀到状态 $1(p_1,V_1,T_1)$。该过程中气体吸收的热量

为零。

完成整个循环过程,气体回到原来状态,态函数内能不变,气体对外所做的净功应等于其循环过程中所吸收的全部净热量:

$$W = Q_1 - Q_2 = nRT_1 \ln \frac{V_2}{V_1} - nRT_2 \ln \frac{V_3}{V_4} \tag{1.9.7}$$

由于 $2 \to 3$ 和 $4 \to 1$ 是准静态绝热过程,故有 $T_1 V_2^{\gamma-1} = T_2 V_3^{\gamma-1}$ 和 $T_1 V_1^{\gamma-1} = T_2 V_4^{\gamma-1}$。两方程两边相除消去 T,得到 $\frac{V_2}{V_1} = \frac{V_3}{V_4}$。进一步有

$$W = nR(T_1 - T_2) \ln \frac{V_2}{V_1} \tag{1.9.8}$$

故热机的热功转化的效率为

$$\eta = \frac{W}{Q} = \frac{nR(T_1 - T_2) \ln \dfrac{V_2}{V_1}}{nRT_1 \ln \dfrac{V_2}{V_1}} = 1 - \frac{T_2}{T_1} \tag{1.9.9}$$

其工作效率只取决于两热源温度且恒小于 1。

制冷机　如把图 1—4 中循环反向进行,这就是制冷机的工作循环。设制冷机从低温热源吸收的热量是 Q_2,所需外界做功是 A,制冷机工作系数是

$$\eta' = \frac{Q_2}{A} \tag{1.9.10}$$

根据前面的讨论,理想气体在可逆卡诺循环的工作系数等于

$$\eta' = \frac{T_2}{T_1 - T_2} \tag{1.9.11}$$

其工作系数只取决于两热源温度。

1.10　热力学第二定律　不可逆过程

"第二类永动机是不可能造成的"　能量守恒定律排除了制造第一类永动机的可能性,但是能否设想:在遵守热力学第一定律的前提下,制造一种热机,它能够不断地进行循环过程,过程的唯一后果是从单一物体(或极限情形是一热源)中吸取热量并把它转变为功。如果这类热机可以制成,就可以把蕴含有巨大能量的海洋或大气(它们可看作是热源)中的能量转化为功,在历史上把这样一种热机叫作第二类永动机。显然,与第二类永动机相反的循环过程是容易实现的,即外界做功(如通过摩擦)变为热,被一个物体吸收以增加它的内能。制造第二类永动机的各种尝试在实践中也都遭到失败,这是因为第二类永动机违背了另一个客观规律。在热力学第一定律发现后,克劳修斯(1850 年)和开尔文(1851 年)分别

审查了卡诺的工作,指出要证明卡诺定理需要有一个新的原理,这就是热力学第二定律的表述:"第二类永动机是不可能造成的。"它指明了热现象实际过程具有方向性。热力学第二定律的其他表述分别如下:

　　克劳修斯表述:不可能把热量从低温物体传到高温物体而不引起其他变化。

　　开尔文表述:不可能从单一热源吸热使之完全变成有用功而不引起其他变化。

　　这里,不产生任何其他影响是指做功的系统必须恢复原状,如热机就是如此。理想气体在等温膨胀过程中从热源取热可以完全转变为功,但是系统的体积也发生了变化,因此并不违背热力学第一定律,而第二类永动机正是违背了热力学第二定律。自然界中宏观现象不仅要遵守热力学第一定律,还应当遵从热力学第二定律。

　　不可逆过程与可逆过程　热力学第一定律指出各种形式的能量在相互转化的过程中必须满足能量守恒定律。但其对过程进行的方向没有给出任何的限制,即不能指出自然界过程的进行方向。例如:当两个温度不同的物体发生热交换时,在物体并不做功的情况下,一个物体所放出的热量必然等于另一物体所吸收的热量。第一定律指出热量只能从较热物体转移到较冷物体,但事实上热量却只能自发地从较热物体流向较冷物体,如需它做反向进行,则必须应用辅助机构。

　　由于热力学第一定律并不指出自然界过程进行的方向,而自然界过程的进行却有它的方向性,它只能向一个方向进行而不能向相反方向进行,我们称这种自然界过程为不可逆过程。

　　摩擦生热是不可逆过程,热传导、扩散、蒸发过程都可以看作不可逆过程。

　　如果自然界过程发生后,系统使周围各个有关物体都完全恢复原状,那么称这种自然界过程为可逆过程。

　　热力学第二定律是自然界的重要实验定律,此定律指出热力学过程进行的方向。在热力学中,通常通过实验规律及数学方式寻找系统态函数,利用这个态函数研究初态与终态的相关物理量去判断过程的性质和方向。

1.11　卡诺定理

　　卡诺定理表述:所有工作在两个一定温度之间的热机,以可逆机的效率最高。与此同时可以理解为,一切在同一热机器(或同一制冷机)之间依照可逆卡诺循环工作的可逆热机都具有相等的效率,与机器的结构及做循环的工作物质没有关系。不可逆卡诺循环工作的不可逆热机的效率,必然小于在同样条件下做可逆卡诺循环的可逆热机的效率。

　　图1-5中,设有两个热机 A 和 B。它们的工作物质在各自的循环中分别从高热源(恒温)吸取热量是 Q_1 和 Q'_1,在低温热源(恒温)放出热量是 Q_2 和 Q'_2,对外做功为 W 和 W',

它们的效率分别为

$$\eta_A = \frac{W}{Q_1}, \eta_B = \frac{W'}{Q'_1}$$

其中假设 A 是可逆热机,要证明的是 $\eta_A \geqslant \eta_B$。

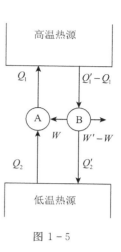

图 1－5

　　用反证法证明,如定理不成立,即 $\eta_A < \eta_B$。假设 $Q_1 = Q'_1$,则 $W < W'$。由于 A 是可逆热机且 $W' > W$,所以可以利用 B 所做的一部分功 W 推动 A 反向运行。A 在接收外界功 W 的同时,会从低温热源吸取热量 Q_2,在高温度热源放出热量 Q_1。在两热机联合循环结束后,两热机的工作物质都恢复原来状态且高温热源没有变化,却对外界做了功 $(W'-W)$,它是低温热源放出的热量转化来的。根据热力学第一定律有 $W = Q_1 - Q_2$ 和 $W' = Q'_1 - Q'_2$,由于 $Q_1 = Q'_1$,两式相减得

$$W' - W = Q_2 - Q'_2$$

即两热机联合循环结束后唯一结果是:从单一热源(低温热源)吸收热量且完全变为了有用功。但是,这显然违背了热力学第二定律,即 $\eta_A < \eta_B$ 不能成立,则必有 $\eta_A \geqslant \eta_B$。

　　来自卡诺定理的**推论**:所有工作于两个一定温度之间的可逆热机,其效率相等。

　　设有两个热机 A 和 B 工作于两个一定的温度之间,效率分别为 η_A 和 η_B,依据卡诺定理,A 可逆,必有 $\eta_A \geqslant \eta_B$;B 可逆,又必有 $\eta_B \geqslant \eta_A$。由此得到

$$\eta_A = \eta_B$$

1.12　热力学温标

　　由卡诺定理推论可知:可逆卡诺热机的效率只可能与工作于两个热源的温度有关,而与工作物质无关。以 Q_1 表示可逆热机从高温吸取的热量,Q_2 表示在低温热源放出的热量,则热机的效率为

$$\eta = 1 - \frac{Q_2}{Q_1} \tag{1.12.1}$$

　　由于热机的效率只与两个热源的温度有关,与工作物质无关,所以比值 Q_2/Q_1 仅取决于两个温度。由此令

$$\frac{Q_2}{Q_1} = f(\theta_1, \theta_2) \tag{1.12.2}$$

式中,θ_1 和 θ_2 是某经验温标测出的热源温度。

　　如果另有一个温度为 θ_3 的热源,设 $\theta_1 > \theta_3 > \theta_2$。在热源 θ_1 与 θ_3 之间再引入一个可逆卡诺循环,热机从热源 θ_1 吸收热量 Q_1 向热源 θ_3 放出热量 Q_3,应有

$$\frac{Q_1}{Q_3} = f(\theta_3, \theta_1) \tag{1.12.3}$$

同样,在热源 θ_3 与 θ_2 之间再引入一个可逆卡诺循环,热机从热源 θ_3 吸收热量 Q_3,向热源 θ_2 放出热量 Q_2,则

$$\frac{Q_2}{Q_3} = f(\theta_3,\theta_2) \tag{1.12.4}$$

将上述两个循环连接起来,即将式(1.12.3)和式(1.12.4)相除,得

$$\frac{Q_2}{Q_1} = \frac{f(\theta_3,\theta_2)}{f(\theta_3,\theta_1)}$$

则有

$$f(\theta_1,\theta_2) = f(\theta_3,\theta_2)/f(\theta_3,\theta_1) \tag{1.12.5}$$

函数 $f(\theta_1,\theta_2)$ 必可表示为下述形式:

$$\frac{Q_2}{Q_1} = f(\theta_1,\theta_2) = \frac{f(\theta_2)}{f(\theta_1)} \tag{1.12.6}$$

式(1.12.6)左方的 f 函数中不含 θ_3,所以右方的两个 f 函数中必须能够消去 θ_3,因此 f 函数应取如下形式:

$$f(\theta_1,\theta_2) = \frac{\Phi(\theta_2)}{\Phi(\theta_1)}$$

则

$$\frac{Q_2}{Q_1} = \frac{\Phi(\theta_2)}{\Phi(\theta_1)}$$

上面的 $\Phi(\theta)$ 为经验温标 θ 的一个普适函数,因而它也具有温度的意义。可以用来标示热源的温度,它的比值与测温物质及测温物理特性无关,仅仅取决于可逆卡诺循环中系统与热源间传送的热量 Q_1 与 Q_2 的比值。因此引入一个与测温物质及测温物理特性无关的新的绝对温度 T,使 T 与 $\Phi(\theta)$ 成正比,即 $T \propto \Phi(\theta)$,因而有

$$\frac{Q_2}{Q_1} = \frac{T_2}{T_1} \tag{1.12.7}$$

这样规定的温度称为热力学温度。当然,还必须给它确定一个基准点,经国际计量大会会议决定,选用水的三相点的热力学温度为 273.16K,K 是热力学温度的单位(开尔文的符号),规定水的三相点温度的 1/273.16 为 1K。这样热力学温度就完全确定了。可以证明在理想气体温度计适用的范围内,理想气体温标和热力学温标是一致的。对于理想气体的工作物质的可逆卡诺热机,利用式(1.9.5)和式(1.9.6),即由 $Q_1/Q_2 = [nRT_1\ln(V_2/V_1)]/[nRT_2\ln(V_3/V_4)]$ 以及 $V_2/V_1 = V_3/V_4$,得到

$$\frac{Q_2}{Q_1} = \frac{T_2}{T_1} \tag{1.12.8}$$

式中,T_1 和 T_2 是理想气体温标计量的温度。由于理想气体温标和热力学温标都规定水的三相点的温度是 273.16K,因此可知,两温标是一致的。以后统一用符号 T 表示它们。

应用热力学温度,可逆卡诺热机的效率为

$$\eta = 1 - \frac{Q_2}{Q_1} = 1 - \frac{T_2}{T_1} \tag{1.12.9}$$

1.13   克劳修斯等式和不等式   熵

克劳修斯等式和不等式   由卡诺定理知道,工作于两个恒定的温度之间的任何一个热机效率不能大于其工作于这两个温度之间的可逆热机的效率。因此由式(1.12.9)得到

$$\eta = 1 - \frac{Q_2}{Q_1} \leqslant 1 - \frac{T_2}{T_1} \tag{1.13.1}$$

式中,等号对应于可逆热机,小于号对应于不可逆热机。由于不可逆热机的效率小于工作于同样两个温度之间的可逆热机的效率,所以有

$$\frac{Q_1}{T_1} - \frac{Q_2}{T_2} \leqslant 0 \tag{1.13.2}$$

注意式中的 Q_1 是从热源 T_1 吸取的热量,Q_2 是从热源 T_2 放出的热量,而其负号表示放热。现在对系统传递热量 Q 进行正、负值物理意义上的定义:当系统从热源吸收热量时,定义 Q 为正值;当系统放出热量给热源,即系统吸收了负热量时,定义 Q 为负值。可逆卡诺循环效率公式的对称形式可表示为

$$\frac{Q_1}{T_1} + \frac{Q_2}{T_2} \leqslant 0 \tag{1.13.3}$$

该式称为克劳修斯等式和不等式。

当然,也可以设想将克劳修斯等式和不等式推广到有 n 个热源的情形,有

$$\sum_{i=1}^{n} \frac{Q_i}{T_i} \leqslant 0 \tag{1.13.4}$$

式中,Q_i 是从热源 T_i 吸收的热量。

借用图 1-6 中的封闭曲线来形象地讨论一个任意的可逆循环。其中线 11、22、33 表示许多相邻的可逆绝热线。还可以画出许多可逆的等温线 aa'、bb'、$\cdots$ 当然我们可以适当挑选这些等温线,使系统在等温线上吸收的热量 ΔQ_i 等于系统在原来循环上相邻两绝热线之间的过程中所吸收的热量。这些等温线与绝热线组成了许多可逆卡诺循环,如 $aa'c'ca$,$bb'd'db$,$\cdots$,对于每一个可逆卡诺循环,均有

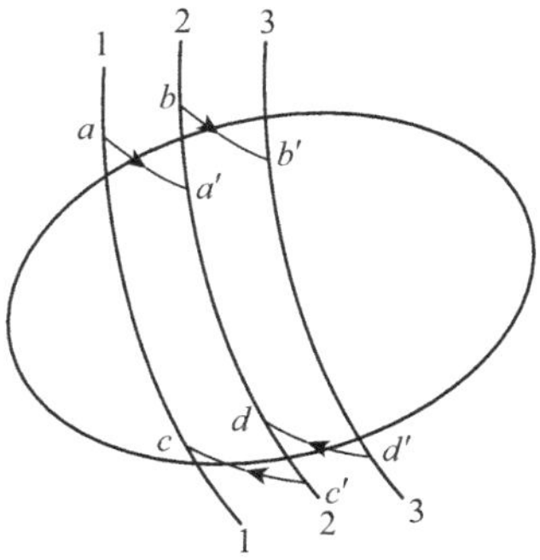

$$\frac{\Delta Q_i}{T_i} + \frac{\Delta Q_j}{T_j} = 0 \tag{1.13.5}$$

图 1-6

对一切可逆卡诺循环求和,则有

$$\sum_i \frac{\Delta Q_i}{T_i} = 0 \qquad\qquad (1.13.6)$$

当卡诺循环的数目趋于无穷时,可用积分代替求和

$$\oint \frac{\mathrm{d} Q}{T} = 0 \qquad\qquad (1.13.7)$$

对于一个更普遍的循环过程,则有

$$\oint \frac{\mathrm{d} Q}{T} \leqslant 0 \qquad\qquad (1.13.8)$$

态函数—熵 利用式(1.13.8)再讨论可逆过程,有

$$\oint \frac{\mathrm{d} Q}{T} = 0 \qquad\qquad (1.13.9)$$

如果 T 是变化的,应该有多个热源和系统进行热交换,以保证这一特点。

设系统从初态 A 经可逆的 L 过程达到终态 B,又可以经历另一个可逆的 L' 过程回到初态 A。这样路径 L 和 L' 构成一个循环过程。根据式(1.13.9)有

$$\int_A^B \frac{\mathrm{d} Q_R}{T} + \int_B^A \frac{\mathrm{d} Q'_R}{T} = 0$$

因此

$$\int_A^B \frac{\mathrm{d} Q_R}{T} = -\int_B^A \frac{\mathrm{d} Q'_R}{T} = \int_A^B \frac{\mathrm{d} Q'_R}{T}$$

因为 L 和 L' 是任意的,这就证明了可逆过程的热量与温度的比值的积分和路径无关,只同初态与终态有关。这就意味着热力学系统的平衡态存在一个态函数,克劳修斯根据这个性质引进一个**态函数—熵**。它的**定义**是

$$S_B - S_A = \int_A^B \frac{\mathrm{d} Q}{T} \qquad\qquad (1.13.10)$$

由于沿可逆过程热量与温度的比值的积分和路径无关,说明被积函数中的 $\mathrm{d} Q$ 虽然不是某态函数的全微分(热量是过程的函数),但乘上积分因子 $1/T$ 后,则应是某个态函数的 S 的全微分。根据式(1.13.10),取微分,得

$$\mathrm{d} S = \frac{\mathrm{d} Q}{T} \qquad\qquad (1.13.11)$$

这就是可逆过程的热力学第二定律的数学表述的微分形式。

由式(1.13.10)不难看出,热力学系统的熵是态函数,其值只能确定到一个相加常数。又因热力学系统在准静态等温过程中所吸收的热量与所含物质的质量成正比,就是说熵与体系的质量或分子数成正比,熵是外延量。在绝热过程中热力学系统不吸热或不放热,由式(1.13.10)可知,在可逆绝热过程中热力学系统的熵不变,准静态绝热过程是等熵过程。

例 1:一蒸汽机工作于 400℃ 的高温热源与 150℃ 的低温热源之间。吸收定热量值是 Q,此蒸汽机所做的最大功是多少? 在什么条件下得到此最大功?

解: 由克劳修斯不等式

$$\frac{Q_1}{T_1} + \frac{Q_2}{T_2} \leqslant 0$$

得到蒸汽机对外所做的功为

$$W = Q_1 - Q_2 \leqslant \left(1 - \frac{T_2}{T_1}\right) Q_1$$

将 $Q_1 = Q$，$T_1 = 673\mathrm{K}$，$T_2 = 423\mathrm{K}$ 代入得

$$W_{\max} = \left(1 - \frac{T_2}{T_1}\right) Q_1 = 0.37 Q$$

因为克劳修斯不等式中的等号当且仅当循环可逆时成立,因此当且仅当蒸汽机为可逆机时它输出最大功。

1.14 热力学基本方程

热力学第一定律微分方程是

$$\mathrm{d}U = \mathrm{d}Q + \mathrm{d}W$$

在可逆过程中,热力学第二定律微分方程是

$$\mathrm{d}S = \frac{\mathrm{d}Q}{T}$$

或者写成

$$\mathrm{d}Q = T\mathrm{d}S$$

如系统在可逆过程中仅有体积变化功,则有:$\mathrm{d}W = -p\mathrm{d}V$。得到热力学基本微分方程

$$\mathrm{d}U = T\mathrm{d}S - p\mathrm{d}V \tag{1.14.1}$$

或

$$\mathrm{d}S = \frac{\mathrm{d}U + p\mathrm{d}V}{T} \tag{1.14.2}$$

这是热力学第一和第二定律组合的结果。它揭示了相邻两个定态之间的关系,但与过程无关。就普遍情况下,可逆过程中外界对系统做的功,一般形式可写为

$$\mathrm{d}W = \sum_i Y_i \mathrm{d}y_i \tag{1.14.3}$$

因此,热力学基本方程的一般形式为

$$\mathrm{d}U = T\mathrm{d}S + \sum_i Y_i \mathrm{d}y_i \tag{1.14.4}$$

对于处在非平衡态的系统,可以根据熵的广延性质将整个系统的熵定义为处在局域平衡的各部分的熵之和:

$$S = S_1 + S_2 + \cdots \tag{1.14.5}$$

等式与不等式　设系统由初态 A 经过一个过程变化到终态 B；再设想态 B 可经过某个可逆过程再回到态 A，这个设想的过程与系统原来经历的过程合起来构成一个循环过程，因此

$$\oint \frac{\mathrm{d}Q}{T} \leqslant 0 \qquad (1.14.6)$$

或

$$\int_A^B \frac{\mathrm{d}Q}{T} + \int_B^A \frac{\mathrm{d}Q}{T} \leqslant 0$$

由熵的定义知

$$S_B - S_A = \int_A^B \frac{\mathrm{d}Q}{T}$$

故有

$$S_B - S_A \geqslant \int_A^B \frac{\mathrm{d}Q}{T} \qquad (1.14.7)$$

式中，T 是热源的温度，积分沿系统原来经历的过程进行。

对于无穷小的过程，则有

$$\mathrm{d}S \geqslant \frac{\mathrm{d}Q}{T} \qquad (1.14.8)$$

$$\mathrm{d}Q \leqslant T\mathrm{d}S \qquad (1.14.8')$$

将热力学第一定律 $\mathrm{d}U = \mathrm{d}Q + \mathrm{d}W$ 代入式(1.14.8')，得

$$\mathrm{d}U \leqslant T\mathrm{d}S + \mathrm{d}W \qquad (1.14.9)$$

式(1.14.9)中的等号适用于可逆过程。这也是热力学第二定律的数学表达形式的等式与不等式。

如果只有体积变化做功，$\mathrm{d}W = -p\mathrm{d}V$，则

$$\mathrm{d}U \leqslant T\mathrm{d}S - p\mathrm{d}V \qquad (1.14.10)$$

1.15　熵增加原理

我们根据克氏等式和不等式导出热力学第二定律微分方程与数学表达式，这里讨论热力学系统的熵增加原理。

如在绝热条件下的系统，绝热系统在过程中与外界没有热量交换，则得

$$S_B - S_A \geqslant 0 \qquad (1.15.1)$$

故在绝热过程中，系统的熵永不减少，在可逆绝热过程中，熵不变，这个结果又称为**熵增加原理**。在非绝热过程中，熵增加原理对于系统本身未必成立。但是，如果把和系统进行热交换的物体与系统一起看成一个大系统，则大系统是绝热的，熵定理对于大系统仍然

成立。因此可以说,任何自发的不可逆过程,只能向熵增加的方向进行,因为自发的过程总是可以在无须外界变化的条件下进行。熵函数的变化给出了判断任何过程是否带有单向性的依据。

如果初态和终态是非平衡态系统,可将系统分为 n 个小部分($k=1,2,\cdots,n$)。当系统由初态 A 经一个过程变到终态 B 后,可令每一部分分别经可逆过程由终态 B_k 回到初态 A_k。由克劳修斯不等式得

$$\int_A^B \frac{\text{d}Q}{T} + \sum_{k=1}^n \int_{B_k}^{A_k} \frac{\text{d}\hat{Q}}{T} < 0$$

由

$$\int_{B_k}^{A_k} \frac{\text{d}\hat{Q}}{T} = S_{A_k} - S_{B_k} \, (k=1,2,\cdots,n)$$

则得

$$\sum_{k=1}^n S_{B_k} - \sum_{k=1}^n S_{A_k} > \int_A^B \frac{\text{d}Q}{T}$$

上式可进一步推广到

$$S_A - S_B < \int_B^A \frac{\text{d}\hat{Q}}{T}$$

如原来由初态 A 变到终态 B 的过程是绝热的,非平衡态系统熵增加原理即可获证

$$S_B - S_A > 0$$

由第二定律对于绝热系统所推导的熵增加原理,不能超越它适用的有限的、绝热的条件。历史上,熵增加原理曾经被人不加限制地应用于宇宙,他们把宇宙当作一个孤立系统,因而得出它的熵必将趋向最大值,宇宙必将达到平衡态,所有能引起宏观运动的能力消失,一切能引起生命现象的不可逆过程必将停止。这就是宇宙的"热寂"状态。对于无限的宇宙,热力学中的"系统"和"系统的外界"等定义都已经失去意义。按照宇宙大爆炸理论,引力占主导地位的膨胀宇宙,宇宙平衡态根本不存在,把宇宙当作绝热的或孤立的系统是没有物理意义的。

1.16　气体熵的表达式

理想气体的熵　这里先讨论以(T,V)为变量的 $n$mol 理想气体熵的微分表达式,再给出积分式及熵的函数表达式。

对于理想气体有 $pV=nRT$ 以及 $\text{d}U=C_V\text{d}T$,由式(1.14.2),则

$$\text{d}S = \frac{C_V}{T}\text{d}T + nR\frac{\text{d}V}{V}$$

设系统由初态 (T_0, V_0) 准静态变化到终态 (T, V)，由上式积分得到

$$S = \int_{T_0}^{T} \frac{C_V}{T} dT + nR\ln\frac{V}{V_0} + S_0' \tag{1.16.1}$$

其中 S_0' 是初态的熵。如果温度变化范围不大，C_V 可以看作常数，则：

$$S = C_V\ln T + nR\ln V + (S_0' - C_V\ln T_0 - nR\ln V_0)$$

n mol 理想气体以 (T, V) 为独立变量的熵函数的表达式为

$$S = C_V\ln T + nR\ln V + S_0 \tag{1.16.2}$$

其中

$$S_0 = S_0' - C_V\ln T_0 - nR\ln V_0$$

下面直接给出以 (T, p) 为变量的 n mol 理想气体熵的表达式：

$$S = \int \frac{C_p}{T} dT - \int nR\frac{dp}{p} + S_0'' \tag{1.16.3}$$

当 C_p 看作常数时有

$$S = C_p\ln T - nR\ln p + S_0''' \tag{1.16.4}$$

式中，S_0'' 和 S_0''' 都是积分常数。

范氏气体的熵 对 n mol 范氏气体，物态方程为

$$\left(p + \frac{n^2 a}{V^2}\right)(V - nb) = nRT$$

将熵 S 看作自变量 (T, V) 的函数，即有

$$dS = \left(\frac{\partial S}{\partial T}\right)_V dT + \left(\frac{\partial S}{\partial V}\right)_T dV$$

再将内能 U 看作自变量 (S, V) 的函数，利用完整全微分 $dU = TdS - pdV$ 条件：

$$\left(\frac{\partial T}{\partial V}\right)_S = -\left(\frac{\partial p}{\partial T}\right)_V$$

所以有

$$dS = \left(\frac{\partial S}{\partial T}\right)_V dT - \left(\frac{\partial p}{\partial T}\right)_V dV \tag{1.16.5}$$

$$S = \int \left[\left(\frac{\partial S}{\partial T}\right)_V dT - \left(\frac{\partial p}{\partial T}\right)_V dV\right] + S_0 \tag{1.16.6}$$

由于 $dU = đQ - pdV = TdS - pdV$，得到：

$$C_V = \left(\frac{\partial U}{\partial T}\right)_V = T\left(\frac{\partial S}{\partial T}\right)_V \tag{1.16.7}$$

所以有

$$S = \int \left[\frac{C_V}{T} dT - \left(\frac{\partial p}{\partial T}\right)_V dV\right] + S_0 \tag{1.16.8}$$

最后利用范氏气体物态方程得到

$$\left(\frac{\partial p}{\partial T}\right)_V = \frac{nR}{V-nb}$$

$n$mol 范氏气体的熵是

$$S = \int \frac{C_V}{T}\mathrm{d}T - nR\ln(V-nb) + S_0 \qquad (1.16.9)$$

例 2：温度为 T 的 $n$mol 理想气体，其准静态等温过程中气体体积由初态 V_A 膨胀到终态 $V_B = 2V_A$。求过程前后气体的熵变，并判定其为不可逆过程。

解：气体在初态(T, V_A)的熵为

$$S_A = C_V\ln T + nR\ln V_A + S_0$$

在终态(T, V_B)的熵为

$$S_B = C_V\ln T + nR\ln V_B + S_0$$

过程前后的熵变为

$$S_B - S_A = nR\ln\frac{V_B}{V_A}$$

由于 $V_B/V_A = 2 > 1$，所以有 $S_B - S_A = nR\ln 2 > 0$。所以判定该过程为不可逆过程。

1.17　熵增加原理的验证

本节利用熵增加原理来说明几个实例，并对不可逆过程前后熵变进行计算，以验证熵增加原理。由于熵是态函数，只要给定两个状态，则两态之间的熵差就可以确定。其熵改变的数值与两态之间进行的过程性质无关。

例 3：计算理想气体向真空绝热膨胀过程中的熵变，其体积膨胀增加一倍，并说明这是一个不可逆过程。

分析：设整个容器是绝热的，最初气体的温度为 T，体积为 V_A，气体进行真空膨胀到体积为 $V_B = 2V_A$，在这个过程中系统未对外做功，故内能没有变化。所以系统最后达到平衡态后，温度仍然为 T。

解：利用式(1.16.2)可得到初态的熵：

$$S_A = C_V\ln T + nR\ln V_A + S_0$$

终态的熵：

$$S_B = C_V\ln T + nR\ln V_B + S_0$$

过程前后的熵变为

$$S_B - S_A = nR\ln\frac{V_B}{V_A}$$

由于 $V_B/V_A = 2 > 1$，故有 $S_B - S_A = nR\ln 2 > 0$。这说明理想气体的绝热自由膨胀是个不可逆过

程。比较例 2,系统只要两个状态一定,不论选择什么不可逆路径,其熵差都是一样的。

例 4:有热量 Q 从高温恒温热源 T_1 传到低温恒温热源 T_2,求总熵变化。并验证克氏表述。

解:系统总的熵变是两热源的熵变之和。高温热源在 T_1 时放出热量 Q,故高温热源的熵变为

$$\Delta S_1 = -\frac{Q}{T_1}$$

低温热源在 T_2 时吸收热量 Q,故低温热源的熵变为

$$\Delta S_2 = \frac{Q}{T_2}$$

两个热源的总熵变为

$$\Delta S = \Delta S_1 + \Delta S_2 = Q\left(\frac{1}{T_2} - \frac{1}{T_1}\right) > 0$$

上式就是在原来直接传热过程中两个热源的熵变。由于 $T_1 > T_2$,且 $Q \geqslant 0$,按熵增加原理要求:$\Delta S \geqslant 0$。$Q < 0$ 即说明热量从低温热源传到高温热源而不引起其他变化是不可能实现的,这就是热力学第二定律的克氏表述。

例 5:将质量为 m_1 和 m_2 及温度分别 T_1 和 T_2 的两杯水在等压下绝热地混合,求熵变,并说明这是一个不可逆过程。

解:这两杯水等压绝热混合后,终态的温度为 $T' = (m_1 T_1 + m_2 T_2)/(m_1 + m_2)$。以 (T, p) 为状态参量,原来两杯水的初态分别为 (T_1, p) 和 (T_2, p),混合后终态为 (T', p),根据热力学基本方程:

$$dS = \frac{dU + p\,dV}{T}$$

由于 $H = U + pV$,即有

$$dS = \frac{dH}{T} = \frac{C_p\,dT}{T}$$

两杯水的熵变分别为

$$\Delta S_1 = \int_{T_1}^{T'} \frac{C_p\,dT}{T} = C_p \ln \frac{m_1 T_1 + m_2 T_2}{T_1(m_1 + m_2)}$$

$$\Delta S_2 = \int_{T_2}^{T'} \frac{C_p\,dT}{T} = C_p \ln \frac{m_1 T_1 + m_2 T_2}{T_2(m_1 + m_2)}$$

两杯水的熵变之和为

$$\Delta S = \Delta S_1 + \Delta S_2 = C_p \ln \frac{(m_1 T_1 + m_2 T_2)^2}{T_1 T_2 (m_1 + m_2)^2}$$

由于 $T_1 \neq T_2$,则 $(m_1 T_1 + m_2 T_2)^2 - T_1 T_2 (m_1 + m_2)^2 = (m_1 T_1 - m_2 T_2)^2 + T_1 T_2 (m_1 - m_2)^2 > 0$,可以看出上式中的总熵变大于零,说明两杯水的等压混合是一个不可逆过程。

1.18　自由能　吉布斯函数　特定过程判据

我们讨论了温度 T、内能 U、熵 S 三个基本的热力学函数的物理意义,建立了热力学第一、第二定律的基本方程。原则上它们可以解决全部平衡态热力学的问题,但是就应用来说,这并不总是方便的。例如,在热力学中功的计算是需要考虑具体过程的,因而我们希望能找到另外一些态函数,用它们在初态与终态之差来计算在实际中经常遇到的等温或等温等压过程的功,从而摆脱对过程细节的考虑。对热量的计算也有类似情况。热力学中另一个重要问题是判别系统中不可逆过程进行的方向以及系统是否达到平衡,如果使用熵增加原理,则必须人为地构成一个绝热系统或孤立系统,这当然也是不方便的。因此,人们在三个基本的态函数的基础上引入了一些辅助的态函数,用它们的变化来度量特定过程中系统吸收的热量、做的功,判别过程进行的方向或是否已达到平衡等。

态函数—亥姆霍兹自由能　设系统由初态 A 经等温过程到达终态 B。两个状态的熵差为

$$S_B - S_A \geqslant \frac{Q}{T} \tag{1.18.1}$$

式中等号对应于可逆过程,大于号对应于不可逆过程。根据热力学第一定律,$U_B - U_A = Q + W$,代入式(1.18.1),得

$$S_B - S_A \geqslant \frac{U_B - U_A - W}{T} \tag{1.18.2}$$

为了简化,引进一个新的态函数:

$$F = U - TS \tag{1.18.3}$$

称为亥姆霍兹自由能,这样就有

$$F_A - F_B \geqslant -W \tag{1.18.4}$$

这表明,在等温过程中,系统对外界所做的功 $-W$ 不大于其亥姆霍兹自由能的减少,即系统亥姆霍兹自由能的减少是在等温过程中从系统所获得的最大功。这个结论是**最大功定理**。

由式(1.18.4)可知,在可逆等温过程中,系统将减少的亥姆霍兹自由能转化为对外界所做的功。因此可以认为亥姆霍兹自由能是内能的一部分,这一部分在可逆等温过程中可转化为功,这就是 F 称为亥姆霍兹自由能的原因,有时 TS 也叫束缚能。如果仅有体积变化的功,则当系统体积不变时,$W = 0$,则

$$\Delta F \leqslant 0 \tag{1.18.5}$$

即在等温等容过程中,系统的亥姆霍兹自由能永不增加,就是说,在等温等容的条件下,系统中所发生的不可逆过程总是朝着亥姆霍兹自由能减少的方向进行。

态函数—吉布斯函数 在实际问题中,往往也存在着等温等压条件下的系统,上面给出在等温过程中

$$S_B - S_A \geqslant \frac{U_B - U_A - W}{T} \tag{1.18.6}$$

在等压过程中,外界对系统所做的体积变化功为 $-p(V_B - V_A)$。如果除体积变化功外,还有其他形式的功 W'(如电、磁场做功等),则在过程中外界对系统所做的总功为

$$W = -p(V_B - V_A) + W' \tag{1.18.7}$$

代入式(1.18.6),得

$$S_A - S_B \geqslant \frac{U_B - U_A + p(V_B - V_A) - W'}{T} \tag{1.18.8}$$

定义态函数:

$$G = U - TS + pV \tag{1.18.9}$$

称为吉布斯函数。可将式(1.18.9)表示为

$$G_A - G_B \geqslant -W' \tag{1.18.10}$$

式(1.18.10)说明,在等温等压过程中,除体积变化功外,系统对外所做的功不大于吉布斯函数的减少,即吉布斯函数的减少是在等温等压过程中,除体积变化功外从系统所能获得的最大功。

如没有其他形式的功,$W' = 0$,式(1.18.10)可以化为

$$G_A - G_B \geqslant 0 \tag{1.18.11}$$

即在等温等压条件下,系统中发生的不可逆过程,总是朝着吉布斯自由能减少的方向进行的。经等温等压过程后,吉布斯自由能永不增加。

第 2 章　热力学函数及其应用

2.1　热力学基本方程组

内能全微分形式　在第 1 章,引进了三个基本的热力学函数:温度、内能、熵,讨论了热力学的基本规律,导出了热力学的基本方程:

$$dU = TdS - pdV \qquad (2.1.1)$$

其形式就是 $U(S,V)$ 函数的全微分表达式。S 和 V 是函数 U 的独立自变量。

我们还引进了热力学函数,焓:$H=U+pV$、亥姆霍兹自由能:$F=U-TS$、吉布斯函数:$G=U-TS+pV$。下面讨论函数 $H(S,p)$、$F(T,V)$、$G(T,p)$ 的全微分形式。

焓全微分形式　由焓的定义:$H=U+pV$,利用全微分 $dH=dU+pdV+Vdp$ 和式(2.1.1),可得

$$dH = TdS + Vdp \qquad (2.1.2)$$

亥姆霍兹自由能全微分形式　由亥姆霍兹自由能的定义:$F=U-TS$,求其全微分,并利用式(2.1.1),可得

$$dF = -SdT - pdV \qquad (2.1.3)$$

吉布斯函数全微分形式　由吉布斯函数的定义:$G=U-TS+pV$,利用其全微分和式(2.1.1),得

$$dG = -SdT + Vdp \qquad (2.1.4)$$

为了描述平衡系统,形成了以下一组**热力学基本等式**:

$$\begin{cases} dU = TdS - pdV \\ dH = TdS + Vdp \\ dF = -SdT - pdV \\ dG = -SdT + Vdp \end{cases} \qquad (2.1.5)$$

由式(2.1.1)~式(2.1.4)知,函数的形式是 $U(S,V)$,$H(S,p)$,$F(T,V)$,$G(T,p)$,由它们可推导出均匀系各种平衡性质关系,并利用微分方程组(2.1.5)中各方程完整全微分条件给出独立自变量和态函数微分形式。

物理变量与态函数微分形式　麦克斯韦关系式

U 作为 S、V 的函数 $U=(S,V)$,其全微分为

$$dU = \left(\frac{\partial U}{\partial S}\right)_V dS + \left(\frac{\partial U}{\partial V}\right)_S dV$$

和式(2.1.1)比较后,得到自变量温度以及压强与函数内能的微分关系:

$$T = \left(\frac{\partial U}{\partial S}\right)_V, \quad p = -\left(\frac{\partial U}{\partial V}\right)_S \tag{2.1.6}$$

交换偏导数的次序: $\dfrac{\partial^2 U}{\partial S \partial V} = \dfrac{\partial^2 U}{\partial V \partial S}$,还能得到温度、压强、体积、熵四个参量之间的偏导数关系:

$$\left(\frac{\partial T}{\partial V}\right)_S = -\left(\frac{\partial p}{\partial S}\right)_V \tag{2.1.7}$$

式(2.1.7)就是 $dU = TdS - pdV$ 完整全微分条件。类似地,由焓的全微分表达式可得

$$T = \left(\frac{\partial H}{\partial S}\right)_p, \quad V = \left(\frac{\partial H}{\partial p}\right)_S \tag{2.1.8}$$

$$\left(\frac{\partial T}{\partial p}\right)_S = \left(\frac{\partial V}{\partial S}\right)_p \tag{2.1.9}$$

由亥姆霍兹自由能的全微分表达式可得

$$S = -\left(\frac{\partial F}{\partial T}\right)_V, \quad p = -\left(\frac{\partial F}{\partial V}\right)_T \tag{2.1.10}$$

$$\left(\frac{\partial S}{\partial V}\right)_T = \left(\frac{\partial p}{\partial T}\right)_V \tag{2.1.11}$$

由吉布斯函数的全微分表达式可得

$$S = -\left(\frac{\partial G}{\partial T}\right)_p, \quad V = \left(\frac{\partial G}{\partial p}\right)_T \tag{2.1.12}$$

$$\left(\frac{\partial S}{\partial p}\right)_T = -\left(\frac{\partial V}{\partial T}\right)_p \tag{2.1.13}$$

式(2.1.7)、式(2.1.9)、式(2.1.11)、式(2.1.13)称为**麦克斯韦关系式(简称麦氏关系式)**,它们给出热力学四个变量 T、p、V、S 偏导数的相互关系,具有重要的应用价值。

2.2　麦克斯韦关系式的简单应用

我们导出的麦氏关系式是

$$\left(\frac{\partial T}{\partial p}\right)_S = \left(\frac{\partial V}{\partial S}\right)_p, \quad \left(\frac{\partial T}{\partial V}\right)_S = -\left(\frac{\partial p}{\partial S}\right)_V \tag{2.2.1}$$

$$\left(\frac{\partial S}{\partial V}\right)_T = \left(\frac{\partial p}{\partial T}\right)_V, \quad \left(\frac{\partial S}{\partial p}\right)_T = -\left(\frac{\partial V}{\partial T}\right)_p \tag{2.2.2}$$

式(2.2.2)仅和物态方程有关,所以它们经常被应用到。利用麦氏关系式还可以间接测量一些热力学物理量。

麦氏关系式记忆的方式以 $S \to p \to T \to V$ 为顺序(或以谐音"死→不→屈→服"为序)。式(2.2.1)右下 S 为开始,顺时针转动是正号,逆时针转动是负号;式(2.2.2)左上 S 为开始,顺时针转动是正号,逆时针转动是负号。下面是麦氏关系式应用的例子。

选 T、V 为系统的独立变量,内能 $U(T,V)$、熵 $S(T,V)$ 的全微分分别为

$$\mathrm{d}U = \left(\frac{\partial U}{\partial T}\right)_V \mathrm{d}T + \left(\frac{\partial U}{\partial V}\right)_T \mathrm{d}V$$

$$\mathrm{d}S = \left(\frac{\partial S}{\partial T}\right)_V \mathrm{d}T + \left(\frac{\partial S}{\partial V}\right)_T \mathrm{d}V$$

利用

$$\mathrm{d}U = T\mathrm{d}S - p\mathrm{d}V$$

可得

$$\mathrm{d}U = T\left(\frac{\partial S}{\partial T}\right)_V \mathrm{d}T + \left[T\left(\frac{\partial S}{\partial V}\right)_T - p\right]\mathrm{d}V$$

将该式与 $U(T,V)$ 的全微分比较后,我们得到定容热容的另一个重要表达式:

$$C_V = \left(\frac{\partial U}{\partial T}\right)_V = T\left(\frac{\partial S}{\partial T}\right)_V \tag{2.2.3}$$

及

$$\left(\frac{\partial U}{\partial V}\right)_T = T\left(\frac{\partial S}{\partial V}\right)_T - p$$

由麦氏关系式还得到另一个重要关系式:

$$\left(\frac{\partial U}{\partial V}\right)_T = T\left(\frac{\partial p}{\partial T}\right)_V - p \tag{2.2.4}$$

式(2.2.4)给出在温度保持不变时内能随体积的变化率与物态方程的关系,它又被称为**能态方程**。系统内能和体积关系一直是我们感兴趣的一个问题。例如:对于理想气体有 $pV = nRT$,将其态式代入能态方程,则有

$$\left(\frac{\partial U}{\partial V}\right)_T = \frac{nRT}{V} - p = 0$$

这是焦耳定律的结果。

对于范氏气体,将其态式 $\left(p + \frac{an^2}{V^2}\right)(V - nb) = nRT$ 代入能态方程得到

$$\left(\frac{\partial U}{\partial V}\right)_T = \frac{nRT}{V - nb} - p = \frac{n^2 a}{V^2}$$

这是温度不变时范氏气体内能随体积的变化率。

系统函数与温度和压强的关系也一直是我们感兴趣的一个物理课题。如果选 T、p 为系统的独立变量,焓 $H(T,p)$、熵 $S(T,p)$ 的全微分分别为

$$\mathrm{d}H = \left(\frac{\partial H}{\partial T}\right)_p \mathrm{d}T + \left(\frac{\partial H}{\partial p}\right)_T \mathrm{d}p$$

$$dS = \left(\frac{\partial S}{\partial T}\right)_p dT + \left(\frac{\partial S}{\partial p}\right)_T dp$$

并由

$$dH = TdS + Vdp$$

可得

$$dH = T\left(\frac{\partial S}{\partial T}\right)_p dT + \left[T\left(\frac{\partial S}{\partial p}\right)_T + V\right] dp$$

将该式与 $H(T, p)$ 的全微分比较后，我们得到定压热容的另一个重要表达式：

$$C_p = \left(\frac{\partial H}{\partial T}\right)_p = T\left(\frac{\partial S}{\partial T}\right)_p \tag{2.2.5}$$

及

$$\left(\frac{\partial H}{\partial p}\right)_T = T\left(\frac{\partial S}{\partial p}\right)_T + V$$

由麦氏关系式得到

$$\left(\frac{\partial H}{\partial p}\right)_T = V - T\left(\frac{\partial V}{\partial T}\right)_p \tag{2.2.6}$$

式(2.2.6)给出在温度保持不变时焓随压强的变化率与物态方程的关系，它又被称为**焓态方程**。例如：对于理想气体，$pV = nRT$，代入焓态方程，则有

$$\left(\frac{\partial H}{\partial p}\right)_T = V - T\left(\frac{nR}{p}\right) = 0$$

　　例 1：证明任意简单系统的定压热容和定容热容之差：

$$C_p - C_V = T\left(\frac{\partial p}{\partial T}\right)_V \left(\frac{\partial V}{\partial T}\right)_p$$

并讨论理想气体与简单系统的压缩率关系。

　　证明：由式(2.2.3)和式(2.2.5)得

$$C_p - C_V = T\left(\frac{\partial S}{\partial T}\right)_p - T\left(\frac{\partial S}{\partial T}\right)_V$$

　　方法一：将 S 看作 T、V 的函数，而 V 又看作 T、p 的函数，取隐函数 $S(T, p) = S(T, V(T, p))$，并对其求偏导数：

$$\left(\frac{\partial S}{\partial T}\right)_p = \left(\frac{\partial S}{\partial T}\right)_V + \left(\frac{\partial S}{\partial V}\right)_T \left(\frac{\partial V}{\partial T}\right)_p$$

将该结论代入上式，可以得到

$$C_p - C_V = T\left(\frac{\partial S}{\partial V}\right)_T \left(\frac{\partial V}{\partial T}\right)_p$$

利用麦氏关系式 $\left(\frac{\partial S}{\partial V}\right)_T = \left(\frac{\partial p}{\partial T}\right)_V$，可得

$$C_p - C_V = T\left(\frac{\partial p}{\partial T}\right)_V \left(\frac{\partial V}{\partial T}\right)_p$$

对简单系统有

$$C_p - C_V = \frac{VT\alpha^2}{\kappa_T}$$

对于理想气体,则有

$$C_p - C_V = nR$$

方法二:我们也可以直接利用式(1.6.11)$C_V = C_p + \left[\left(\frac{\partial H}{\partial p}\right)_T - V\right]\left(\frac{\partial p}{\partial T}\right)_V$ 和式(2.2.6) $\left(\frac{\partial H}{\partial p}\right)_T = V - T\left(\frac{\partial V}{\partial T}\right)_p$,获得 $C_p - C_V = T\left(\frac{\partial p}{\partial T}\right)_V \left(\frac{\partial V}{\partial T}\right)_p$。

例 2:求证定容热容与定压热容之比与绝热压缩率 $\kappa_S = -\frac{1}{V}\left(\frac{\partial V}{\partial p}\right)_S$ 和等温压缩率 $\kappa_T = -\frac{1}{V}\left(\frac{\partial V}{\partial p}\right)_T$ 之比的关系。

证明:利用雅可比行列式

$$\frac{C_V}{C_p} = \frac{T\left(\frac{\partial S}{\partial T}\right)_V}{T\left(\frac{\partial S}{\partial T}\right)_p} = \frac{\frac{\partial(V,S)}{\partial(V,T)}}{\frac{\partial(p,S)}{\partial(p,T)}} = \frac{\frac{\partial(V,S)}{\partial(p,S)}}{\frac{\partial(V,T)}{\partial(p,T)}} = \frac{\left(\frac{\partial V}{\partial p}\right)_S}{\left(\frac{\partial V}{\partial p}\right)_T} = \frac{-\frac{1}{V}\left(\frac{\partial V}{\partial p}\right)_S}{-\frac{1}{V}\left(\frac{\partial V}{\partial p}\right)_T} = \frac{\kappa_S}{\kappa_T}$$

注意,在热力学运用中,雅可比行列式是非常重要的数学工具。

例 3:证明下面两个 TdS 方程:

$$TdS = C_V dT - T\left(\frac{\partial p}{\partial T}\right)_V dV$$

$$TdS = C_p dT - T\left(\frac{\partial V}{\partial T}\right)_p dp$$

证明:将熵 S 看作自变量 T、V 的函数,即

$$dS = \left(\frac{\partial S}{\partial T}\right)_V dT + \left(\frac{\partial S}{\partial V}\right)_T dV$$

$$= C_V dT/T - \left(\frac{\partial p}{\partial T}\right)_V dV$$

则有

$$TdS = C_V dT - T\left(\frac{\partial p}{\partial T}\right)_V dV$$

另一个证明留给读者自己完成。

2.3　热力学基本函数形式

前面给出了热力学函数的微分形式,这里给出热力学函数的一般表达形式。对于简单系统,如果选 T、V 为状态参量,常讨论内能;如果选 T、p 为状态参量,常讨论焓。这里主要讨论 U、S、H 的形式,其他态函数也可以由 U、S、H 给出。

1. U 和 S 形式

选 T、V 为状态参量。物态方程为

$$p = p(T, V)$$

热力学中物态方程一般由实验测定。

利用内能 $U(T,V)$ 全微分 $\mathrm{d}U = \left(\frac{\partial U}{\partial T}\right)_V \mathrm{d}T + \left(\frac{\partial U}{\partial V}\right)_T \mathrm{d}V$ 和式(2.2.4)$\left(\frac{\partial U}{\partial V}\right)_T = T\left(\frac{\partial p}{\partial T}\right)_V - p$,得到

$$\mathrm{d}U = C_V \mathrm{d}T + \left[T\left(\frac{\partial p}{\partial T}\right)_V - p\right]\mathrm{d}V$$

沿任意一条积分线路求积分,可以得到内能 U 的一般表达形式:

$$U = \int \left\{ C_V \mathrm{d}T + \left[T\left(\frac{\partial p}{\partial T}\right)_V - p\right]\mathrm{d}V \right\} + U_0 \tag{2.3.1}$$

熵函数 $S(T,V)$ 的全微分 $\mathrm{d}S = \left(\frac{\partial S}{\partial T}\right)_V \mathrm{d}T - \left(\frac{\partial S}{\partial V}\right)_T \mathrm{d}V$ 和 $\left(\frac{\partial S}{\partial V}\right)_T = -\left(\frac{\partial p}{\partial T}\right)_V$ 得到

$$\mathrm{d}S = \frac{C_V}{T}\mathrm{d}T + \left(\frac{\partial p}{\partial T}\right)_V \mathrm{d}V$$

求线积分可得到熵 $S(T,V)$ 的一般表达形式:

$$S = \int \left[\frac{C_V}{T}\mathrm{d}T + \left(\frac{\partial p}{\partial T}\right)_V \mathrm{d}V\right] + S_0 \tag{2.3.2}$$

由式(2.3.1)和式(2.3.2)还可以给出亥姆霍兹自由能 $F = U - TS$ 的一般表达形式,其他态函数如 $G = U - TS + pV$ 和 $H = U + pV$ 也可以给出。

2. H 和 S 形式

选 T、p 为状态参量。物态方程是

$$V = V(T, p)$$

利用焓 $H(T,p)$ 的全微分 $\mathrm{d}H = \left(\frac{\partial H}{\partial T}\right)_p \mathrm{d}T + \left(\frac{\partial H}{\partial p}\right)_T \mathrm{d}p$ 和式(2.2.6)得到

$$\mathrm{d}H = C_p \mathrm{d}T + \left[V - T\left(\frac{\partial V}{\partial T}\right)_p\right]\mathrm{d}p$$

求线积分,可得到焓 H 的一般表达形式:

$$H = \int \left\{ C_p \mathrm{d}T + \left[V - T\left(\frac{\partial V}{\partial T}\right)_p \right]\mathrm{d}p \right\} + H_0 \tag{2.3.3}$$

利用熵函数 $S(T,p)$ 的全微分 $\mathrm{d}S = \left(\frac{\partial S}{\partial T}\right)_p \mathrm{d}T - \left(\frac{\partial S}{\partial p}\right)_T \mathrm{d}p$ 和 $\left(\frac{\partial S}{\partial p}\right)_T = \left(\frac{\partial V}{\partial T}\right)_p$ 得到

$$\mathrm{d}S = \frac{C_p}{T}\mathrm{d}T - \left(\frac{\partial V}{\partial T}\right)_p \mathrm{d}p$$

求线积分,可得到熵 S 的另外一般表达形式:

$$S = \int \left[\frac{C_p}{T}\mathrm{d}T - \left(\frac{\partial V}{\partial T}\right)_p \mathrm{d}p \right] + S_0 \tag{2.3.4}$$

例 4:求理想气体以 T、p 为状态参量的焓、熵和吉布斯函数。

解:考虑式(2.3.3),对理想气体有 $pV = nRT$,可得

$$\left(\frac{\partial V}{\partial T}\right)_p = \frac{nR}{p}, \quad V - T\left(\frac{\partial V}{\partial T}\right)_p = 0$$

得到理想气体的焓为

$$H = \int nC_{m,p}\mathrm{d}T + H_0$$

当然,利用 $C_p = \left(\frac{\partial H}{\partial T}\right)_p$ 也可以得到上式。摩尔焓为

$$H_m = C_{m,p}T + h_0$$

理想气体的摩尔熵为

$$S_m = C_{m,p}\ln T - R\ln p + S_{m0}$$

理想气体的摩尔吉布斯函数为

$$G_m = \int C_{m,p}\mathrm{d}T - T\int C_{m,p}\frac{\mathrm{d}T}{T} + RT\ln p + H_{m0} - TS_{m0}$$

$$G_m = C_{m,p}T - C_{m,p}T\ln T + RT\ln p + H_{m0} - TS_{m0}$$

例 5:求 n mol 范氏气体的内能和熵。

解:n mol 范氏气体的物态方程为

$$\left(p + \frac{n^2 a}{V^2} \right)(V - nb) = nRT$$

利用式(2.3.1)和式(2.3.2),可得

$$\left(\frac{\partial p}{\partial T}\right)_V = \frac{nR}{V - nb}, \quad T\left(\frac{\partial p}{\partial T}\right)_V - p = \frac{n^2 a}{V^2}$$

n mol 范氏气体内能和熵分别是

$$U = \int C_V \mathrm{d}T - \frac{n^2 a}{V} + U_0$$

$$S = \int \frac{C_V}{T}\mathrm{d}T - nR\ln(V - nb) + S_0$$

2.4 特性函数及其简单应用

特性函数 如果知道一个热力学函数,适当选取独立自变量,就可以取得热力学均匀系的全部热力学函数。这个热力学函数就叫特性函数。在 2.1 节中 $U(S,V)$、$H(S,p)$、$F(T,V)$、$G(T,p)$ 都是特性函数。一般说来在应用上最具有代表性的特性函数是亥姆霍兹自由能和吉布斯函数。

亥姆霍兹自由能的特性函数 我们知道亥姆霍兹自由能 $F(T,V)$ 的基本热力学等式是

$$\mathrm{d}F = -S\mathrm{d}T - p\mathrm{d}V$$

它与 $F(T,V)$ 全微分比较后得到

$$S = -\frac{\partial F}{\partial T}, p = -\frac{\partial F}{\partial V} \tag{2.4.1}$$

由 $F(T,V)$ 可以求得物态方程 $p(T,V)$。特别在统计物理中,$F(T,V)$ 通常较易给出。由亥姆霍兹自由能定义

$$F = U - TS$$

得到内能

$$U = F + TS = F - T\frac{\partial F}{\partial T} \tag{2.4.2}$$

该式称为**吉布斯—亥姆霍兹第一方程**。

吉布斯函数的特性函数 吉布斯函数 $G(T,p)$ 的基本热力学等式为

$$\mathrm{d}G = -S\mathrm{d}T + V\mathrm{d}p$$

它与 $G(T,p)$ 全微分比较后得到

$$S = -\frac{\partial G}{\partial T}, V = \frac{\partial G}{\partial p} \tag{2.4.3}$$

由吉布斯函数的定义,有

$$U = G + TS - pV = G - T\frac{\partial G}{\partial T} - p\frac{\partial G}{\partial p} \tag{2.4.4}$$

由焓的定义 $H = U + pV$,得

$$H = G - T\frac{\partial G}{\partial T} \tag{2.4.5}$$

该式也称为**吉布斯—亥姆霍兹第二方程**。

特性函数的简单应用与证明:

$$1. \left(\frac{\partial p}{\partial T}\right)_S = \left(\frac{\partial S}{\partial V}\right)_p = \left(\frac{\partial S}{\partial T}\right)_p \left(\frac{\partial T}{\partial V}\right)_p = T\left(\frac{\partial S}{\partial T}\right)_p V\left(\frac{\partial T}{\partial V}\right)_p / (TV) = \frac{C_p}{TV\alpha}$$

2. $\left(\dfrac{\partial V}{\partial T}\right)_p = -\left(\dfrac{\partial S}{\partial p}\right)_V = -T\left(\dfrac{\partial S}{\partial T}\right)_V p\left(\dfrac{\partial T}{\partial p}\right)_V/(Tp) = -\dfrac{C_V}{Tp\beta}$

3. $\left(\dfrac{\partial U}{\partial T}\right)_S = -\left(\dfrac{\partial U}{\partial V}\right)_S \left(\dfrac{\partial V}{\partial T}\right)_S = p\left(\dfrac{\partial V}{\partial T}\right)_S = -p/\left[\left(\dfrac{\partial T}{\partial S}\right)_V \left(\dfrac{\partial S}{\partial V}\right)_T\right]$

$\qquad = -p\left(\dfrac{\partial S}{\partial T}\right)_V \left(\dfrac{\partial V}{\partial S}\right)_T = -T\left(\dfrac{\partial S}{\partial T}\right)_V \dfrac{1}{T}p\left(\dfrac{\partial T}{\partial p}\right)_V = -\dfrac{C_V}{T\beta}$

4. $\left(\dfrac{\partial H}{\partial T}\right)_S = -\left(\dfrac{\partial H}{\partial p}\right)_S \left(\dfrac{\partial p}{\partial T}\right)_S = -V\left(\dfrac{\partial p}{\partial T}\right)_S = -V\left(\dfrac{\partial S}{\partial V}\right)_p$

$\qquad = -V\left(\dfrac{\partial S}{\partial T}\right)_p \left(\dfrac{\partial T}{\partial V}\right)_p = -\dfrac{C_p}{T\alpha}$

5. $\left(\dfrac{\partial F}{\partial T}\right)_S = -S - p\left(\dfrac{\partial V}{\partial T}\right)_S = -S - p/\left[\left(\dfrac{\partial T}{\partial S}\right)_V \left(\dfrac{\partial S}{\partial V}\right)_T\right]$

6. $\left(\dfrac{\partial F}{\partial T}\right)_S = -S - p\left(\dfrac{\partial V}{\partial T}\right)_S = -S - p/\left[\left(\dfrac{\partial T}{\partial S}\right)_V \left(\dfrac{\partial S}{\partial V}\right)_T\right]$

$\qquad = -S - p/\left[\left(\dfrac{\partial T}{\partial S}\right)_V \left(\dfrac{\partial p}{\partial T}\right)_V\right] = -S + \dfrac{C_V}{T\beta}$

7. $\left(\dfrac{\partial G}{\partial T}\right)_S = -S + V\left(\dfrac{\partial p}{\partial T}\right)_S = -S + V\left(\dfrac{\partial S}{\partial V}\right)_p = -S + V\left(\dfrac{\partial S}{\partial T}\right)_p \left(\dfrac{\partial T}{\partial V}\right)_p = -S + \dfrac{C_p}{T\alpha}$

还可以进一步证明其他的公式：

8. $\left(\dfrac{\partial F}{\partial S}\right)_V = \left(\dfrac{\partial F}{\partial T}\right)_V \left(\dfrac{\partial T}{\partial S}\right)_V = \dfrac{ST}{C_V}$

9. $\left(\dfrac{\partial H}{\partial S}\right)_V = T + V\left(\dfrac{\partial p}{\partial S}\right)_V = T + V\left(\dfrac{\partial p}{\partial T}\right)_V \left(\dfrac{\partial T}{\partial S}\right)_V = T + TVp\beta\dfrac{1}{C_V}$

10. $\left(\dfrac{\partial H}{\partial V}\right)_S = V\left(\dfrac{\partial p}{\partial T}\right)_S = -V\left(\dfrac{\partial p}{\partial S}\right)_V \left(\dfrac{\partial S}{\partial V}\right)_p = -\dfrac{C_p}{C_V}\dfrac{p\beta}{\alpha} = -\dfrac{C_p}{C_V\kappa_T}$

表面系统的热力学函数应用问题　作为一个重要的例子，下面讨论表面系统的热力学函数应用问题。表面张力发生在一种纯物质的两个各向同性的相（物理性质上均匀的部分称为相）之间的分界面上，分界面是很薄的一个表面层，层内的性质在与表面垂直的方向上有急剧的变化。理论上认为它是一个几何面且不占有体积，也没有质量。将表面作为一个热力学系统，描述表面系统的状态参量是表面张力系数 σ 和表面积 A，表面系统的物态方程是 σ、A 和 T 的关系：

$$f(\sigma, A, T) = 0$$

实验指出，表面张力系数仅是 T 的函数，与表面积 A 无关，所以物态方程可简化为：$\sigma = \sigma(T)$。由于 $\mathrm{d}W = \sigma\mathrm{d}A$，则表面系统亥姆霍兹自由能的基本热力学等式为

$$\mathrm{d}F = -S\mathrm{d}T + \sigma\mathrm{d}A$$

它与 $F(T, A)$ 全微分比较后，可得

$$S = -\frac{\partial F}{\partial T}, \quad \sigma = \frac{\partial F}{\partial A}$$

由于 σ 和 A 无关,上式可以改写为 $\sigma = \mathrm{d}F/\mathrm{d}A$,积分得

$$F = \sigma A \tag{2.4.6}$$

即表面张力系数等于单位表面积的亥姆霍兹自由能,这是表面张力系数的又一定义。由于 $A \to 0$ 时,$F \to 0$,所以积分常数是零。

则表面的熵为

$$S = -A \frac{\mathrm{d}\sigma}{\mathrm{d}T} \tag{2.4.7}$$

表面系统的内能为

$$U = F + TS = A\left(\sigma - T\frac{\mathrm{d}\sigma}{\mathrm{d}T}\right) \tag{2.4.8}$$

表面系统的焓为

$$H = U + \sigma A = A\left(2\sigma - T\frac{\mathrm{d}\sigma}{\mathrm{d}T}\right) \tag{2.4.9}$$

可以看出,只要知道了表面张力系数 σ,就能得到表面系统所有的热力学函数,在这个意义上,我们说,σ 代表了表面系统的特性。

2.5　平衡辐射的热力学

受热的物体会辐射出电磁波,这种辐射称为热辐射。如果物体吸收外来的电磁波能量等于辐射出去的能量,其过程达到平衡,称之为平衡辐射。处于平衡辐射状态下,辐射体具有一固定的温度。例如,有一封闭的空腔,腔壁和腔只能通过吸收或发射辐射能而交换能量。实验表明,经过一定时间此系统达到热平衡,腔和壁有相同的温度,这个温度也叫作辐射场的温度。而这种空腔内的辐射固有特性是具有空间均匀性与各向同性。这种空腔内的平衡辐射又称黑体辐射。凡是能把投射到它上面的全部辐射能量都吸收的物体,称为黑体。

热力学函数　现在根据热力学理论讨论并推求平衡辐射的热力学函数。这里要用到电磁学理论关于辐射压强 p 与辐射能量密度 u 之间的关系:

$$p = \frac{1}{3}u = \frac{U}{3V}$$

其中,平衡辐射总能量 $U(T,V) = Vu(T)$。利用热力学中的能态方程:

$$\left(\frac{\partial U}{\partial V}\right)_T = T\left(\frac{\partial p}{\partial T}\right)_V - p$$

可得

$$u = \frac{T}{3}\frac{\mathrm{d}u}{\mathrm{d}T} - \frac{u}{3}$$

对其积分得到

$$u = aT^4 \text{ 或 } U = aT^4 V \tag{2.5.1}$$

还能得到态式:$p = aT^4/3$。将式(2.5.1)和 $p = U/(3V)$ 代入下列热力学基本方程:

$$dS = \frac{dU + p dV}{T}$$

得到

$$dS = \frac{4}{3} a(3T^2 V dT + T^3 dV)$$

上式刚好满足完整全微分条件,积分得到平衡辐射的熵:

$$S = \frac{4}{3} aT^3 V \tag{2.5.2}$$

其中取积分常数为零。因为,当 $V \to 0$ 时,不存在空间辐射及场。

对可逆绝热辐射,系统的熵不变,由式(2.5.2)状态方程有

$$T^3 V = \text{常量} \tag{2.5.3}$$

将式(2.5.1)和式(2.5.2)分别代入 $F = U - TS$、$H = U + pV$,或 $G = U - TS + pV$ 中,得到

$$F = -aT^4 V/3, H = 4aT^4 V/3, G = 0 \tag{2.5.4}$$

斯特藩—玻耳兹曼定律 定义辐射通量密度:单位时间内通过单位面积向一侧辐射的总辐射能量。我们可以证明,辐射通量密度 J_u 和辐射能量密度之间存在以下关系

$$J_u = \frac{1}{4} cu$$

式中,c 为光速。

证明如下:如从腔壁上开一个面积为 dA 的小孔,则单位时间内 θ 方向上通过 dA 的辐射能量是 $u dA c \cos\theta$。考虑辐射具有空间各向同性,因此,单位时间内 θ 向方向 $d\Omega$ 立体角内通过 dA 的能量则是 $\frac{d\Omega}{4\pi} uc dA \cos\theta$。我们对所有传播方向求积分,就可以得到单位时间内通过 dA 侧向辐射的总能量:

$$J_u dA = \frac{cu dA}{4\pi} \int \cos\theta d\Omega = \frac{cu dA}{4\pi} \int_0^{\frac{\pi}{2}} \sin\theta\cos\theta d\theta \int_0^{2\pi} d\varphi = \frac{1}{4} cu dA$$

所以有 $J_u = cu/4$。进一步可写为

$$J_u = \frac{1}{4} caT^4 = \sigma T^4 \tag{2.5.5}$$

式(2.5.5)称为**斯特藩—玻耳兹曼定律**。σ 称为斯特藩常量,数值是 5.669×10^{-8} W/(m² · K⁴)。

斯特藩—玻耳兹曼定律也被人们用实验证明了。热力学理论不仅能应用于微观粒子(如分子、原子等)组成的热力学系统,也能适用于辐射场,热力学理论具有普遍性。

2.6　致冷效应——气体的绝热膨胀与节流过程

气体的绝热膨胀与节流膨胀是获得低温的两种常用方法。这里作为热力学函数的应用,来分析这两种过程的性质和特点。

气体绝热膨胀——等熵膨胀　一种使气体降温的有效方法是使气体做绝热膨胀(等熵膨胀)。卡皮查于 1934 年利用绝热膨胀与节流膨胀结合的方法制造出液化器。下面讨论气体温度随压强的变化,用 $\left(\dfrac{\partial T}{\partial p}\right)_S$ 表示。取态函数熵形式为 $S(T,p)$,如果把该绝热过程近似地看作是准静态的,则绝热等熵膨胀有

$$\mathrm{d}S=\left(\frac{\partial S}{\partial T}\right)_p\mathrm{d}T+\left(\frac{\partial S}{\partial p}\right)_T\mathrm{d}p=0$$

并由

$$\left(\frac{\partial S}{\partial T}\right)_p\left(\frac{\partial T}{\partial p}\right)_S\left(\frac{\partial p}{\partial S}\right)_T=-1$$

和

$$\left(\frac{\partial S}{\partial p}\right)_T=-\left(\frac{\partial V}{\partial T}\right)_p、C_p=T\left(\frac{\partial S}{\partial T}\right)_p,\text{以及}\ \alpha=\frac{1}{V}\left(\frac{\partial V}{\partial T}\right)_p$$

可得

$$\left(\frac{\partial T}{\partial p}\right)_S=-\frac{\left(\frac{\partial S}{\partial p}\right)_T}{\left(\frac{\partial S}{\partial T}\right)_p}=\frac{T}{C_p}\left(\frac{\partial V}{\partial T}\right)_p=\frac{VT\alpha}{C_p}>0 \tag{2.6.1}$$

式(2.6.1)右边的 V、T、C_p 和 α 总是正值,表明气体在绝热膨胀中随着压强的减小,它的温度总是降低的,也就是气体经绝热膨胀变冷了。其物理过程符合能量守恒与转化定律,表现在气体绝热膨胀后,其内能变小了,转化为对外所做的功,因此气体温度下降了。

气体节流——焦耳·汤姆孙效应　气体的节流如图 2-1 所示,有一根绝热材料制成的管子,中间用一多孔塞(或节流阀)隔开,塞子左边维持较高的压强 p_1,右边维持较低的压强 p_2。由于多孔塞对气流的巨大阻力,气体由高压的一边经过多孔塞缓慢地流向低压的一边,并趋于稳定,这一过程叫作节流过程。测量结果是:气体在节流前后温度发生了变化,这种效应称为焦耳·汤姆孙效应。它有三个特点:不可逆的、等焓以及由实验证明的特点。实验表明:气体经节流后,其温度可能升高,可能降低,也可

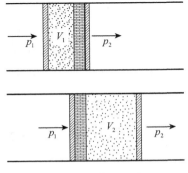

图 2-1　气体的节流

能不变。

等焓　初始情况:定质量的气体处于多孔塞左边(图 2-1 上),它的压强、体积、内能分别为 p_1、V_1、U_1。气体全部通过多孔塞并达到稳定后,其终态压强、体积、内能分别为 p_2、V_2、U_2(图 2-1 下)。由于节流前后,系统是绝热的,根据热力学第一定律 $\Delta Q = \Delta U + \Delta W$,有 $U_2 - U_1 + (p_2 V_2 - p_1 V_1) = 0$ 成立,即

$$U_2 + p_2 V_2 = U_1 + p_1 V_1 \tag{2.6.2}$$

或

$$H_1 = H_2 \tag{2.6.3}$$

这就是说,节流过程前后气体的焓相等。

变温条件　定义:气体在节流过程前后(等焓过程)温度随压强的变化率为焦耳—汤姆孙系数

$$\mu = \left(\frac{\partial T}{\partial p}\right)_H \tag{2.6.4}$$

注意到节流过程中气体的压强总是降低的。因而当 $\mu > 0$ 时,表明节流后气体的温度降低了,即气体节流后变冷了,称为正效应;反之,$\mu < 0$ 表明在节流后气体变热了,叫作负效应。若 $\mu = 0$,气体经节流后温度不变,叫作零效应。气体节流后温度如何变化与物质系统物态方程及物质气体节流前的状态有关。

焦耳—汤姆孙系数与态式的关系　取态函数焓表示式为 $H = H(T, p)$。利用下述关系:

$$\left(\frac{\partial H}{\partial T}\right)_p \left(\frac{\partial T}{\partial p}\right)_H \left(\frac{\partial p}{\partial H}\right)_T = -1 \text{ 或者 } \left(\frac{\partial T}{\partial p}\right)_H = -1 \bigg/ \left[\left(\frac{\partial p}{\partial H}\right)_T \left(\frac{\partial H}{\partial T}\right)_p\right]$$

将上述形式代入式(2.6.4)后,再利用焓态方程 $\left(\frac{\partial H}{\partial p}\right)_T = V - T\left(\frac{\partial V}{\partial T}\right)_p$、$C_p = \left(\frac{\partial H}{\partial T}\right)_p$,以及 $\alpha = \frac{1}{V}\left(\frac{\partial V}{\partial T}\right)_p$,得焦耳—汤姆孙系数与态式的关系:

$$\mu = \left(\frac{\partial T}{\partial p}\right)_H = \frac{1}{C_p}\left[T\left(\frac{\partial V}{\partial T}\right)_p - V\right] \tag{2.6.5}$$

或焦耳—汤姆孙系数与热容的关系:

$$\mu = \frac{V(T\alpha - 1)}{C_p} \tag{2.6.6}$$

接下来再讨论具体物质气体节流。

1. 理想气体节流

如节流的气体是理想气体,则 $pV = nRT$,由此得到 $\alpha = (\partial V/\partial T)_p / V = 1/T$,则 $\mu = 0$,即理想气体节流前后温度不变。

2.实际气体节流

对于实际气体,有可能有 $\alpha T>1$,则有 $\mu>0$,也有可能有 $\alpha T<1$,则有 $\mu<0$。α 一般有可能是 T 和 p 的函数。所以在 $T-p$ 平面上,用 $\alpha=1/T$ 相对应一条曲线描述 $\mu=0$ 时的温度(转换温度),称为**反转曲线**。

1)范氏气体问题

图 2—2 是氮气反转曲线,图中虚线是转换温度的范氏气体 $p-T$ 平面上的抛物线〔读者可以利用式(2.6.5)取 $\mu=0$ 以及 $\left(\dfrac{\partial V}{\partial T}\right)_p\left(\dfrac{\partial T}{\partial p}\right)_V\left(\dfrac{\partial p}{\partial V}\right)_T=-1$ 和范氏物态方程自己证明〕,实线为实验结果。曲线上各点为对应压强下的转换温度。可见对应每个压强值,有两个转换温度,只有当气体的温度在此区间内,节流时才能得到变冷的效应,否则节流后变热。

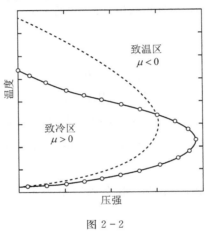

图 2-2

2)昂尼斯气体方程问题

如试用昂尼斯方程对焦耳—汤姆孙效应做分析,仅保留第二位力系数,对昂尼斯方程进行近似处理:

$$p=\frac{nRT}{V}\left[1+\frac{n}{V}B(T)\right]\approx\frac{nRT}{V}\left(1+\frac{p}{RT}B\right)$$

或

$$V=n\left(B+\frac{RT}{p}\right)$$

由式(2.6.5)得到

$$\mu=\frac{n}{C_p}\left[T\left(\frac{\mathrm{d}B}{\mathrm{d}T}\right)-B\right]\tag{2.6.7}$$

在足够低的温度条件下,B 本身是负值,$T(\mathrm{d}B/\mathrm{d}T)$ 有可能是正的,有可能给出 $\mu>0$ 的值。在足够高的温度条件下,B 变为正值,有可能给出 $\mu<0$ 的值。

2.7　磁介质的热力学特性　磁致冷效应

本节用热力学理论讨论磁介质问题。把磁介质总磁矩写为 $m=VM$，当磁介质中的磁场强度及磁化强度发生变化时，式(1.4.7)给出了外界做功形式：

$$\mathrm{d}W = V\mathrm{d}\left(\frac{\mu_0 H^2}{2}\right) + \mu_0 H\mathrm{d}m \tag{2.7.1}$$

式(2.7.1)右方第二项是使介质磁化所做的功。利用广义坐标及其相应广义力与外界做功的基本概念，进行下面形式代换

$$-\mu_0 H \rightarrow p, m \rightarrow V \tag{2.7.2}$$

热力学基本方程　我们可以这样来理解，在外磁场 H 的作用下，磁介质的总磁矩由 m 增加到 $m+\mathrm{d}m$ 过程中，外磁场所做的磁化功为 $\mu_0 H\mathrm{d}m$。若在磁化的同时伴随有介质体积的变化 $\mathrm{d}V$，则磁介质的热力学基本方程可表示为

$$\mathrm{d}U = T\mathrm{d}S - p\mathrm{d}V + \mu_0 H\mathrm{d}m \tag{2.7.3}$$

由此，可类似地定义磁介质的焓、亥姆霍兹自由能、吉布斯函数。如吉布斯函数是

$$G = U - TS + pV - \mu_0 Hm \tag{2.7.4}$$

利用式(2.7.4)的全微分与式(2.7.3)，可得 $G(T,H)$ 的全微分为

$$\mathrm{d}G = -S\mathrm{d}T + V\mathrm{d}p - \mu_0 m\mathrm{d}H \tag{2.7.5}$$

麦氏关系式与热容　下面讨论 T 随 H 的变化关系。由式(2.7.5)的完整全微分条件得一个麦氏关系式：

$$\left(\frac{\partial S}{\partial H}\right)_{T,p} = \mu_0\left(\frac{\partial m}{\partial T}\right)_{H,p} \tag{2.7.6}$$

在磁场不变时，磁介质的热容 $C_{H,p}$ 为

$$C_{H,p} = T\left(\frac{\partial S}{\partial T}\right)_{H,p} \tag{2.7.7}$$

由于 S、H、T 存在函数关系，故有

$$\left(\frac{\partial S}{\partial H}\right)_{T,p}\left(\frac{\partial H}{\partial T}\right)_{S,p}\left(\frac{\partial T}{\partial S}\right)_{H,p} = -1 \tag{2.7.8}$$

由式(2.7.8)以及式(2.7.6)、式(2.7.7)得到

$$\left(\frac{\partial T}{\partial H}\right)_{S,p} = -\left(\frac{\partial S}{\partial H}\right)_{T,p}\left(\frac{\partial T}{\partial S}\right)_{H,p} = -\frac{\mu_0 T}{C_{H,p}}\left(\frac{\partial m}{\partial T}\right)_{H,p} \tag{2.7.9}$$

假设磁介质遵从居里定律，即磁介质磁化率 χ 与温度成反比

$$\chi = \frac{a}{T}$$

其中 a 为居里常数。将 $m=\chi HV=aVH/T$ 代入式(2.7.9)，得

$$\left(\frac{\partial T}{\partial H}\right)_{S,p} = \frac{aV}{C_{H,p}T}\mu_0 H \tag{2.7.10}$$

式(2.7.10)右边各参量都是大于零的量。这表明当外磁场绝热减小时,顺磁介质的温度降低,这个效应称为**磁致冷效应**。应用绝热去磁致冷是目前实验室中获得 1K 以下温度的有效方法。1956 年利用原子核自旋所产生的磁性进行绝热去磁达到过 10^{-6}K 的低温。

由式(2.7.5)关于 dG 完整全微分条件还可得磁介质的另一个麦氏关系式:

$$\left(\frac{\partial V}{\partial H}\right)_{T,p} = -\mu_0 \left(\frac{\partial m}{\partial p}\right)_{T,H} \tag{2.7.11}$$

式(2.7.11)的右方表示在磁场与温度不变的条件下,介质的磁化强度随压强的变化称为**压磁效应**;左方表示在温度与压强不变时,磁场的改变引起介质体积的变化称为**磁致伸缩**。所以该式给出了压磁效应与磁致伸缩的规律。

另外,式(2.7.3)还可以写成

$$d(U - \mu_0 Hm) = TdS - pdV - \mu_0 mdH \tag{2.7.12}$$

定义:

$$U^* = U - \mu_0 Hm \tag{2.7.13}$$

由于 $-d(\mu_0 Hm)$ 代表在介质中,因磁化情况的改变,介质在外磁场中势能的增加。因而 U^* 所代表的内能中包括磁介质在外磁场中的势能。就是说功包括两部分:当磁场改变时,介质磁化的功,以及改变介质在场中的势能所需要的功。所以我们应注意区分上述内能的不同定义。

2.8　开放系统的热力学基本方程　化学势

上面的讨论仅限于系统内部物质的量是固定的,与外界不发生物质交换的封闭系统。实际上,有很多热力学系统其物质的量不是固定的,即系统与外界既可交换能量,又可交换物质,这称为开放系统。在这一节中,我们将热力学的基本等式推广到开放系统。

吉布斯函数是研究开放系统的一个重要热力学函数,吉布斯函数的基本热力学等式是

$$dG = -SdT + Vdp$$

对于开放系统,交换物质表现在物质的量 n 发生变化。当系统物质的量发生改变 dn 时,其吉布斯函数显然会发生变化:

$$dG = -SdT + Vdp + \mu dn \tag{2.8.1}$$

式(2.8.1)右边第三项表示是:物理量物质的量变化时所引起的吉布斯函数的改变,其中 μ 称为**化学势**,它表示为

$$\mu = \left(\frac{\partial G}{\partial n}\right)_{T,p} \tag{2.8.2}$$

其物理含义是在等温等压条件下,增加 1mol 物质时吉布斯函数的改变。

由于吉布斯函数是广延量,系统的吉布斯函数等于物质的量 n 与摩尔吉布斯函数的乘积:

$$G(T,p,n) = nG_{\mathrm{m}}(T,p) \tag{2.8.3}$$

其他热力学量可以通过下列偏导数分别求得

$$S = -\left(\frac{\partial G}{\partial T}\right)_{p,n}, V = \left(\frac{\partial G}{\partial p}\right)_{T,n} \tag{2.8.4}$$

对 $U = G + TS - pV$ 全微分,并利用式(2.8.1),容易求得开放系统内能的基本热力学等式为

$$dU = TdS - pdV + \mu dn \tag{2.8.5}$$

其中

$$\mu = \left(\frac{\partial U}{\partial n}\right)_{S,V} \tag{2.8.6}$$

同理,可以求得开放系统焓的基本热力学等式:

$$dH = TdS + Vdp + \mu dn \tag{2.8.7}$$

其中

$$\mu = \left(\frac{\partial H}{\partial n}\right)_{S,p} \tag{2.8.8}$$

亥姆霍兹自由能的基本热力学等式:

$$dF = -SdT - pdV + \mu dn \tag{2.8.9}$$

其中

$$\mu = \left(\frac{\partial F}{\partial n}\right)_{T,V} \tag{2.8.10}$$

定义一个称为**巨热力势**的热力学函数:

$$J = F - \mu n \tag{2.8.11}$$

它的基本热力学等式为

$$dJ = -SdT - pdV - nd\mu \tag{2.8.12}$$

J 是以 T、V、μ 为独立变量的特性函数。其他热力学量可以通过对 $J(T,V,\mu)$ 的偏导数分别求得,即

$$S = -\left(\frac{\partial J}{\partial T}\right)_{V,\mu}, p = -\left(\frac{\partial J}{\partial V}\right)_{T,\mu}, n = -\left(\frac{\partial J}{\partial \mu}\right)_{T,V} \tag{2.8.13}$$

巨热力势又可以写为

$$J = F - \mu n = -pV \tag{2.8.14}$$

第3章 单元系的相平衡

3.1 热动平衡判据

元系 本章研究相平衡和相变的问题,热力学系统中的一种化学组分称为一个组元或简称元。如果系统仅由一种化学组分组成称为单元系,由若干种组分组成的系统称为多元系。如纯净的水可看成单元系,而大气中含有氧、氮以及各种惰性气体便是多元系。把系统中每一物理性质均匀的部分称为相,如水、冰、水蒸气各为一个相。只有一个相的系统称为单相系,有几个相共存的系统为复相系,因此一般的热力学系统是复相多元系。本节先讨论如何判断一个热力学系统的平衡状态。然后,应用平衡条件来研究各种实际问题。

相平衡及其稳定条件 1.15 节和 1.18 节已给出处于不同外界环境中的系统发生的热力学过程,以及热力学过程应满足的条件及系统达到平衡态的判别标准。现在利用已给出的熵 S、亥姆霍兹自由能 F、吉布斯函数 G 这些平衡态的判别标准把在不同外界环境中系统达到平衡态应满足的平衡条件及平衡的稳定条件加以具体化。

1. 熵判据

根据熵增加原理,对于孤立系统,趋向平衡态过程必然是朝着熵增加的方向进行,达到平衡态时,系统的熵达到最大值,系统的宏观状态不再发生变化。下面给出熵判据。我们假定系统从平衡态有一个微小变化导致系统的熵 S 的改变,但 ΔS 必小于零,即孤立系统处在稳定平衡状态的必要和充分条件为

$$\Delta S < 0 \tag{3.1.1}$$

将 S 做泰勒展开,准确到二级。有

$$\Delta S = \delta S + \delta^2 S < 0$$

由于要研究的态是熵有最大值,数学上稳定平衡条件或最大值条件可表示为

$$\begin{cases} \delta S = 0 \\ \delta^2 S < 0 \end{cases} \tag{3.1.2}$$

式(3.1.2)第一式表示平衡的必要条件,第二式表示平衡的充分或稳定性条件。

类似地,下面给出等温等容系统的亥姆霍兹自由能判据与等温等压系统的吉布斯函数判据。

2. 自由能判据

由于在等温等容过程中,系统的亥姆霍兹自由能永不增加。这样系统处在稳定平衡状态的必要和充分条件为

$$\Delta F > 0 \tag{3.1.3}$$

将 F 做泰勒展开,准确到二级,有

$$\Delta F = \delta F + \delta^2 F > 0$$

在数学上稳定平衡条件可表示为

$$\begin{cases} \delta F = 0 \\ \delta^2 F > 0 \end{cases} \tag{3.1.4}$$

3. 吉布斯函数判据

在等温等压过程中,系统的吉布斯函数永不增加。该系统处在稳定平衡状态的必要和充分条件为

$$\Delta G > 0 \tag{3.1.5}$$

将 G 做泰勒展开,准确到二级,有

$$\Delta G = \delta G + \delta^2 G > 0$$

在数学上稳定平衡条件可表示为

$$\begin{cases} \delta G = 0 \\ \delta^2 G > 0 \end{cases} \tag{3.1.6}$$

4. 熵判据应用

接下来应用熵判据来研究一个孤立均匀系的热平衡问题。可以把孤立均匀系看作两个子系统的相互平衡问题。设两个子系统状态分别是 (p, T) 和 (p_0, T_0),设子系统有一微小变化,子系统的内能和体积应有相应的变化,但整个系统是孤立的,则有

$$\begin{cases} \delta U + \delta U_0 = 0 \\ \delta V + \delta V_0 = 0 \end{cases}, \text{ 或者} \begin{cases} \delta U = -\delta U_0 \\ \delta V = -\delta V_0 \end{cases} \tag{3.1.7}$$

由于熵是广延量,将 S 以 S_0 做泰勒展开:

$$\begin{cases} \Delta S = \delta S + \delta^2 S \\ \Delta S_0 = \delta S_0 + \delta^2 S_0 \end{cases}$$

平衡性必要条件　系统平衡的必要条件是

$$\delta \tilde{S} = \delta S + \delta S_0 = 0$$

由热力学基本方程:

$$\delta S = \frac{\delta U + p \delta V}{T}$$

$$\delta S_0 = \frac{\delta U_0 + p_0 \delta V_0}{T_0}$$

因此平衡的必要条件是

$$\delta \widetilde{S} = \left(\frac{1}{T} - \frac{1}{T_0}\right)\delta U + \left(\frac{p}{T} - \frac{p_0}{T_0}\right)\delta V = 0 \qquad (3.1.8)$$

由于 δU 和 δV 都是变化量,必须要求:

$$\left(\frac{1}{T} - \frac{1}{T_0}\right) = 0, \left(\frac{p}{T} - \frac{p_0}{T_0}\right) = 0$$

即

$$T = T_0, p = p_0 \qquad (3.1.9)$$

这就意味着系统达到平衡时,系统内部的温度和压强都应是均衡的。

稳定性条件 接着讨论系统平衡的稳定性条件:$\delta^2 S + \delta^2 S_0 < 0$。为了简单处理,不妨认为:$\delta^2 S_0 \ll \delta^2 S$。这样对一个均匀系有

$$\delta^2 S = \left[\left(\frac{\partial^2 S}{\partial U^2}\right)(\delta U)^2 + 2\frac{\partial^2 S}{\partial U \partial V}\delta U \delta V + \left(\frac{\partial^2 S}{\partial V^2}\right)(\delta V)^2\right] \qquad (3.1.10)$$

利用二次型特性,则有

$$\delta^2 S = \left[-\left(\frac{C_V}{T^2}\right)(\delta T)^2 + \frac{1}{T}\left(\frac{\partial p}{\partial V}\right)_T(\delta V)^2\right] < 0 \qquad (3.1.11)$$

系统平衡的稳定性条件应为

$$C_V > 0, \left(\frac{\partial p}{\partial V}\right)_T < 0, 即 \kappa_T > 0 \qquad (3.1.12)$$

如以 p、S 为独立变量,则有(读者自己可证明)

$$C_p > 0, \left(\frac{\partial V}{\partial p}\right)_S < 0 \qquad (3.1.13)$$

上两组式说明,当系统在平衡态发生某种偏移时,系统会自己产生相应的调整,以恢复系统的平衡。

3.2 单元双相系的平衡条件

从现在起,我们应用平衡条件来研究各种实际问题。先研究无化学反应的孤立单元双相系的平衡问题。单元双相系的一个相 α 可以为液相,另一个相 β 可为气相,也可以为别的两个相。整个系统既然是孤立系统,那么它的总内能、总体积和总物质的量应是恒定的,即

$$\left.\begin{array}{r} U^\alpha + U^\beta = C_1 \\ V^\alpha + V^\beta = C_2 \\ n^\alpha + n^\beta = C_3 \end{array}\right\} \qquad (3.2.1)$$

式中,C_1、C_2、C_3 为常量。如系统内有一个微小变化,系统中 α 相和 β 相的内部物理量也必

然发生变化,孤立系统条件要求:

$$\begin{cases} \delta U^\alpha + \delta U^\beta = 0 \\ \delta V^\alpha + \delta V^\beta = 0 \\ \delta n^\alpha + \delta n^\beta = 0 \end{cases}, \text{ 或者} \begin{cases} \delta U^\alpha = -\delta U^\beta \\ \delta V^\alpha = -\delta V^\beta \\ \delta n^\alpha = -\delta n^\beta \end{cases} \qquad (3.2.2)$$

利用熵判据,由于整个孤立系统达到平衡时,其总熵有最大值,并根据熵的广延性质,平衡条件必是

$$\delta S = \delta S^\alpha + \delta S^\beta = 0$$

利用式 $dS = (dU + pdV - \mu dn)/T$ 和式(3.2.2),得到

$$\delta S = \delta S^\alpha + \delta S^\beta = \left(\frac{1}{T^\alpha} - \frac{1}{T^\beta}\right)\delta U^\alpha + \left(\frac{p^\alpha}{T^\alpha} - \frac{p^\beta}{T^\beta}\right)\delta V^\alpha - \left(\frac{\mu^\alpha}{T^\alpha} - \frac{\mu^\beta}{T^\beta}\right)\delta n^\alpha = 0 \ (3.2.3)$$

由于 δU、δV 和 δn 都是变化量,必须应有

$$\frac{1}{T^\alpha} - \frac{1}{T^\beta} = 0, \frac{p^\alpha}{T^\alpha} - \frac{p^\beta}{T^\beta} = 0, \frac{\mu^\alpha}{T^\alpha} - \frac{\mu^\beta}{T^\beta} = 0 \qquad (3.2.4)$$

即

$$T^\alpha = T^\beta, p^\alpha = p^\beta, \mu^\alpha = \mu^\beta \qquad (3.2.5)$$

式(3.2.5)三个等式分别称为热平衡条件、力学平衡条件、相变平衡条件。这就意味着系统达到平衡时,两相的温度、压强、化学势都必须是相等的。

如整个系统还未达到平衡态时,熵变方向将继续增加,必有 $\delta S > 0$,即要

$$\left(\frac{1}{T^\alpha} - \frac{1}{T^\beta}\right)\delta U^\alpha > 0, \left(\frac{p^\alpha}{T^\alpha} - \frac{p^\beta}{T^\beta}\right)\delta V^\alpha > 0, -\left(\frac{\mu^\alpha}{T^\alpha} - \frac{\mu^\beta}{T^\beta}\right)\delta n^\alpha > 0 \qquad (3.2.6)$$

上面各式分别说明能量将从高温相传给低温相、压强大的相将膨胀、物质从化学势高的相转移到化学势低的相。

3.3　单元复相系的平衡特点　克拉珀龙方程

通常把物态分为三种态:气态、液态和固态。物质的气态只有一种,只能组成一个相,称为气相。除了少数情形以外,液态一般说来也只有一个相,称为液相。物质的固态是结晶态,在不同的温度和压强下,可以表示出多种类型的结晶态,它们分别属于不同的相。对于非晶态的固体,由于它们的物性与晶态不同,因此本身即属于一个相。

复相平衡及曲线　实验表明,在一定温度和压强下,物质的某一个相是稳定存在的,可是当温度和压强处于某些区间内时,单独一个相的出现变得不稳定,这时稳定性条件不再满足。系统必须改变自己的结构,以及适应外界条件转变到新的稳定态,这时稳定的状态同时出现两个或两个以上的相。例如,在温度低于某一个临界值以下,对气相进行等温加压,当压强增至某一值时,气相开始部分液化,出现气、液两相共存的稳定状态。此时共存

的压强仅仅决定于系统的温度不再随体积变化,而系统的体积随液化数量的增多而减小,直到全部液化,体积达到最小值。以后体积的进一步减小需要增加很大的压强。所以想要用统一的、没有奇点的物态方程来描述气相向液相的过程是不可能的,如密度突变。按照两相平衡条件,在两相共存区不仅温度相等、压强相等,而且化学势也相同。若以 1 代表气相,2 代表液相,则相平衡条件是

$$\mu_1(T, p) = \mu_2(T, p) \tag{3.3.1}$$

这个条件实际上给出了两相共存时的温度和压强的依赖关系,式(3.3.1)决定的曲线 $p = p(T)$ 称为相平衡曲线,对于 1 和 2 两相的相平衡曲线又称为**汽化线**。汽化线有一个终点 C,称为**临界点**。高于临界点温度时液相不存在。例如水的临界点温度与压强是 647.05K 和 22.09×10^6 Pa。

根据同样的讨论,可以得到固液相平衡和固气相平衡的曲线。若用 3 代表固相,则有

$$\mu_2(T, p) = \mu_3(T, p) \tag{3.3.2}$$

表示的两相平衡曲线把液固两相分开,称为**凝固线**或**熔解线**。同样有

$$\mu_1(T, p) = \mu_3(T, p) \tag{3.3.3}$$

表示的两相平衡曲线把气固两相分开,这条曲线称为**升华线**。

在图 3-1 中熔解线和升华线分别为 AB 和 OA 曲线,由于固相与气、液相不同,它们之间有结构上的差别,所以熔解线和升华线本身不存在端点,它们只能和其他相平衡曲线相交而中断。

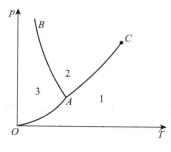

图 3-1

如果某一状态使三个相的化学势都相等,则

$$\mu_1(T, p) = \mu_2(T, p) = \mu_3(T, p) \tag{3.3.4}$$

那么,这是三组相平衡曲线的交点,在该点上三个相共存,这个点称为**三相点**。例如,水的三相点是 273.16K,压强是 610.9Pa。

两相共存及转化　下面讨论两相平衡共存以及转化问题。在相平衡曲线上,如在汽化线上,保持温度和压强不变,如果供给系统一定的热量(或放出一定的热量),就会有一定数量的物质从液相(或气相)转变为气相(或液相),在转变的过程中,因为化学势不变,故系统的热力势不变,不会破坏相平衡,吸收(或放出)的热量称为汽化热。同样的,对于在熔解线

和升华线上的转变中吸收(或放出)的热量称为熔解热和升华热。

单元系两相 α 和 β 平衡共存时,必须满足 3.2 节中所讲的热平衡条件、力学平衡条件和相变平衡条件:

$$\left.\begin{array}{c} T^{\alpha} = T^{\beta} = T \\ p^{\alpha} = p^{\beta} = p \\ \mu^{\alpha}(T,p) = \mu^{\beta}(T,p) \end{array}\right\} \tag{3.3.5}$$

利用相变平衡条件,沿 $p = p(T)$ 上两邻近点的两相的化学势微分增量 $\mathrm{d}\mu^{\alpha} = \mathrm{d}\mu^{\beta}$ 都相等。对于摩尔质量,它们都具有 $\mathrm{d}\mu = -S\mathrm{d}T + V\mathrm{d}p$ 的形式。由此得到

$$-S^{\alpha}\mathrm{d}T + V^{\alpha}\mathrm{d}p = -S^{\beta}\mathrm{d}T + V^{\beta}\mathrm{d}p$$

或为

$$\frac{\mathrm{d}p}{\mathrm{d}T} = \frac{S^{\beta} - S^{\alpha}}{V^{\beta} - V^{\alpha}} \tag{3.3.6}$$

我们以 L 表示 1mol 物质由 α 相转变到 β 相时所吸收的相变潜热。因为相变时物质的温度不变,得

$$L = T(S^{\beta} - S^{\alpha}) \tag{3.3.7}$$

代入式(3.3.6)中得到**克拉珀龙方程**

$$\frac{\mathrm{d}p}{\mathrm{d}T} = \frac{L}{T(V^{\beta} - V^{\alpha})} \tag{3.3.8}$$

蒸汽压方程　如由式(3.3.8)可以推导蒸汽压方程。如把气相看作理想气体 $pV^{\beta} = RT$ 且有 $V^{\alpha} \ll V^{\beta}$,式(3.3.8)可简化为

$$\frac{1}{p}\frac{\mathrm{d}p}{\mathrm{d}T} = \frac{L}{RT^2}$$

积分得(初态参量取 p_0、T_0)

$$p = p_0 \mathrm{e}^{-\frac{L}{R}\left(\frac{1}{T} - \frac{1}{T_0}\right)} \tag{3.3.9}$$

该式是蒸汽压的近似表达式。

3.4　气—液两相的转变　临界点

范德瓦耳斯在 1873 年根据他的方程讨论了气、液两相转变和临界点的问题。1mol 物质范德瓦耳斯方程(简称范氏方程)是

$$(p + a/V^2)(V - b) = RT$$

这里在 p—V 面上,画出范氏方程的系列等温线,如图 3—2 所示。

临界点　当 $T > T_c$(T_c 是临界温度),曲线类似理想气体的等温线。当 $T < T_c$,曲线 $DPMFNQE$ 有一极小值 M 和一极大值 N,并且压强在 $p_M < p < p_N$ 区间内,每一个压强对

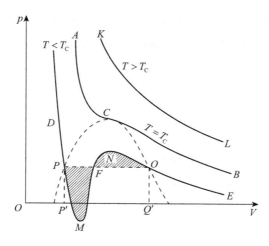

图 3-2

应有三个不同体积。当温度升高时,极大点和极小点逐渐靠拢,最后当 $T=T_c$ 时,两点重合为 C 点。所以 C 点是一个拐点,此点坐标满足方程

$$\left(\frac{\partial p}{\partial V}\right)_T = 0, \left(\frac{\partial^2 p}{\partial V^2}\right)_T = 0$$

在等温线上的极大点 N 上,即有:$\left(\frac{\partial p}{\partial V}\right)_T = 0$,$\left(\frac{\partial^2 p}{\partial V^2}\right)_T < 0$。在极小点 M,即有:$\left(\frac{\partial p}{\partial V}\right)_T = 0$,$\left(\frac{\partial^2 p}{\partial V^2}\right)_T > 0$。将范氏方程代入,可得

$$\left(\frac{\partial p}{\partial V}\right)_T = -\frac{RT}{(V-b)^2} + \frac{2a}{V^3} = 0$$

$$\left(\frac{\partial^2 p}{\partial V^2}\right)_T = -\frac{2RT}{(V-b)^3} - \frac{6a}{V^4} = 0$$

再利用范氏方程,由此可以获得临界点的温度 $T_c = 8a/(27Rb)$、压强 $p_c = a/(27b^2)$ 和体积 $V_c = 3b$,并引入临界系数 $RT_c/(p_c V_c)$,算出其数值是常数 8/3。如实测到水的临界系数是 4.37。

气—液转变 在临界温度以下,将气体等温压缩,气体沿范氏方程的 EQ 线变化,当达到 Q 点以后,气体不再沿曲线 $QNFMP$ 变化,而是在 Q 点发生液化,而内部出现共存的两个相。此时状态沿 QFP 变化,达到 P 点后,气相物质全部转变为液相。以后,系统的压缩率变得很小,等温线 PD 部分几乎与 p 轴平行,这部分相当于液相的物态方程。现在根据热力学理论来确定 QFP 段的位置,并解释为什么在 Q 点不沿 $QNFMP$ 进行。

利用化学势基本等式 $d\mu = -SdT + Vdp$ 再讨论:在等温线上,P、Q 两点具有相同压强,并且处于两相平衡曲线的同一点,因此 P、Q 两点的化学势应相等,这相当于

$$\int_{QNFMP} Vdp = 0$$

或

$$面积(QNF) = 面积(FMP)$$

这个结论称为**麦克斯韦等面积法则**。

过冷蒸汽和过热液体　关于 QN 和 PM 段表示的状态，实验上确能观察到。它们分别属于过冷蒸汽和过热液体的状态，它们是亚稳态。对于有限的涨落或扰动，这些态是不稳定的，最终会从 QN 凝结到稳定的液相 PD 上或从 PM 迅速汽化到稳定的气相 QE 上。至于 MN 段上的状态，因为在这些状态上 $(\partial p/\partial V)_T > 0$，它破坏了稳定条件，因此是完全不稳定的。

3.5　液滴的形成与平衡　核心

在上面讨论气液平衡时，气液分界面通常为平面，或液相的曲率半径足够大时才有两相的压强、化学势相等。但当蒸汽开始凝结成液滴时，它的半径是小的，于是曲率半径和表面张力将对凝结过程发生作用。这里分析表面效应对相平衡的影响。

三相平衡　先讨论系统在达到三相平衡时满足的平衡条件。设液滴为 α 相，蒸汽为 β 相，液滴表面为 γ 相。三相的热力学基本方程分别为

$$\left.\begin{array}{l} dU^\alpha = T^\alpha dS^\alpha - p^\alpha dV^\alpha + \mu^\alpha dn^\alpha \\ dU^\beta = T^\beta dS^\beta - p^\beta dV^\beta + \mu^\beta dn^\beta \\ dU^\gamma = T^\gamma dS^\gamma + \sigma dA \end{array}\right\} \tag{3.5.1}$$

系统热平衡条件是三相的温度相等

$$T^\alpha = T^\beta = T^\gamma \tag{3.5.2}$$

由于系统总物质的量、总体积不变，即有 $\delta n^\alpha + \delta n^\beta = 0$ 和 $\delta V^\alpha + \delta V^\beta = 0$，或 $\delta n^\alpha = -\delta n^\beta$ 和 $\delta V^\alpha = -\delta V^\beta$。三相亥姆霍兹自由能的变化分别为

$$\left.\begin{array}{l} \delta F^\alpha = -p^\alpha \delta V^\alpha + \mu^\alpha \delta n^\alpha \\ \delta F^\beta = -p^\beta \delta V^\beta + \mu^\beta \delta n^\beta \\ \delta F^\gamma = \sigma \delta A \end{array}\right\} \tag{3.5.3}$$

相变平衡条件是 $\delta F = 0$。在三相温度相同的条件下，整个系统的亥姆霍兹自由能是三相的亥姆霍兹自由能之和，所以总亥姆霍兹自由能变化是

$$\delta F = \delta F^\alpha + \delta F^\beta + \delta F^\gamma = -(p^\alpha - p^\beta)\delta V^\alpha + \sigma \delta A + (\mu^\alpha - \mu^\beta)\delta n^\alpha = 0$$

如假定液体是半径为 r 的球形，则体积为 $V = 4\pi r^3/3$，表面积为 $A = 4\pi r^2$，$\delta V = r\delta A/2$，利用平衡条件：

$$\delta F = -\left(p^\alpha - p^\beta - \frac{2\sigma}{r}\right)\delta V^\alpha + (\mu^\alpha - \mu^\beta)\delta n^\alpha = 0$$

并考虑到 δV^α 和 δn 是独立变量，则应有

$$p^\alpha = p^\beta + \frac{2\sigma}{r} , \ \mu^\alpha = \mu^\beta \tag{3.5.4}$$

液滴形成与临界半径 液滴的形成是平面到球面的过程，以 p 表示液面为平面的两相压强。液滴形成后，由液滴形成的条件和半径 r 的关系，且设平衡时的气相蒸汽压强为 p'，此时的两相化学势相等：

$$\mu^\alpha \left(p' + \frac{2\sigma}{r} , T \right) = \mu^\beta (p' , T) \tag{3.5.5}$$

液滴的形成过程，也是压强由 p 变化到 p' 的过程。通过线性展开，取到一次近似项，并利用 $V = (\partial \mu / \partial p)_T$，则有

$$\mu^\alpha \left(p' + \frac{2\sigma}{r} , T \right) = \mu^\alpha (p , T) + \left(p' - p + \frac{2\sigma}{r} \right) \frac{\partial \mu^\alpha}{\partial p}$$

$$= \mu^\alpha (p , T) + \left(p' - p + \frac{2\sigma}{r} \right) V^\alpha$$

如蒸汽可用理想气体近似，于是有

$$\mu^\beta (T , p) = RT(\varphi + \ln p) , \ \mu^\beta (T , p') = RT(\varphi + \ln p')$$

其中 φ 是温度的函数。上两式相减，则有

$$\mu^\beta (p' , T) - \mu^\beta (p , T) = RT \ln \frac{p'}{p} \tag{3.5.6}$$

在一般情况下，常有 $p' - p \ll \frac{2\sigma}{r}$，式(3.5.6)可近似为

$$\ln \frac{p'}{p} = \frac{2\sigma V^\alpha}{RTr} \tag{3.5.7}$$

由此获得一定蒸汽压强下的系统平衡时的液滴半径：

$$r_C = \frac{2\sigma V^\alpha}{RT \ln \dfrac{p'}{p}} \tag{3.5.8}$$

r_C 称为**临界半径**（或称中肯半径）。当 $r < r_C$ 时，$\mu^\alpha > \mu^\beta$，按照化学势的性质，液滴将蒸发而半径减小，直至消失。反之，$r > r_C$ 时，$\mu^\alpha < \mu^\beta$，此时气相粒子向液滴凝结，使液滴半径不断增大。这种大于临界半径的液滴起着凝结核心的作用，这种凝结核心既可以是与蒸汽同种的物质，也可以是其他微粒，如尘埃及杂质颗粒等。由于液滴的半径一旦超过临界半径，就能存在并不断增大，所以临界半径越小，由于涨落，液滴越容易形成并变大。如果水滴太小，则维持平衡时所需的蒸汽压很高，所以在非常干净的蒸汽中，常可达到过饱和状态而不发生凝结，形成**过饱和蒸汽**。所以在威尔逊云室中，正是利用这一效应来观察高能带电粒子的迹线，被电离的粒子成为凝集的中心。

液体沸腾 液体沸腾时，液体中产生许多气泡。对于液体中的气泡，数值上可把液滴半径 r 换成气泡半径 $-r$，则

$$p^\alpha = p^\beta - \frac{2\sigma}{r} \tag{3.5.9}$$

即气泡内的蒸汽压强必须大于液体中的压强才能保持系统平衡。同样由式(3.5.7)得到

$$\ln \frac{p'}{p} = -\frac{2\sigma V^\alpha}{RTr} \tag{3.5.10}$$

即气泡内的蒸汽压强必须小于同温度的饱和蒸汽的压强。上两式也说明液体沸腾前的过热现象,因为正常的温度不能同时满足条件式(3.5.9)和式(3.5.10),除非液体温度高于正常的沸点,使饱和蒸汽的压强 p 大于液体的压强 p^α ,这就是形成**液体过热现象**的原因。事实上,过饱和蒸汽和液体过热等是亚稳态现象,是液、气相转换的不可逆的滞后过程。

3.6　相变的分类　朗道二级相变理论简介

相变分类　在状态参量连续变化的情形下,系统的热力学性质也将连续变化。当状态参量变到某个值(或某些值)时,如果在这个(或一些)值前后做些微变化,系统的某些物性发生显著的跃变,则我们说,在这个(或这些)状态系统经历某种相变。按照这样的定义,物质的气、液、固三态的转变属于相变,相变时,存在着潜热、比体积突变,还有可能出现亚稳态。而且,当温度下降到某个临界值(压强保持不变),某些金属从顺磁性转为铁磁性。在更低温度下,某些金属的电阻跃变到零值,某些液体的黏阻从有限值突然消失等等都属于相变。爱伦费斯特按照在相变点不同物理量的跃变对相变进行分类。

由于 $S = -(\partial \mu / \partial T)_p$ 、$V = (\partial \mu / \partial p)_T$ 。爱氏将一级相变的特性概括为在相变点两相的化学势连续,但化学势的一阶偏导数存在突变:

$$\left.\begin{aligned} \mu^{(1)}(T, p) &= \mu^{(2)}(T, p) \\ \frac{\partial \mu^{(1)}}{\partial T} &\neq \frac{\partial \mu^{(2)}}{\partial T}, \frac{\partial \mu^{(1)}}{\partial p} \neq \frac{\partial \mu^{(2)}}{\partial p} \end{aligned}\right\} \tag{3.6.1}$$

即有相变潜热 $L = T(S^{(2)} - S^{(1)})$ 和比体积 $\Delta V = (V^{(2)} - V^{(1)})$ 的突变。如在相变中化学势的一阶偏导数连续,但化学势的二阶偏导数存在突变,则称为二级相变,又称为连续相变。由于

$$\left.\begin{aligned} C_p &= T\left(\frac{\partial S}{\partial T}\right)_p = -T\frac{\partial^2 \mu}{\partial T^2} \\ a &= \frac{1}{V}\left(\frac{\partial V}{\partial T}\right)_p = \frac{1}{V}\frac{\partial^2 \mu}{\partial T \partial p} \\ \kappa_T &= -\frac{1}{V}\left(\frac{\partial V}{\partial p}\right)_T = -\frac{1}{V}\frac{\partial^2 \mu}{\partial p^2} \end{aligned}\right\} \tag{3.6.2}$$

所以二级相变没有相变潜热和比体积突变,但是比定压热容、体胀系数和压缩率存在突变。下面仅给出二级相变点压强随温度变化的爱伦费斯特方程

$$\left.\begin{aligned}\frac{\mathrm{d}p}{\mathrm{d}T} &= \frac{\alpha^{(2)} - \alpha^{(1)}}{\kappa_{\mathrm{T}}^{(2)} - \kappa_{\mathrm{T}}^{(1)}} \\ \frac{\mathrm{d}p}{\mathrm{d}T} &= \frac{C_p^{(2)} - C_p^{(1)}}{TV(\alpha^{(2)} - \alpha^{(1)})}\end{aligned}\right\} \tag{3.6.3}$$

以此类推，n 级相变。

朗道二级相变理论 对连续相变问题，朗道 1937 年提出了有序参量的概念，认为连续相变是有序的改变与物质对称性的变化，通常在临界温度以下的相对称性较低，有序性较高，序参量为非零，在临界温度以上的相对称性较高，有序性较低，序参量为零。随着温度的降低，序参量在临界点连续变化地从零到非零。

下面以顺磁—铁磁转变为例，简单介绍一下朗道的二级相变的唯象理论。铁磁物质存在一定的临界温度 T_C（或称居里温度）。当温度 $T > T_C$ 时，物质处于顺磁态；当温度 $T < T_C$ 时，物质处于铁磁态。在居里温度时，可发生顺磁到铁磁的转变，或者相反的转变。铁磁状态的特征是在外磁场为零，磁化强度不为零。这种磁化强度称"自发磁化强度"，而顺磁状态不存在"自发磁化强度"。起因是：铁磁物质的原子中一些电子的自旋磁矩，在没有外磁场时可以实现有序排列，因此铁磁物质的铁磁态是有序态。而顺磁态是自旋磁矩的有序排列被破坏的无序态。因此这种相转变与物体的对称性变化有关。描述铁磁物质的状态通常采用温度 T，磁场强度 H（外参量），磁化强度 M。磁化强度 M 是描述铁磁物质内部状态的一个内参量，它表示了物体自旋磁矩排列的有序化程度，故又称序参量。在临界点 T_C 附近，序参量 M 是一个小量。为了简便，这里已忽略体积变化并设定为单位体积。

无外场 先讨论无外场情况。把吉布斯函数在临界点 T_C 附近按 M 展开

$$G(T, M) = G_0(T) + \frac{1}{2}a(T)M^2 + \frac{1}{4}b(T)M^4 + \cdots \tag{3.6.4}$$

其中 G_0 是 $M = 0$ 的吉布斯函数，$a(T)$ 和 $b(T)$ 是温度的函数。因为吉布斯函数与自发磁化强度的方向无关，系统具有对称性，所以仅有偶次项。

在平衡位置，G 有极小值，所以有

$$\left.\begin{aligned}\frac{\partial G}{\partial M} &= M(a + bM^2) = 0 \\ \frac{\partial^2 G}{\partial M^2} &= a + 3bM^2 > 0\end{aligned}\right\} \tag{3.6.5}$$

其解是

$$M = 0, \quad M = \pm\sqrt{-\frac{a}{b}} \tag{3.6.6}$$

其中，$M = 0$ 表示无序态，对应于温度 $T > T_C$。由式(3.6.5)知，此时 $a > 0$。$M = \pm\sqrt{-a/b}$ 表示有序态，对应于温度 $T < T_C$，此时 $a < 0$。即有序量在临界点附近连续变化地从零到非零，可以推论出 $T = T_C$ 点，$a = 0$。因此在居里点 T_C 附近可假设

$$a = a_0 \left(\frac{T - T_c}{T_c} \right) = a_0 t, \; a_0 > 0 \tag{3.6.7}$$

$$b(T) = b \, (常数) \tag{3.6.8}$$

得到

$$M = 0 \; , \; t > 0 \tag{3.6.9}$$

$$M = \pm \sqrt{-\frac{a_0}{b}} (-t)^{1/2} \; , \; t < 0 \tag{3.6.9'}$$

图 3-3 给出了吉布斯函数在居里点 T_c 附近变化，$T > T_c$ 时，吉布斯函数极小值是 $M = 0$。$T < T_c$ 时，吉布斯函数极小值分为两个，它们的位置是由偶然因素决定的，处于随机态。

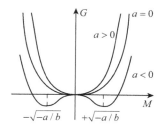

图 3-3

下面分析比热容变化特点：当 $T < T_c$ 时，$G = G_0$；当 $T > T_c$ 时，$G = G_0 - a^2/(4b)$。因此，$c_{T>0} = -T \frac{\partial^2 G_0}{\partial T^2}$，$c_{T<0} = -T \frac{\partial^2 G_0}{\partial T^2} - \frac{a_0^2}{2bT_c}$。由此得到在居里点 T_c 附近的比定压热容突变是

$$c(t \to -0) - c(t \to +0) = \frac{a_0^2}{2bT_c} \tag{3.6.10}$$

有弱外磁场　当有较弱外磁场时，忽略体积变化，单位体积吉布斯函数 G 形式上可以有

$$G(M, H) = G_0(T) + \frac{1}{2} a(T) M^2 + \frac{1}{4} b(T) M^4 - \mu_0 H M \tag{3.6.11}$$

根据平衡态条件有

$$\frac{\partial G}{\partial M} = aM + bM^3 - \mu_0 H = 0 \tag{3.6.12}$$

由此得到磁化率

$$\chi = \left(\frac{\partial M}{\partial H} \right)_{T.V} = \frac{\mu_0}{a + 3bM^2} = \begin{cases} \frac{\mu_0}{a_0} t^{-1}, t > 0 \\ \\ \frac{\mu_0}{2a_0} (-t)^{-1}, t < 0 \end{cases} \tag{3.6.13}$$

当 $T = T_c$ 时，$a = 0$，我们发现 $H \propto M^3$。

第 4 章　多元复相系平衡简介

4.1　多元系的热力学函数及方程

多元与多相　在前面的所有讨论中，我们研究的系统只含有一种成分。例如在研究水的相平衡问题时，系统内部可以出现若干个相，每一相的粒子数都可变化，但每一相只有一种水分子。实际上，我们经常会碰到更为复杂的情形，如食盐水就含有两种化学上独立的成分。如果一个系统由化学性质不同的若干个独立的成分组成，则每一种成分称为一个组元，该系统称为多元系统。如果系统含有若干个相，而每一个相又是多元系统，则该系统称为多元多相系统。

当多元多相系统的状态变化时，每个相都可以和其余的相交换各种组元的粒子，所以每个相都是一个粒子数可变的开系，而其余的相可作为这个开系的媒质的一部分。只要弄清楚每个相的变化，那么整个系统的变化就是各个相的变化的综合。

齐次函数　为了讨论问题方便，给出 f 为 $x_1, x_2, \cdots, x_k$ 的 m 次齐次函数

$$f(\lambda x_1, \cdots, \lambda x_k) = \lambda^m f(x_1 \cdots, x_k) \tag{4.1.1}$$

和欧勒定理

$$\sum_i x_i \frac{\partial f}{\partial x_i} = mf \tag{4.1.2}$$

多元单相系函数及方程　设均匀系有 k 个组元，各个组元的物质的量是 $n_1, n_2, \cdots, n_k$，系统内不发生化学变化。这样可选 $(T, p, n_1, n_2, \cdots, n_k)$ 为状态参量，系统的三个基本热力学函数体积、内能和熵为

$$\left. \begin{aligned} V &= V(T, p, n_1, \cdots, n_k) \\ U &= U(T, p, n_1, \cdots, n_k) \\ S &= S(T, p, n_1, \cdots, n_k) \end{aligned} \right\} \tag{4.1.3}$$

考虑到体积、内能和熵都是广延量，如保证系统 p、T 不变，令各个组元的物质的量都增加到 λ 倍，则有

$$\left. \begin{aligned} V(T, p, \lambda n_1, \cdots, \lambda n_k) &= \lambda V(T, p, n_1, \cdots, n_k) \\ U(T, p, \lambda n_1, \cdots, \lambda n_k) &= \lambda U(T, p, n_1, \cdots, n_k) \\ S(T, p, \lambda n_1, \cdots, \lambda n_k) &= \lambda S(T, p, n_1, \cdots, n_k) \end{aligned} \right\} \tag{4.1.4}$$

这就是说体积、内能和熵都是各组元物质的量的一次齐函数。对于广延量 V、U 和 S，根据齐函数的欧勒定理，由式（4.1.2）可知

$$V = \sum_i n_i \left(\frac{\partial V}{\partial n_i}\right)_{T,p,n_j}, U = \sum_i n_i \left(\frac{\partial U}{\partial n_i}\right)_{T,p,n_j}, S = \sum_i n_i \left(\frac{\partial S}{\partial n_i}\right)_{T,p,n_j} \tag{4.1.5}$$

式中偏导数的下标 n_j 是指 i 组元外其他全部组元（以下相同）。定义 i 组元的摩尔体积、摩尔内能和摩尔熵分别是

$$V_{mi} = \left(\frac{\partial V}{\partial n_i}\right)_{T,p,n_j}, U_{mi} = \left(\frac{\partial U}{\partial n_i}\right)_{T,p,n_j}, S_{mi} = \left(\frac{\partial S}{\partial n_i}\right)_{T,p,n_j} \tag{4.1.6}$$

由此有

$$V = \sum_i n_i V_{mi}, \quad U = \sum_i n_i U_{mi}, \quad S = \sum_i n_i S_{mi} \tag{4.1.7}$$

吉布斯函数是多元系的重要函数，是广延量。对多元系的吉布斯函数 $G(T, p, n_1, n_2, \cdots, n_i, \cdots, n_j, n_k)$，则有

$$G = \sum_i n_i \left(\frac{\partial G}{\partial n_i}\right)_{T,p,n_j} = \sum_i n_i \mu_i, \quad \mu_i = \left(\frac{\partial G}{\partial n_i}\right)_{T,p,n_j} \tag{4.1.8}$$

吉布斯函数的全微分是

$$dG = \left(\frac{\partial G}{\partial T}\right)_{p,n_i} dT + \left(\frac{\partial G}{\partial p}\right)_{T,n_i} dp + \sum_i \left(\frac{\partial G}{\partial n_i}\right)_{T,p,n_j} dn_i \tag{4.1.9}$$

利用 $S = -(\partial G/\partial T)_{p,n_i}$、$V = (\partial G/\partial p)_{T,n_i}$、$\mu_i = (\partial G/\partial n_i)_{T,p,n_j}$，得到吉布斯函数的基本等式或方程

$$dG = -SdT + Vdp + \sum_i \mu_i dn_i \tag{4.1.10}$$

对多元系的内能 $U(S, V, n_1, n_2, \cdots, n_k)$，内能全微分是

$$dU = \left(\frac{\partial U}{\partial S}\right)_{V,n_i} dS + \left(\frac{\partial U}{\partial V}\right)_{S,n_i} dV + \sum_i \left(\frac{\partial U}{\partial n_i}\right)_{V,S,n_j} dn_i \tag{4.1.11}$$

利用 $T = (\partial U/\partial S)_{V,n_i}$、$p = -(\partial U/\partial V)_{S,n_i}$、$\mu_i = (\partial U/\partial n_i)_{S,V,n_j}$，或利用 $U = G + TS - pV$，都可得内能基本方程

$$dU = TdS - pdV + \sum_i \mu_i dn_i \tag{4.1.12}$$

类似地，亥姆霍兹自由能和焓的基本方程分别是

$$dF = -SdT - pdV + \sum_i \mu_i dn_i \tag{4.1.13}$$

$$dH = TdS + Vdp + \sum_i \mu_i dn_i \tag{4.1.14}$$

这样我们就获得了多元系的热力学函数以及基本方程。

多元复相系　每个相都各有它们的热力学基本方程，如 α 相，有

$$dG^\alpha = - S^\alpha dT^\alpha + V^\alpha dp^\alpha + \sum_i \mu_i{}^\alpha dn_i^\alpha \tag{4.1.15}$$

和

$$G^\alpha = U^\alpha - T^\alpha S^\alpha + p^\alpha V^\alpha \tag{4.1.16}$$

等,以及

$$V = \sum_\alpha V^\alpha, U = \sum_\alpha U^\alpha, S = \sum_\alpha S^\alpha, n_i = \sum_\alpha n_i^\alpha \tag{4.1.17}$$

一般情况下多元复相系不存在总的吉布斯函数、亥姆霍兹自由能和焓。如系统的温度和压强都相同,则总的吉布斯函数才有意义,总的吉布斯函数才是各吉布斯函数的和,即 $G = \sum_\alpha G^\alpha$;同样,各相压强相同,就有 $H = \sum_\alpha H^\alpha$;各相温度都相等,才有 $F = \sum_\alpha F^\alpha$。

4.2 多元复相系的平衡条件 吉布斯相律

多元复相系平衡 先研究多元复相系统的平衡条件。设两相 α 和 β 都有 k 个组元。设想一个虚变动,在这虚变动中各组元的物质的量在两相中发生改变。各组元的总物质的量不变,要求

$$\delta n_i^\alpha + \delta n_i^\beta = 0 \, (i = 1, 2, \cdots, k), \text{或} \, \delta n_i^\alpha = - \delta n_i^\beta \tag{4.2.1}$$

在温度和压强保持不变时两相的吉布斯函数在虚变动中的变化分别为

$$\delta G^\alpha = \sum_i \mu_i^\alpha \delta n_i^\alpha, \, \delta G^\beta = \sum_i \mu_i^\beta \delta n_i^\beta \tag{4.2.2}$$

考虑到式(4.2.1),总吉布斯函数的变化是:$\delta G = \delta G^\alpha + \delta G^\beta$,则

$$\delta G = \sum_i (\mu_i^\alpha - \mu_i^\beta) \delta n_i^\alpha$$

平衡态时的吉布斯函数最小,平衡条件是 $\delta G = 0$。由于 δn_i^α 的改变是任意的,故应有

$$\mu_i^\alpha = \mu_i^\beta (i = 1, 2, \cdots, k) \tag{4.2.3}$$

它指明系统达到平衡时,两个相的各个组元的化学势必须相等。否则系统将会发生相变,如 $\mu_i{}^\alpha > \mu_i{}^\beta$,物质量变化将朝着 $\delta n_i^\alpha < 0$ 的方向进行,即高化学势相的 i 组元物质将向低化学势相转移。

相律 下面讨论吉布斯相律,设多元复相系统有 φ 个相,每相有 k 个组元,没有化学反应,则各组元的总物质的量不变。如 α 相满足以下关系:

$$\sum_{i=1}^k n_i^\alpha = n^\alpha \tag{4.2.4}$$

式(4.2.4)共有 $(k-1)$ 个是独立的,加上温度和压强还要 $k+1$ 个强度量变量,则整个系统共有 $(k+1)\varphi$ 个强度量变量。这些变量必须满足三组类热平衡条件、力学平衡条件和相变

平衡条件：

$$T^1 = T^2 = \cdots = T^\varphi$$
$$p^1 = p^2 = \cdots = p^\varphi$$
$$\mu_i{}^1 = \mu_i{}^2 = \cdots = \mu_i{}^\varphi (i = 1, 2, \cdots, k)$$

$$(4.2.5)$$

这三组类平衡条件共有 $(k+3-1)(\varphi-1)$ 个方程(或约束方程)，因此独立变量个数应是强度量变量总数 $(k+1)\varphi$ 减去约束方程个数 $(k+2)(\varphi-1)$。记为 f 个：

$$f = (k+1)\varphi - (2+k)(\varphi-1)$$

即

$$f = k + 2 - \varphi \qquad (4.2.6)$$

式(4.2.6)称为**吉布斯相律**。f 称为多元相系的**自由度数**。如果某相组元减少一个，则这时 k 的意义变了，它是复相系中的总的组元。

自由度数的例子可用盐水说明，盐水是二元相系，$k=2$，当盐水单相存在时，$\varphi=1$，则 $f=3$，说明在一定的条件下，盐的浓度和溶液的压强、温度可以独立变化。当溶液和水蒸气平衡时，$\varphi=2$，则 $f=2$，说明只有浓度和温度可以独立变化，水蒸气的压强随浓度和温度变化。当 $\varphi=3$，则 $f=1$，是溶液、水蒸气、冰三相共存态，说明水蒸气的饱和压强和冰点仅是浓度的函数。当 $\varphi=4$，则 $f=0$，此时溶液、水蒸气、冰和盐四相共存，冰和盐结晶而出，液体处于饱和态，而浓度、温度和水蒸气的饱和压强是确定的。

4.3　混合理想气体的性质

为了能具体地给出其他成分的存在对于某一种组元的平衡条件的影响，需要知道作为温度、压强和各成分的函数化学势。设混合气体含有 k 个组元，各组元的物质的量分别为 $n_1, n_2, \cdots, n_k$。混合气体的温度为 T、体积为 V。实验指出，混合气体的压强等于各组元的分压之和：

$$p = \sum_i p_i \qquad (4.3.1)$$

由理想气体的物态方程，有

$$p_i = n_i \frac{RT}{V} \qquad (4.3.2)$$

代入得

$$pV = (n_1 + n_2 + \cdots + n_k)RT \qquad (4.3.3)$$

两式比较得

$$\frac{p_i}{p} = \frac{n_i}{n_1 + n_2 \cdots + n_k} = x_i \qquad (4.3.4)$$

其中 x_i 是 i 组元的摩尔分数。求得理想气体的化学势

$$\mu_i = RT(\varphi_i + \ln p_i) = RT[\varphi_i + \ln(x_i p)] \tag{4.3.5}$$

其中 φ_i 是利用第 2.3 节例 4 结论中的理想气体摩尔吉布斯函数式 $G_m = \int C_{m,p}\mathrm{d}T -$

$T\displaystyle\int C_{m,p}\dfrac{\mathrm{d}T}{T} + RT\ln p + H_{m0} - TS_{m0}$ 的分部积分得到的：

$$\varphi_i = \frac{H_{m,i0}}{RT} - \int \frac{\mathrm{d}T}{RT^2}\int C_{m,pi}\,\mathrm{d}T - \frac{S_{mi0}}{R}$$

有

$$\varphi_i = \frac{H_{m,i0}}{RT} - \frac{C_{m,pi}}{R}\ln T + \frac{C_{m,pi} - S_{m,i0}}{R} \tag{4.3.6}$$

混合理想气体的吉布斯函数为

$$G = \sum_i n_i\mu_i = \sum_i n_i RT[\varphi_i + \ln(x_i p)] \tag{4.3.7}$$

这样也可由 $\mathrm{d}G = -S\mathrm{d}T + V\mathrm{d}p + \sum_i \mu_i\mathrm{d}n_i$ 求出物态方程式 (4.3.3)：

$$V = \frac{\partial G}{\partial p} = \frac{\sum_i n_i RT}{p}$$

由 $S = -\dfrac{\partial G}{\partial T}$ 求出混合理想气体的熵是各组元的分熵和

$$S = \sum_i n_i\left[\int C_{pi}\frac{\mathrm{d}T}{T} - R\ln(x_i p) + S_{m,i0}\right] = \sum_i n_i S_{m,i} \tag{4.3.8}$$

由 $H = G - T\dfrac{\partial G}{\partial T}$ 求出混合理想气体的焓是各组元的分焓和

$$H = \sum_i n_i\left[\int C_{pi}\mathrm{d}T + H_{m,i0}\right] = \sum_i n_i H_{m,i} \tag{4.3.9}$$

由 $U = G - T\dfrac{\partial G}{\partial T} - p\dfrac{\partial G}{\partial p}$ 求出混合理想气体的内能是各组元的分内能和

$$U = \sum_i n_i\left[\int C_{Vi}\mathrm{d}T + u_{i0}\right] = \sum_i n_i u_i \tag{4.3.10}$$

4.4　热力学第三定律

能斯特热定理　我们知道,按热力学第二定律来决定系统的熵,只能精确到一个附加的常熵,而这个常熵数值究竟是多少呢? 能斯特总结了低温下化学反应的大量实验资料,提出了确定这个熵常数的定理,称为能斯特热定理。即当温度接近于绝对零度时,一个化学均匀系的熵趋于一个极限值,这个极限值可以取为零,而与系统的其他状态参量如压强、

密度等无关。后来该原理称为**热力学第三定律**。其数学表述为

$$\lim_{T \to 0} S = S_0 = 0 \tag{4.4.1}$$

即取绝对零度时的状态作为标准状态，于是系统的任意状态的熵便可以唯一地被确定，称为绝对熵。式(4.4.1)也可以表述为凝聚系的熵在等温过程中的改变随绝对温度趋于零，即

$$\lim_{T \to 0} (\Delta S)_T = 0 \tag{4.4.2}$$

$(\Delta S)_T$ 是指等温过程中的熵变，能斯特因此总结出一个原理：称为**绝对零度不能达到原理**。根据能氏定理，当绝对温度趋于零时，物质的熵趋于一个与体积和压强无关的绝对常数，数学上可表述为

$$\lim_{T \to 0} \left(\frac{\partial S}{\partial p}\right)_T = 0, \lim_{T \to 0} \left(\frac{\partial S}{\partial V}\right)_T = 0 \tag{4.4.3}$$

麦氏关系式为：

$$\left(\frac{\partial V}{\partial T}\right)_p = -\left(\frac{\partial S}{\partial p}\right)_T, \left(\frac{\partial p}{\partial T}\right)_V = \left(\frac{\partial S}{\partial V}\right)_T$$

三个结论　由式(4.4.3)和麦氏关系式得到下面三个重要结论：

(1)当温度趋近于绝对零度时，物体的体胀系数和压力系数都趋于零。这是由于

$$\lim_{T \to 0} \left(\frac{\partial V}{\partial T}\right)_p = 0, \lim_{T \to 0} \left(\frac{\partial p}{\partial T}\right)_V = 0 \tag{4.4.4}$$

(2)当温度趋近于绝对零度时，物体的定压热容 C_p 与定容热容 C_V 之差为零。这是由于

$$C_p - C_V = T\left(\frac{\partial V}{\partial T}\right)_p \left(\frac{\partial p}{\partial T}\right)_V$$

可知当 $T \to 0$ 时，有

$$C_p - C_V \to 0 \tag{4.4.5}$$

(3)当温度趋近于绝对零度时，不仅 $C_p - C_V \to 0$，而且 $C_p \to 0$，$C_V \to 0$。这是由于 $C_p = T\left(\frac{\partial S}{\partial T}\right)_p$ 和 $C_V = T\left(\frac{\partial S}{\partial T}\right)_V$。由此可知

$$S(T,V) = \int_0^T \frac{C_V}{T} dT, \; S(T,p) = \int_0^T \frac{C_p}{T} dT \tag{4.4.6}$$

当 $T \to 0$ 时，C_p 和 C_V 也必趋于零，否则违背热力学第三定律。以上三点结论都被实验事实所证实。

推论　由热力学第三定律立刻又得出一个重要的推论：用任何方法都不能使系统达到绝对零度。我们知道，绝热去磁冷却法是获得低温的最有效的方法。对顺磁介质，热力学第三定律告诉我们：当温度 $T \to 0$ 时，介质的 $S \to 0$，应与磁场强度 H 的值无关。由于

$$\lim_{T \to 0} \left(\frac{\partial S}{\partial H} \right)_T = 0 \text{ ，或 } \lim_{T \to 0} S(T, H_1) = \lim_{T \to 0} S(T, H_2)$$

这等价于 $S(0, H_1) = S(0, H_2)$。事实上这也是实验的结果，人们观测到沿不同磁场路径（H_1 或 H_2）绝热去磁在温度 $T \to 0$ 时，熵常数都等于零。

利用 $\left(\frac{\partial S}{\partial H} \right)_T = \mu_0 \left(\frac{\partial m}{\partial T} \right)_H$，获得

$$\lim_{T \to 0} \left(\frac{\partial m}{\partial T} \right)_H = 0$$

由绝热去磁致冷理论可知，即 $\left(\frac{\partial T}{\partial H} \right)_S = \frac{aV}{C_H T} \mu_0 H$，在某一有限温度下绝热去磁，磁介质会停止降温，绝不会达到绝对零度。所以绝热去磁的方法不能使系统达到绝对零度。与此同时，由于 $C_H = \frac{aV}{T} \mu_0 H \left(\frac{\partial H}{\partial T} \right)_S$，磁热容 C_H 也随 T 趋于零，意味着磁介质会停止降温。这个结论也与实验相符。

热力学第三定律与热力学第零定律、第一定律、第二定律一起形成了完整的热力学理论体系。

第5章 热力学系统微观状态基本理论表述

5.1 微观粒子运动状态的经典描述

统计物理学研究的对象是由大量微观粒子(原子、分子等)所组成的宏观系统,它的研究方法和特点是从宏观系统内部的物质结构出发,依赖微观粒子所遵循的力学规律,再用统计方法求出系统的宏观性质及其变化规律。

宏观物理系统的宏观物理现象由宏观物理规律所描述,如用牛顿力学、连续介质力学、热力学、宏观电动力学等所描述,而组成宏观物理系统的微观粒子的微观物理现象用量子力学、量子场论等微观物理规律描述。统计物理学是对系统运动规律的宏观描述向微观描述过渡的桥梁。统计物理学以研究宏观运动形态的微观基础,建立微观运动与宏观运动的联系,研究微观粒子之间有些什么样的相互作用会使整个系统呈现什么样的宏观运动形态,因而统计物理学使人们对客观世界的认识深化了一步。统计物理学对研究固体、等离子体、气体、液体等各种宏观物理现象起着主导作用。统计物理学的方法在物理(如固体物理、原子核物理、天体物理等)学科中的应用都获得重大成就。

组成物质的微观粒子从本质上来说服从量子力学,在一定条件下也可用经典力学来做近似处理。统计方法与经典力学相结合就是经典统计物理学,与量子力学相结合就是量子统计物理学;研究平衡现象的称为平衡态统计物理学,研究非平衡现象的称为非平衡态统计物理学。本课程以平衡态统计物理学为主。

概率统计分布律 由于组成热力学系统的分子数目极大,组成系统的分子之间的相互作用及系统与外界环境之间的相互作用总是存在无法控制与无法判断的随机因素,使得系统在其一时刻处于何种运动状态具有随机性,在某一时刻,系统出现某种运动状态只是具有某种可能性,也就是说,某一运动状态的出现是随机事件。由大量粒子组成的系统呈现出一种不同于力学规律性的新的规律性——统计规律性。统计规律性不能明确地预言在某一时刻系统出现何种运动状态,而是认为在一定条件下,在某一时刻系统处于何种运动状态,是偶然的,但各种运动状态均有出现的可能性,即均有一定的出现概率。只要系统所处的条件一定,这种概率的分布是完全确定的。统计物理学就是要找出由大量粒子组成的系统在一定条件下服从的统计规律,并用统计方法找出系统的宏观性质及其变化规律。

μ 空间 我们先讨论微观粒子运动状态的经典描述。一般说来,由同一种物质的近独立的粒子组成的系统(粒子相互作用可以忽略),设粒子有 r 个自由度,则粒子在某一时刻的运动状态可用 r 个广义坐标 $q_i(i=1,2,3,\cdots,r)$ 与 r 个广义动量 $p_i(i=1,2,3,\cdots,r)$ 在该时刻的值来描写。由于统计物理并不讨论某一个粒子的运动状态如何随时间而变化,而是讨论在一定条件下粒子按状态的统计分布规律,因而首先需要知道的是所研究的粒子有些什么样的状态,这是统计物理的特点和方法。为了描述粒子的所有可能的微观状态,引入粒子的相空间(或称 μ 空间)。粒子的 μ 空间是由粒子的所有广义坐标 q_i 和广义动量 p_i 组成的 $2r$ 维笛卡儿直角坐标系所形成的空间。于是 μ 空间一个点便表达了粒子一个运动状态,因而引用粒子的相空间的概念便可把粒子所有可能的运动状态表达出来了。

粒子的能量具有的形式是

$$\varepsilon = \varepsilon(q_1,q_2,\cdots q_r,p_1,p_2,\cdots,p_r) \tag{5.1.1}$$

随着运动随时间的变化,粒子的代表点相对应在相空间移动画出一条运动的曲线,这一条曲线把粒子所有可能的运动状态都表达出来了。所以粒子的一个微观状态需由全体广义坐标 q_i 和广义动量 p_i 表述。

下面讨论几类粒子的经典描述:

1. 自由粒子

自由粒子指不受任何作用而自由运动的粒子,它的自由度是 3,质量是 m,位置由坐标 (x,y,z) 确定。它的动量分量是

$$p_x = m\dot{x},p_y = m\dot{y},p_z = m\dot{z}$$

自由粒子的能量仅有它的动能

$$\varepsilon = \frac{1}{2m}(p_x^2 + p_y^2 + p_z^2) \tag{5.1.2}$$

如果是一维系统,用 (x,p_x) 描述,粒子在 $0\sim L$ 区域,这样构成二维 μ 空间。如粒子以一个确定的动量运动,代表点曲线是平行于 x 轴的平行直线。在确定的能量 E 下相体积大小是

$$\int_L \mathrm{d}x \int_{\varepsilon \leqslant E} \mathrm{d}p_x = L\sqrt{2mE} \tag{5.1.3}$$

在 $E\sim E+\Delta E$ 之间的相体积的大小为

$$L\left(\frac{2m}{E}\right)^{\frac{1}{2}}\Delta E \tag{5.1.4}$$

如果是三维系统,(x,y,z,p_x,p_y,p_z) 构成六维 μ 空间。如粒子确定能量为 E,在 V 区域内,动量空间中以 (p_x,p_y,p_z) 构成半径为 $\sqrt{2mE} = \sqrt{p_x^2 + p_y^2 + p_z^2}$ 的球面,如图 5—1 所示。那么在这确定的能量 E 下相体积大小是

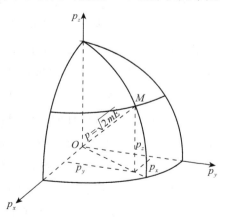

图 5—1

$$\int_V \mathrm{d}x\mathrm{d}y\mathrm{d}z \int_{\varepsilon \leqslant E} \mathrm{d}p_x\mathrm{d}p_y\mathrm{d}p_z = V\frac{4\pi}{3}(2mE)^{3/2} \tag{5.1.5}$$

在 $E\sim E+\triangle E$ 之间的相体积的大小为

$$2\pi V(2m)^{3/2}E^{1/2}\Delta E \tag{5.1.6}$$

2. 一维线性谐振子

质量为 m 的粒子在弹性力为 $f=-Ax$ 的作用下，在原点附近做简谐运动，称为线性谐振子。振动的圆频率是 $\omega=\sqrt{A/m}$ 。线性谐振子的能量是其动能和势能之和：

$$\varepsilon = \frac{p^2}{2m}+\frac{A}{2}x^2 = \frac{p^2}{2m}+\frac{1}{2}m\omega^2 x^2 \tag{5.1.7}$$

以 (x,p) 构成二维 μ 空间。如给定能量 E，代表点在相空间运动轨道是一椭圆，即

$$\frac{p^2}{2mE}+\frac{x^2}{\dfrac{2E}{m\omega^2}} = 1 \tag{5.1.8}$$

椭圆两半轴分别是 $\sqrt{2mE}$ 和 $\sqrt{2E/(m\omega^2)}$ ，其相空间体积是

$$\iint_{\varepsilon \leqslant E} \mathrm{d}x\mathrm{d}p = \pi\sqrt{2mE}\sqrt{2E/(m\omega)^2} = 2\pi E/\omega \tag{5.1.9}$$

在 $E-E+\triangle E$ 之间的相体积的大小为

$$2\pi\Delta E/\omega \tag{5.1.10}$$

3. 转子

哑铃型的双原子分子绕其质心转动可看成转子，它的位置可以用其转动轴在空间中的两个方位角 (θ,φ) 来确定，即转子有两个自由度，确定其状态需要广义坐标 (θ,φ) 和广义动量坐标 (p_θ,p_φ) ，因此相空间是四维 μ 空间。其能量的表达式为

$$\varepsilon = \frac{1}{2I}\left(p_\theta^2+\frac{p_\varphi^2}{\sin^2\theta}\right) \tag{5.1.11}$$

类似有一维线性谐振子。如给定能量 E 值，代表点在广义动量坐标构成的相空间运动轨道是一椭圆，椭圆两半轴分别是 $\sqrt{2IE}$ 和 $\sqrt{2IE}\sin\theta$ 。那么在确定的能量 E 下 μ 空间相体积大小是

$$\int_0^\pi \int_0^{2\pi} \mathrm{d}\varphi\mathrm{d}\theta \iint_{H\leqslant E} \mathrm{d}p_\theta\mathrm{d}p_\varphi = \int_0^\pi \mathrm{d}\theta \int_0^{2\pi} \mathrm{d}\varphi[\pi(2IE)^{1/2}(2IE)^{1/2}\sin\theta]$$

$$= \int_0^\pi \mathrm{d}\theta \int_0^{2\pi} \mathrm{d}\varphi[\pi 2IE\sin\theta] = 8\pi^2 IE \tag{5.1.12}$$

在 $E\sim E+\Delta E$ 之间的相体积的大小为

$$8\pi^2 I\Delta E \tag{5.1.13}$$

5.2 微观粒子运动状态的量子描述

波粒二象性 微观粒子(电子、光子、原子、分子等)普遍地都具有粒子和波动的二象性,简称波粒二象性。一方面它是客观存在的单个实体粒子,另一方面它在一定的条件下又可以观察到干涉与衍射等波动特别所具有的现象。德布罗意提出,能量为 ε、动量为 $\vec{p}$ 的自由粒子联系着圆频率为 ω、波矢量为 $\vec{k}$ 的平面波,称为德布罗意波。物理量之间的关系是

$$\varepsilon = \hbar\omega$$
$$\vec{p} = \hbar\vec{k} \qquad\qquad (5.2.1)$$

上两式左边描述粒子性,右边描述波动性,它们称为德布罗意关系式。其中 $\hbar = h/(2\pi)$,普朗克常数 $h = 6.626 \times 10^{-34} \mathrm{J \cdot s}$,其量纲为:[时间]·[能量]=[长度]·[动量]=[角动量]。

海森堡测不准关系 波粒二象性的一个重要结果是微观粒子不可能同时具有确定的动量和坐标。所以在量子力学中粒子的一个微观运动状态(称为量子态),从原则上来说不可能同时精确测定微观粒子的某一坐标与相应的动量,它们应满足海森堡测不准关系,即坐标与动量(q_i 与 p_i)的不确定值(Δq 和 Δp)不能同时为零,而要满足关系式:

$$\Delta q \cdot \Delta p \geqslant \hbar/2 \propto h \qquad\qquad (5.2.2)$$

量子态及量子数 量子力学中粒子的量子态是由一组数字表征的微观状态,这样一组数字就是量子数,它等于粒子的自由度。对于一个有 r 个自由度的粒子,一个量子态在相空间中占有相应的相体积为

$$\Delta q_1 \Delta p_1 \Delta q_2 \Delta p_2 \cdots \Delta q_r \Delta p_r \geqslant h^r \qquad\qquad (5.2.3)$$

下面给出几类粒子的量子描述:

1. 自旋

考虑一个粒子,质量是 m,电荷是 $-e$,自旋角动量是 $S_z = m_s\hbar = \pm\hbar/2$。粒子的自旋磁矩 μ 与自旋角动量 S 之比为

$$\frac{\mu}{S} = -\frac{e}{m}$$

自旋磁矩在外场中的投影是 $\mu_z = \mp\dfrac{e\hbar}{2m}$,粒子在外磁场 B 的势能为

$$-\mu B = \pm\frac{e\hbar}{2m}B \qquad\qquad (5.2.4)$$

因此描述粒子的自旋状态只要一个组量子数 m_s,表征数值只能取两个分立的值 $\pm 1/2$。因此能量是分立的,分立的能量称为能级。

2. 线性谐振子

原子物理中讲过,线性谐振子能量的可能值为

$$\varepsilon_n = \hbar\omega\left(n+\frac{1}{2}\right), n = 0,1,2,3,\cdots \qquad (5.2.5)$$

因此 n 表征线性谐振子的量子态和能级。大小由振动的圆频率 ω 决定。两相邻能级差为 $\hbar\omega$ 。

3. 转子

原子物理中讲过,转子能量的可能值为

$$\varepsilon = \frac{M^2}{2I} = \frac{l(l+1)\,\hbar^2}{2I}, l = 0,1,2,\cdots \qquad (5.2.6)$$

其中 l 称为角动量。但 M^2 只能取分立的值,由 l 决定。对于一定的 l 角动量在某一 z 轴上的投影 M_z 只能取分立的值

$$M_z = m\hbar, m = -l, -l+1, \cdots, l \qquad (5.2.7)$$

共有 $(2l+1)$ 个可能的值。显然转子的量子态是由两组量子数 m 和 l 共同表征的。但能级 $\varepsilon_l = l(l+1)\,\hbar^2/(2I)$ 只能取决于 l ,共有 $2l+1$ 个可能的量子态,我们说能级是**简并**,其简并度是 $2l+1$ 。如某一能级只有一个量子态,该能级是**非简并**的。

4. 自由粒子

先讨论一维自由粒子情况。设粒子处在一个长度为 L 的容器中,采用周期性边界条件,周期性边界条件要求,粒子可能的运动状态,其德布罗意波波长的整数倍等于容器的长度 L ,即

$$L = |n_x|\lambda, |n_x| = 0,1,2,\cdots$$

其中, n_x 表征量子态数。求得的波矢量可能值为

$$k_x = \frac{2\pi}{L}n_x, n_x = 0,\pm 1,\pm 2,\cdots$$

那么一维自由粒子动量的可能值为

$$p_x = \frac{2\pi\hbar}{L}n_x, n_x = 0,\pm 1,\pm 2,\cdots$$

一维自由粒子能量的可能值为

$$\varepsilon_{n_x} = \frac{p_x^2}{2m} = \frac{2\pi^2\,\hbar^2}{m}\frac{n_x^2}{L^2}, n_x = 0,\pm 1,\pm 2,\cdots$$

其中, ε_{n_x} 和 p_x 都取决于 n_x 。

对于三维的自由粒子,设粒子处在边长为 L 的立方容器内,粒子的三个动量分量 p_x 、 p_y 、 p_z 的可能值为

$$p_x = \frac{2\pi\hbar}{L}n_x, n_x = 0,\pm 1,\pm 2,\cdots$$

$$p_y = \frac{2\pi\hbar}{L}n_y, n_y = 0, \pm 1, \pm 2, \cdots \tag{5.2.8}$$

$$p_z = \frac{2\pi\hbar}{L}n_z, n_z = 0, \pm 1, \pm 2, \cdots$$

其中 n_x、n_y、n_z 表征量子数,三维自由粒子的能量为

$$\varepsilon = \frac{1}{2m}(p_x^2 + p_y^2 + p_z^2) = \frac{2\pi^2\hbar^2}{m}\frac{n_x^2 + n_y^2 + n_z^2}{L^2} \tag{5.2.9}$$

因此在 p_x 到 $p_x + \mathrm{d}p_x$ 的范围内,可能的 p_x 的数目为

$$\mathrm{d}n_x = \frac{L}{2\pi\hbar}\mathrm{d}p_x$$

在 p_y 到 $p_y + \mathrm{d}p_y$ 的范围内,可能的 p_y 的数目为

$$\mathrm{d}n_y = \frac{L}{2\pi\hbar}\mathrm{d}p_y$$

在 p_z 到 $p_z + \mathrm{d}p_z$ 的范围内,可能的 p_z 的数目为

$$\mathrm{d}n_z = \frac{L}{2\pi\hbar}\mathrm{d}p_z$$

在体积为 $V = L^3$ 内,在 p_x 到 $p_x + \mathrm{d}p_x$, p_y 到 $p_y + \mathrm{d}p_y$, p_z 到 $p_z + \mathrm{d}p_z$ 的动量范围内自由粒子的量子态数为

$$\mathrm{d}n_x\mathrm{d}n_y\mathrm{d}n_z = \left(\frac{L}{2\pi\hbar}\right)^3\mathrm{d}p_x\mathrm{d}p_y\mathrm{d}p_z = \frac{V}{h^3}\mathrm{d}p_x\mathrm{d}p_y\mathrm{d}p_z \tag{5.2.10}$$

式(5.2.10)可以根据不确定关系来解释。不确定关系指出,粒子坐标的不确定值 Δq 和与之共轭的动量的不确定值满足:$\Delta q\Delta p \approx h$ 。对于自由度为 1 的粒子,量子态占据的相空间大小为 h ,它称为相格。如果粒子的自由度为 r ,各自由度的坐标和动量的不确定值 Δq_i 和 Δp_i 分别满足不确定关系 $\Delta q_i\Delta p_i \approx h$,相格大小为

$$\Delta q_1\cdots\Delta q_r\Delta p_1\cdots\Delta p_r \approx h^r \tag{5.2.11}$$

所以式(5.2.10)中 μ 空间的体积 $V\mathrm{d}p_x\mathrm{d}p_y\mathrm{d}p_z$ 除以相格大小 h^3 得到三维自由粒子在 $V\mathrm{d}p_x\mathrm{d}p_y\mathrm{d}p_z$ 内的量子态数。

如用动量空间的球坐标 p, θ, φ 来描写自由粒子的动量,它们的关系如下:

$$p_x = p\sin\theta\cos\varphi$$

$$p_y = p\sin\theta\sin\varphi$$

$$p_z = p\cos\theta$$

在球坐标系中,动量空间的体积元为 $p^2\sin\theta\mathrm{d}p\mathrm{d}\theta\mathrm{d}\varphi$ 。所以,在体积 V 内,动量大小在 p 到 $p + \mathrm{d}p$,空间方向在 θ 到 $\theta + \mathrm{d}\theta$ 以及 φ 到 $\varphi + \mathrm{d}\varphi$ 的范围内自由粒子可能的状态数为

$$\frac{Vp^2\sin\theta\mathrm{d}p\mathrm{d}\theta\mathrm{d}\varphi}{h^3}$$

让 θ 从 0 到 π、φ 从 0 到 2π 范围内积分,得到全空间方向在 p 到 $p+\mathrm{d}p$ 的动量范围内自由粒子可能的状态数为

$$\frac{4\pi V}{h^3} p^2 \mathrm{d}p$$

上式经公式 $\varepsilon = p^2/(2m)$ 代换后,得到体积在 V 内、能量范围在 ε 到 $\varepsilon+\mathrm{d}\varepsilon$ 内的自由粒子可能的状态数为

$$D(\varepsilon)\mathrm{d}\varepsilon = \frac{2\pi V}{h^3}(2m)^{3/2}\varepsilon^{1/2}\mathrm{d}\varepsilon \qquad (5.2.12)$$

$D(\varepsilon)$ 表示单位能量间隔内的可能状态数,称为**态密度**。

考察量子力学与经典力学运用于统计物理时有三个区别:

第一点区别是经典力学中粒子的能量是广义坐标与广义动量的连续函数,而量子力学中粒子的能量是量子数函数,则往往只能取一系列分立值。

第二点区别是在量子力学中,一个量子态在相空间中占据的相体积可认为是 h^r。而在经典力学中,可以精确测定粒子的坐标和动量的数值,因而 μ 空间中的一点描述粒子的一个运动微观状态。但忽略一个相格内各点(p_i, q_i)值的差别,并认为一个相格对应于粒子的一个运动状态(完全是技术上的处理,并非原则上必须如此)。例如,由式(5.1.6)也可以得到经典自由粒子在体积 V 内,在 ε 到 $\varepsilon+\mathrm{d}\varepsilon$ 的能量范围内的可能的状态数式(5.2.12)。

第三点区别是在经典力学中,虽然是同一种物质的粒子,原则上可以将粒子编号。在量子力学中,同一种粒子是不可分辨的,称为**全同性原理**。因此无法将同一种粒子加以编号,不存在任意两个全同粒子交换而改变整个系统的微观运动状态数。

5.3 热力学系统微观运动状态的表述 等概率原理

统计物理学和热力学的研究对象相同,都是研究由大数量微观粒子组成的系统,但两者的研究方法不同,统计物理是根据大数量微观粒子的运动特征、粒子间的相互作用来解释物质的宏观性质。但是它又不去追究个别粒子运动的细节,而是在承认大数量微观粒子系统的运动,其中包括媒质与系统的相互作用带有统计性的前提下,寻找系统出现在各个微观状态的概率分布,利用这个分布可以求出各个微观态的相应的统计平均值。

等概率原理 对于一个具有 r 个自由度的系统,要用 r 个独立的物理量的确定值才能描述系统的一个微观运动状态,所以在能量给定的条件下,还有$(r-1)$个物理量可以取一切允许的值。因宏观系统的自由度是很大的数,故即使能量给定,还可以允许有巨大数目的微观运动状态出现,如果我们事先不能对所有这些属于同一能量的微观状态做出任何倾向性的论断,则将有一个自然的论断,对于能量给定并处于平衡的系统,它的全部微观状态都是等概率的。这个论断称为等概率假设或等概率原理,这也是等概率原理的物理机理。

统计物理学认为,宏观物质系统的特性是大量微观粒子运动的集体表现,宏观物理量是相应微观物理量的统计平均值。因此确定各微观状态出现的概率是统计物理的根本研究。对于这个问题,玻耳兹曼在 19 世纪 70 年代提出了著名的等概率原理。等概率原理认为,对于处在平衡状态的孤立系统,系统各个可能的微观状态出现的概率是相等的。例如,对于在静止容器中处于平衡的气体,即使能量有确定值,我们也不能认为任意一个的态要比另外一个的态优越。相反,只有它们出现的概率相同,才能保证能量有确定的统计平均值。

等概率原理在统计物理中是一个基本的假设。它的正确性由它的种种推论都与客观实际相符而得到肯定。等概率原理是平衡统计物理的基础。

上面已提到,一个宏观系统的某个物性的实测值,是在给定条件下各个微观状态的相应物理量的平均值,如在定温、定容条件下的平衡态,将具有一定的内能、压强等。在统计物理学中,因媒质对系统的作用并不限制它的能量,所以它的能量可以出现各种可能的值,而内能是系统在各个微观状态上的能量平均值。平衡态在统计物理中仅表明系统出现在各个微观状态或各个能级上的概率不再变化,因而用这样的概率分布计算出的平均值(如内能)也是不变的。同样,在热力学所研究的准静态过程中各个量的变化以及各个量之间的关系,实际上是平均值的变化或平均值之间的关系。在统计物理中,任何一个物理量都存在着在平均值附近的涨落。但是,以后我们将看到,对于足够大的系统(即使从宏观尺度来说它是小的)相对涨落一般很小,所以热力学的结论仍然成立,只有在一些特殊的状态,如临界点附近,涨落才比较大,并且正是由于这样的涨落会触发系统从亚稳态向稳定态的相变。对于更小的或粒子数较少的系统,涨落较大,平均值已不能代表系统的真实行为,此时,概率的分布仍然有意义,但热力学结论已不再适用,系统处于非平衡态,就需要非平衡态统计物理。我们主要分析均匀系的平衡态问题。

微观运动状态表述   我们知道,对经典粒子系统,在相空间中的一点表达了粒子的一个运动状态,随着时间的变化,粒子的代表点相应地在相空间移动画出一条运动的曲线,因而相空间的一个点代表粒子的一个微观运动状态。由此对系统微观状态的表述归结为确定具有能量系统的代表点数。而经典粒子是可以识别的,不同粒子交换就可以形成不同的微观态。对量子粒子系统,粒子遵守量子力学规律,粒子的微观状态是由一组数字表征的量子态,这样一组数字就是量子数,这样对系统微观状态的表述归结为确定一定能量系统的每个量子态上的粒子数。粒子遵守全同性原理,粒子是不可以识别的,任何粒子交换就不可以形成不同的微观态。

玻色子与费米子   对于量子粒子,自旋量子数为半整数的,就是费米子,如 ^{2}H 原子、电子等。自旋量子数为整数的(包括零在内),就是玻色子,如 ^{1}H 原子、光子等。由玻色子组成的系统叫**玻色系统**,其一个量子态的玻色子数目不受限制。由费米子组成的系统叫**费米系统**,费米子遵守**泡利不相容原理**,即一个量子态只能容纳一个粒子、或空。

玻耳兹曼系统 这里我们仅讨论全同近独立粒子组成的系统。全同粒子组成的系统是由具有完全相同的属性的同类粒子组成。近独立粒子组成的系统,是指系统中粒子之间相互作用很弱,相互作用的平均能量远小于单个粒子的平均能量。如近独立粒子组成的系统中的粒子是可以识别的,这就是玻耳兹曼系统。

对全同粒子的近独立粒子组成的系统,整个系统的能量表示为单个粒子的能量之和。

$$E = \sum_{i=1}^{N} \varepsilon_i$$

下面讨论三种系统分布数例子。由于玻耳兹曼系统粒子可以分辨且每个个体态能容纳的粒子数不受限制。如有可以分辨的两个粒子,它们占据三个个体态,共有九个态。对于玻色系统粒子不可分辨且粒子数不受限制,有六个量子态。对于费米系统粒子不可以分辨且每个量子态最多只能容纳一个粒子,有三个量子态。

无论是经典粒子系统还是量子粒子系统,它们都遵守统计物理中的等概率原理,由于对微观态表述不同,它们的统计分布规律是不同的。但如量子系统在高温、低密度、大质量条件下,量子统计物理就可以过渡到经典统计物理。

5.4 微观状态及其分布

微观态与分布 我们知道无论是经典粒子系统还是量子粒子系统,它们都遵守统计物理中的等概率原理,虽然粒子遵守运动规律不同,对微观态表述不同,但它们都要确定代表点数或者确定粒子数,也就是说要确定它们的分布,就可以确定系统状态。由大量的全同近独立的粒子组成,具有确定的粒子数 N、能量 E、体积 V 的系统,以 ε_l 表示粒子的能级,ω_l 表示能级的简并度,a_l 表示占据能级 ε_l 上的粒子数。N 个粒子在各个能级 ε_l 上的分布描述如下:

系统所具有的每个能级是:$\varepsilon_1,\varepsilon_2,\cdots,\varepsilon_l,\cdots$

相应能级上的简并度是:$\omega_1,\omega_2,\cdots,\omega_l,\cdots$

每个能级上的粒子数是:$a_1,a_2,\cdots,a_l,\cdots$

以分布 $\{a_l\}$ 表示各个 a_l,称为一个分布。一个分布代表一个微观态。显然确定的粒子数 N、能量 E、体积 V 系统满足条件

$$\sum_l a_l = N, \sum_l a_l \varepsilon_l = E \tag{5.4.1}$$

给定一个分布 $\{a_l\}$ 就确定了每个能级 ε_l 上的粒子数 a_l。对于系统的微观态而言,还必须确定 a_l 是哪种粒子以及每个能级上的 a_l 个粒子占据 ω_l 量子态的方式,显然,玻耳兹曼系统、费米系统、玻色系统的微观态数是完全不同的。

玻耳兹曼系统 对于玻耳兹曼系统,粒子可以识别,可识别的 a_l 个粒子占据 ω_l 量子态的方式数是 $\omega_l^{a_l}$,全部量子态数是 $\prod_l \omega_l^{a_l}$。可识别 N 个粒子交换次数是 $N!$,但同时可识

别的 a_l 个粒子在同一能级上交换（$\prod_l a_l$）并不产生新的量子态，这样与分布 $\{a_l\}$ 相应的系统的微观态数是

$$\Omega_{M.B.} = \frac{N!}{\prod_l a_l!} \prod_l \omega_l{}^{a_l} \qquad (5.4.2)$$

玻色系统 对于玻色系统，玻色子服从全同性原理，但不服从泡利不相容原理，即粒子是不可辨认的，在每一个量子态中可以放下任意多个粒子。那么粒子之间相互交换有 a_l！种；当粒子占据 1 个量子态后，其余量子态（$\omega_l - 1$）交换有（$\omega_l - 1$）！种。这样粒子和量子态合起来的交换次数（$a_l + \omega_l - 1$）！。当然，粒子之间、量子态之间交换不引起新的量子态。为了形象地理解，现在用 $\omega_l + 1$ 个板隔成 ω_l 个格子，每两块隔板之间代表一个量子态，以"〇"代表粒子，放在两隔板之间的"〇"就表示处在该量子态的粒子，如图 5-2 所示。

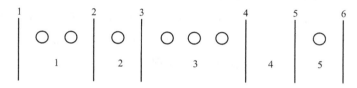

图 5-2

图 5-2 表示第一量子态中有两个粒子，第二量子态中有一个粒子，第三量子态中有三个粒子，第四量子态中没有粒子，第五量子态中有一个粒子。现保持最外两边上两块隔板不动。将中间 $\omega_l - 1$ 块隔板与 a_l 个粒子加在一起进行排列，排列方法共有（$\omega_l - 1 + a_l$）！种，这些排列中必然有粒子与粒子的相互交换（a_l！种），这种交换不引起系统新的量子态，也必然有隔板与隔板的相互交换[（$\omega_l - 1$）！种]，这些交换也不引起新的量子态，这样与分布 $\{a_l\}$ 相应的微观状态数为

$$\Omega_{B.E.} = \prod_l \frac{(\omega_l + a_l - 1)!}{a_l!(\omega_l - 1)!} \qquad (5.4.3)$$

费米系统 对于费米系统，粒子具有全同性，但费米子遵守泡利不相容原理。先计算 a_l 个费米子在 ω_l 个量子态上共有多少种分配法。由于每个量子态上只能放一个粒子，又由于费米子服从全同性原理，故粒子与粒子交换不引起新的量子态，因而该分配法相当于在 ω_l 个盒子中取出 a_l 个盒子，该取法有 $\dfrac{\omega_l!}{a_l!(\omega_l - a_l)!}$ 种，则与分布 $\{a_l\}$ 相应的微观状态数为

$$\Omega_{F.D.} = \prod_l \frac{\omega_l!}{a_l!(\omega_l - a_l)!} \qquad (5.4.4)$$

对于玻色系统或费米系统，如任一能级上的粒子数均远小于该能级的量子态数，即

$$\frac{a_l}{\omega_l} \ll 1 \text{（对所有的 } l） \qquad (5.4.5)$$

称为**经典极限条件**，也称非简并性条件。此时有

$$\Omega_{B.E.} = \prod_l \frac{(\omega_l + a_l - 1)!}{a_l!(\omega_l - 1)!} = \prod_l \frac{(\omega_l + a_l - 1)(\omega_l + a_l - 2)\cdots\omega_l}{a_l!} \approx \prod_l \frac{\omega_l^{a_l}}{a_l!} = \frac{\Omega_{M.B}}{N!}$$

$$(5.4.6)$$

$$\Omega_{F.D.} = \prod_l \frac{\omega_l!}{a_l!(\omega_l - a_l)!} = \prod_l \frac{\omega_l(\omega_l - 1)\cdots(\omega_l - a_l - 1)}{a_l!} \approx \prod_l \frac{\omega_l^{a_l}}{a_l!} = \frac{\Omega_{M.B}}{N!}$$

$$(5.4.7)$$

其中 $1/N!$ 是粒子具有全同性产生的。

经典粒子遵守玻耳兹曼分布,形式上处理是,能量为 ε_l 的粒子数是 a_l,在 μ 空间中的相体元大小是 $\Delta\omega_l$,粒子的一个运动状态所对应的相格大小是 h^r,就所谓的"简并度"就是 $\Delta\omega_l / h^r$,这样有

$$\Omega = \frac{N!}{\prod_l a_l!} \prod_l \left(\frac{\Delta\omega_l}{h^r}\right)^{a_l}$$

$$(5.4.8)$$

5.5　玻耳兹曼分布

最概然分布　玻耳兹曼的基本假设是,一般来说,在一定的条件下的系统按状态的概率分布是随时间而变化的,但系统达到统计平衡时概率分布不再随时间而变化了。对于所讨论的系统,玻耳兹曼提出了一个基本假设:"等概率原理,即在整个孤立系统处于统计平衡态系统所有的微观态出现的概率是相等的。"由于各个宏观态对应的微观态的数目是不同的,根据玻耳兹曼的基本假设可知某一宏观态出现的概率正比于这一宏观态所对应的微观态的数目。因此通常把宏观态所对应的微观态的数目称为这一宏观态的**热力学概率**。由等概率原理可知,平衡态的孤立系统的微观态的数目出现的热力学概率最大,是最多的分布,所以称为最概然分布,这里讨论的玻耳兹曼分布就是最概然分布。先讨论斯令公式

$$\ln m! \approx m(\ln m - 1)$$

$$(5.5.1)$$

现开始证明:由于

$$\ln m! = \ln 1 + \ln 2 + \cdots + \ln m$$

又由于 m 远大于 1,下面近似式可以成立

$$\ln m! \approx \int_1^m \ln x \mathrm{d}x = (x\ln x - x)_1^m \approx m(\ln m - 1)$$

即

$$\ln m! \approx m(\ln m - 1)$$

平衡态的孤立系统应满足总粒子数守恒和总能量守恒条件:

$$N = \sum_l a_l, E = \sum_l \varepsilon_l a_l$$

$$(5.5.2)$$

或者

$$\delta N = \sum \delta a_l = 0 \ , \ \delta E = \sum \varepsilon_l \delta a_l = 0 \tag{5.5.3}$$

现可以讨论 Ω 极大的分布。由于 Ω 非常大，所以习惯上人们总是分析 $\ln\Omega$ 为极大的分布。由式（5.4.2）得到

$$\ln\Omega = \ln N! - \sum_l \ln a_l! + \sum_l a_l \ln\omega_l \tag{5.5.4}$$

假设所有的 a_l 都很大，可以应用式（5.5.1）的近似，则式（5.5.4）可化为

$$\begin{aligned} \ln\Omega &= N(\ln N - 1) - \sum_l a_l(\ln a_l - 1) + \sum_l a_l \ln\omega_l \\ &= N\ln N - N - \sum_l a_l \ln a_l + \sum_l a_l + \sum_l a_l \ln\omega_l \\ &= N\ln N - \sum_l a_l \ln a_l + \sum_l a_l \ln\omega_l \end{aligned} \tag{5.5.5}$$

其中利用了 $N = \sum_l a_l$ 。为了使 $\ln\Omega$ 有极大的分布，必须使 $\delta\ln\Omega = 0$ 和 $\delta^2\ln\Omega < 0$ 。对于平衡条件，即有

$$\delta\ln\Omega = \sum_l \delta a_l - \sum_l \delta a_l \ln a_l + \sum_l \delta a_l \ln\omega_l = -\sum_l \ln\left(\frac{a_l}{\omega_l}\right)\delta a_l = 0 \tag{5.5.6}$$

其中利用了 $\delta N = \sum_l \delta a_l = 0$ 。由于式（5.5.6）中的 δa_l 是变化的，不是完全独立的，所以在数学上还必须考虑到式（5.5.3）的两个约束条件，这样方可应用拉格朗日公式和拉氏乘子法原理。所以这里还需要选两个拉氏未定乘子 α 和 β ，由式（5.5.6）和式（5.5.3）得

$$\delta\ln\Omega - \alpha\delta N - \beta\delta E = -\sum_l \left(\ln\frac{a_l}{\omega_l} + \alpha + \beta\varepsilon_l\right)\delta a_l = 0 \tag{5.5.7}$$

要求 δa_l 的系数都等于零，则

$$\left(\ln\frac{a_l}{\omega_l} + \alpha + \beta\varepsilon_l\right) = 0$$

即

$$a_l = \omega_l e^{-\alpha - \beta\varepsilon_l} \tag{5.5.8}$$

该式给出了玻耳兹曼系统中粒子的**最概然分布**，称为**麦克斯韦—玻耳兹曼分布**或**玻耳兹曼分布**。由条件式（5.5.2）来确定拉氏未定乘子 α 和 β ，即有

$$N = \sum_l \omega_l e^{-\alpha - \beta\varepsilon_l} \tag{5.5.9}$$

$$E = \sum_l \varepsilon_l \omega_l e^{-\alpha - \beta\varepsilon_l} \tag{5.5.10}$$

从量子态出发讨论，令处在量子态 s 能级 ε_s 上的平均粒子 f_s 为

$$f_s = e^{-\alpha - \beta\varepsilon_s} \tag{5.5.11}$$

对所有量子态，可以有式

$$N = \sum_s e^{-\alpha - \beta \varepsilon_s} \tag{5.5.12}$$

$$E = \sum_s \varepsilon_s e^{-\alpha - \beta \varepsilon_s} \tag{5.5.13}$$

上两式是对所有量子态求和。

对 $\delta^2 \ln \Omega < 0$ 有极大值的证明。由式(5.5.6)可得

$$\delta^2 \ln \Omega = -\delta \sum_l \ln \left(\frac{a_l}{\omega_l} \right) \delta a_l = -\sum_l \frac{(\delta a_l)^2}{a_l} < 0 \tag{5.5.14}$$

其中因为 $(\delta a_l)^2$ 和 a_l 都大于零,所以玻耳兹曼分布出现的概率是最大的,不过从原则上说,在给定的 N,V,E 的情况下,对于宏观系统,最概然分布相应的 Ω 的极大值非常陡,使其他分布的微观状态数与最概然分布相的微观状态数相比几近为零。证明如下,让系统分布有一个偏离,则有

$$\ln(\Omega + \Delta\Omega) = \ln\Omega + \delta\ln\Omega + \frac{1}{2}\delta^2\ln\Omega + \cdots$$

$$\approx \ln\Omega - \frac{1}{2}\sum_l \frac{(\Delta a_l)^2}{a_l} \tag{5.5.15}$$

即有

$$\ln(\Omega + \Delta\Omega)/\Omega = -\frac{1}{2}\sum_l \frac{(\Delta a_l)^2}{a_l} \tag{5.5.16}$$

或

$$\Omega + \Delta\Omega = \Omega \prod_l \exp\left[-\frac{1}{2} \frac{(\Delta a_l)^2}{(a_l)^2} a_l \right] \tag{5.5.16'}$$

上面的讨论说明,孤立系统的统计平衡态指的是各微观态有相等的概率,热力学平衡态只是一个最可几的宏观态。处于统计平衡的系统有时也会偏离热力学平衡态,就是说处于统计平衡的系统存在着偏离热力学平衡的涨落现象。但对热力学平衡态偏离越大,出现概率越小,这一点由式(5.5.16)充分地显示出来。

对于玻耳兹曼系统,有

$$a_l = e^{-\alpha - \beta \varepsilon_l} \frac{\Delta\omega_l}{h^r} \tag{5.5.17}$$

$$N = \sum_l e^{-\alpha - \beta \varepsilon_l} \frac{\Delta\omega_l}{h^r} \tag{5.5.18}$$

$$E = \sum_l \varepsilon_l e^{-\alpha - \beta \varepsilon_l} \frac{\Delta\omega_l}{h^r} \tag{5.5.19}$$

如系统的能量是连续的,形式上可以有

$$N = \int_{-\infty}^{\infty} e^{-\alpha - \beta \varepsilon} \frac{\mathrm{d}q\mathrm{d}p}{h^r} \tag{5.5.20}$$

$$E = \int_{-\infty}^{\infty} \varepsilon e^{-\alpha - \beta \varepsilon} \frac{\mathrm{d}q\mathrm{d}p}{h^r} \tag{5.5.21}$$

或

$$N = \int_{-\infty}^{\infty} f(\varepsilon) D(\varepsilon) d\varepsilon \tag{5.5.22}$$

$$E = \int_{-\infty}^{\infty} \varepsilon f(\varepsilon) D(\varepsilon) d\varepsilon \tag{5.5.23}$$

其中，$f(\varepsilon) = e^{-a-\beta\varepsilon}$ 表示能量状态 ε 上的平均粒子，而 $D(\varepsilon)d\varepsilon$ 表示能量在 $\varepsilon \sim \varepsilon + d\varepsilon$ 范围内的状态数。

5.6 量子系统的最概然分布

　　根据等概率原理，处于平衡状态的孤立系统微观状态数最大，是最概然分布。这里将推导量子系统即玻色子和费米子的最概然分布。类似 5.5 节，考虑处在平衡状态的孤立系统，具有确定的粒子数 N、体积 V、能量 E。分布在能级 ε_l 上的 a_l 个粒子占据在 ω_l 个量子态上。以 $\{a_l\}$ 表示处在各能级上的粒子数的分布。分布 $\{a_l\}$ 必须满足总粒子数守恒和总能量守恒条件：

$$\sum_l a_l = N, \sum_l \varepsilon_l a_l = E \tag{5.6.1}$$

或者

$$\delta N = \sum_l \delta a_l = 0 , \delta E = \sum_l \varepsilon_l \delta a_l = 0 \tag{5.6.2}$$

玻色系统的微观状态数 Ω 为

$$\Omega_{B.E.} = \prod_l \frac{(\omega_l + a_l - 1)!}{a_l!(\omega_l - 1)!} \tag{5.6.3}$$

费米系统的微观状态数 Ω 为

$$\Omega_{F.D.} = \prod_l \frac{\omega_l!}{a_l!(\omega_l - a_l)!} \tag{5.6.4}$$

　　玻色分布　先考虑玻色系统，对玻色系统的微观状态数 Ω 取对数：

$$\ln\Omega = \sum_l [\ln(\omega_l + a_l - 1)! - \ln a_l! - \ln(\omega_l - 1)!]$$

假设 $a_l \gg 1$ 和 $\omega_l \gg 1$，则进一步有

$$\ln\Omega = \sum_l [(\omega_l + a_l)\ln(\omega_l + a_l) - a_l\ln a_l - \omega_l\ln\omega_l]$$

考虑到式(5.6.2)，应用拉格朗日公式和拉氏乘子法原理，选两个拉氏未定乘子 α 和 β，组合出：

$$\delta\ln\Omega - \alpha\delta N - \beta\delta E = \sum_l [\ln(\omega_l + a_l) - \ln a_l - \alpha - \beta\varepsilon_l]\delta a_l = 0 \tag{5.6.5}$$

要求 δa_l 的系数都等于零，则得

$$a_l = \frac{\omega_l}{\mathrm{e}^{\alpha+\beta\varepsilon_l} - 1} \tag{5.6.6}$$

这就给出了系统中的粒子的最概然分布,称为**玻色—爱因斯坦分布**,或**玻色分布**。系统的总粒子和总能量分别是

$$N = \sum_l \frac{\omega_l}{\mathrm{e}^{\alpha+\beta\varepsilon_l} - 1}, E = \sum_l \frac{\varepsilon_l\omega_l}{\mathrm{e}^{\alpha+\beta\varepsilon_l} - 1} \tag{5.6.7}$$

式(5.6.7)可以确定 α 和 β。

　　费米分布　用类似的方法推导费米系统的最概然分布,并假设 $a_l \gg 1$、$\omega_l \gg 1$、$\omega_l - a_l \gg 1$,由式(5.6.4)得

$$\begin{aligned}
\ln\Omega &= \sum_l \big[\ln\omega_l! - \ln a_l! - \ln(\omega_l - a_l)!\big] \\
&= \sum_l \omega_l \big[\ln\omega_l - a_l\ln a_l - (\omega_l - a_l)\ln(\omega_l - a_l)\big]
\end{aligned}$$

还必须考虑到式(5.6.2),应用拉氏乘子法,选拉氏未定乘子是 α 和 β,有

$$\delta\ln\Omega - \alpha\delta N - \beta\delta E = \sum_l \big[\ln(\omega_l - a_l) - \ln a_l - \alpha - \beta\varepsilon_l\big]\delta a_l = 0 \tag{5.6.8}$$

要求 δa_l 的系数都等于零,则得

$$a_l = \frac{\omega_l}{\mathrm{e}^{\alpha+\beta\varepsilon_l} + 1} \tag{5.6.9}$$

上式称为**费米—狄拉克分布**或**费米分布**。系统的总粒子和总能量分别是

$$N = \sum_l \frac{\omega_l}{\mathrm{e}^{\alpha+\beta\varepsilon_l} + 1}, E = \sum_l \frac{\varepsilon_l\omega_l}{\mathrm{e}^{\alpha+\beta\varepsilon_l} + 1} \tag{5.6.10}$$

式(5.6.10)可以确定 α 和 β。

　　从量子态出发讨论,令处在量子态 s 能级 ε_s 上的平均粒子 f_s 为

$$f_s = \frac{1}{\mathrm{e}^{\alpha+\beta\varepsilon_s} \mp 1} \tag{5.6.11}$$

系统的总粒子和总能量分别是

$$N = \sum_s \frac{1}{\mathrm{e}^{\alpha+\beta\varepsilon_s} \mp 1}, E = \sum_s \frac{\varepsilon_s}{\mathrm{e}^{\alpha+\beta\varepsilon_s} \mp 1} \tag{5.6.12}$$

式(5.6.12)是对所有量子态求和。

　　说明,以上推导过程中我们假设 $a_l \gg 1$、$\omega_l \gg 1$ 以及 $\omega_l - a_l \gg 1$ 是不严格的,实际系统往往并非如此,利用巨正则系综可严格推导出。

5.7 经典极限条件

我们知道经典粒子系统服从玻耳兹曼分布,量子粒子系统服从玻色分布或费米分布。玻耳兹曼分布为

$$a_l = \omega_l \mathrm{e}^{-\alpha - \beta \epsilon_l} \qquad (5.7.1)$$

玻色分布为

$$a_l = \frac{\omega_l}{\mathrm{e}^{\alpha + \beta \epsilon_l} - 1} \qquad (5.7.2)$$

费米分布为

$$a_l = \frac{\omega_l}{\mathrm{e}^{\alpha + \beta \epsilon_l} + 1} \qquad (5.7.3)$$

但它们都服从总粒子数守恒和总能量守恒条件:

$$N = \sum_l a_l, E = \sum_l \varepsilon_l a_l \qquad (5.7.4)$$

式(5.7.4)可确定 α 和 β。如果参数 α 满足条件:

$$\mathrm{e}^{\alpha} \gg 1 \qquad (5.7.5)$$

或

$$\omega_l \gg a_l \,(\text{对所有 } l)$$

即获满足经典极限条件或非简并条件。这时式(5.7.2)和式(5.7.3)分母中的 ∓ 1 就可以忽略,这时玻色分布和费米分布就过渡到了玻耳兹曼分布。由于总粒子数是固定的,因而 $\omega_l \gg a_l$ 的条件是分配在每能级上的粒子数稀少,系统的总粒子数一定,每一能级上的粒子数稀少,说明了粒子所能到达的相空间大,也说明气体比较稀薄。因而气体越稀薄,温度越高,越能满足经典近似条件。这时由式(5.4.6)和式(5.4.7)有

$$\Omega_{B.E.} \approx \Omega_{F.D.} \approx \frac{\Omega_{M.B.}}{N!} \qquad (5.7.6)$$

其中 $1/N!$ 是粒子具有全同性所产生的。对于系统与微观态有关的物理量,如熵、亥姆霍兹自由能等,玻色分布(费米分布)和玻耳兹曼分布在统计中是有差别的,但对热力学量,如内能、物态方程等,是没有差别的。最后我们利用微观状态数分布思想讨论一个案例。

例 1:有一理想晶体模型,它有 N 个格点(原子)和同样数目的空隙位置,当然原子也可以占据在这样的位置,如把 1 个原子从格点移到空隙位上所需要的能量为 E,用 n 表示平衡时占据空隙位的原子数目。求:(1)系统内能是多少? (2)如熵是 $S = k\ln\Omega$,系统熵是多少?并给出 $n \gg 1$ 时的表达式。(3)当温度为 T 时,晶体中有多少缺陷,即 n 是多少?(设 $n \gg 1$)。

分析:如果把无原子占据空位的晶体内能记为 u_0,则有 n 个空位被占时,晶体内能为:

$u = u_0 + nE$ 。

从 N 个格点中任意取出 n 个原子有 C_N^n 取法,放到 N 个空位中又有 C_N^n 种放法,故微观状态数为 $\Omega = (C_N^n)^2$ 。所以,熵是

$$S = k\ln\Omega = 2k\ln\frac{N!}{n!(N-n)!}$$

由于 $N \gg 1$ 和 $n \gg 1$,利用 $\ln m! \approx m(\ln m - 1)$,得到

$$S = 2k[N\ln N - n\ln n - (N-n)\ln(N-n)]$$

当温度和体积一定时,平衡时亥姆霍兹自由能最小,由 $F = u_0 + nE - TS$ 和 $\partial F/\partial n = 0$,可以得到

$$n = \frac{N}{\mathrm{e}^{E/(2kT)} + 1}$$

第6章 玻耳兹曼统计

6.1 热力学量的统计表达式 物理量 α 和 β 的确定

本节着手建立玻耳兹曼分布与热力学的联系,利用统计平均值方法建立微观参量和宏观参量的关系式,同时确定参量 α 和 β 以及有关的物理量的物理含义。热力学中的热力学基本等式有 $\mathrm{d}S = (\mathrm{d}U + \mathrm{d}W)/T$,其中系统的熵表达式由内能和功表达,所以我们先讨论内能和功的统计表达式,再给出熵的统计表达式。

内能是热力学系统中粒子无规则运动总能量的统计平均值,所以有

$$U = \sum_l \varepsilon_l a_l = \sum_l \varepsilon_l \omega_l \mathrm{e}^{-\alpha - \beta \varepsilon_l} \tag{6.1.1}$$

引入称为系统粒子的**配分函数** Z:

$$Z = \sum_l \omega_l \mathrm{e}^{-\beta \varepsilon_l} \tag{6.1.2}$$

获得

$$N = \sum_l a_l = \mathrm{e}^{-\alpha} \sum_l \omega_l \mathrm{e}^{-\beta \varepsilon_l} = \mathrm{e}^{-\alpha} Z \tag{6.1.3}$$

即有: $\mathrm{e}^{-\alpha} = N/Z$,这样,形式上就确定了 $\alpha = \ln(Z/N)$ 。由此得到以配分函数对数表达的内能统计表达式

$$U = \mathrm{e}^{-\alpha} \sum_l \varepsilon_l \omega_l \mathrm{e}^{-\beta \varepsilon_l} = \frac{N}{Z} \sum_l \varepsilon_l \omega_l \mathrm{e}^{-\beta \varepsilon_l} = \frac{N}{Z} \frac{\partial}{\partial(-\beta)} \sum_l \omega_l \mathrm{e}^{-\beta \varepsilon_l}$$

$$= -\frac{N}{Z} \frac{\partial}{\partial \beta} Z = -N \frac{\partial}{\partial \beta} \ln Z \tag{6.1.4}$$

根据热力学第一定律,如是准静态过程,系统内能的变化 $\mathrm{d}U$ 等于外界热传递给系统的热量 $\mathrm{d}Q$ 以及与外界对系统所做的功 $\mathrm{d}W$ 的和

$$\mathrm{d}U = \mathrm{d}Q + \mathrm{d}W = \mathrm{d}Q + \sum_i Y_i \mathrm{d}y_i$$

其中 $\mathrm{d}y_i$ 是第 i 个外参量的改变量,Y_i 是与第 i 个外参量相应的外界对系统的第 i 个广义力的作用力。这样粒子的能量是外参量的函数。继续利用统计平均值方法,对于系统,由于外参量 $\mathrm{d}y$ 的改变,外界施于处于能量 ε_l 的一个粒子的力为 $\partial \varepsilon_l / \partial y$ 。因此,外界对系统的广义力 Y 为

$$Y = \sum_l \frac{\partial \varepsilon_l}{\partial y} a_l = \sum_l \frac{\partial \varepsilon_l}{\partial y} \omega_l \mathrm{e}^{-\alpha - \beta \varepsilon_l} = \mathrm{e}^{-\alpha} \left(-\frac{1}{\beta} \frac{\partial}{\partial y} \right) \sum_l \omega_l \mathrm{e}^{-\beta \varepsilon_l}$$

$$= \frac{N}{Z} \left(-\frac{1}{\beta} \frac{\partial}{\partial y} \right) Z = -\frac{N}{\beta} \frac{\partial}{\partial y} \ln Z \tag{6.1.5}$$

由于系统压强与外界的作用是相反的,所以有压强公式或者物态方程:

$$p = \frac{N}{\beta} \frac{\partial}{\partial V} \ln Z \tag{6.1.6}$$

下面利用式

$$\mathrm{d}Q/T = (\mathrm{d}U - \mathrm{d}W)/T = \mathrm{d}S \tag{6.1.7}$$

分析熵的公式,并确定物理参量 β。如在无穷小的准静态过程中,当外参量有 $\mathrm{d}y$ 的改变时,外界广义力 $\partial \varepsilon_l / \partial y$ 对系统所做的功为

$$\mathrm{d}W = Y \mathrm{d}y = \mathrm{d}y \sum_l \left(\frac{\partial \varepsilon_l}{\partial y} \right) a_l = \sum_l a_l \mathrm{d}\varepsilon_l \tag{6.1.8}$$

对内能 $U = \sum_l \varepsilon_l a_l$ 全微分,有

$$\mathrm{d}U = \sum_l a_l \mathrm{d}\varepsilon_l + \sum_l \varepsilon_l \mathrm{d}a_l$$

其中,第一项是能级变化引起的能量变化,它表示外界对系统所做的功,第二项是粒子变化引起的能量变化,它表示系统从外界吸收的热量,这是因为有

$$\mathrm{d}Q = \mathrm{d}U - Y\mathrm{d}y = \sum_l a_l \mathrm{d}\varepsilon_l + \sum_l \varepsilon_l \mathrm{d}a_l - \sum_l a_l \mathrm{d}\varepsilon_l = \sum_l a_l \mathrm{d}\varepsilon_l$$

由于系统从外界吸收的热量与过程有关,因此 $\mathrm{d}Q$ 是一个无穷小量,所以有

$$\mathrm{d}Q = \mathrm{d}U - Y\mathrm{d}y = -N\mathrm{d}\left(\frac{\partial \ln Z}{\partial \beta} \right) + \frac{N}{\beta} \frac{\partial \ln Z}{\partial y} \mathrm{d}y \tag{6.1.9}$$

由于

$$\mathrm{d}\ln Z = \frac{\partial \ln Z}{\partial \beta} \mathrm{d}\beta + \frac{\partial \ln Z}{\partial y} \mathrm{d}y$$

可将 $\frac{\partial \ln Z}{\partial y} \mathrm{d}y = \mathrm{d}\ln Z - \frac{\partial \ln Z}{\partial \beta} \mathrm{d}\beta$ 代入式(6.1.9),得到

$$\beta(\mathrm{d}U - Y\mathrm{d}y) = N\mathrm{d}\left(\ln Z - \beta \frac{\partial}{\partial \beta} \ln Z \right)$$

它和式(6.1.7)比较后,可令

$$\beta = \frac{1}{kT} \tag{6.1.10}$$

其中常数 k 称为**玻耳兹曼常数**。因此,确定熵的表达式为

$$\mathrm{d}S = Nk\mathrm{d}\left(\ln Z - \beta \frac{\partial}{\partial \beta} \ln Z \right) \tag{6.1.11}$$

积分得

$$S = Nk\left(\ln Z - \beta \frac{\partial}{\partial \beta}\ln Z\right) \tag{6.1.12}$$

式中的积分常数为零。

现在讨论熵函数的统计意义。对式(6.1.3)取对数

$$\ln Z = \ln N + \alpha \tag{6.1.13}$$

式(6.1.13)代入式(6.1.12)，所以有

$$S = k\left[N\ln N + \alpha N + \beta U\right] = k\left[N\ln N + \sum_l (\alpha + \beta \varepsilon_l)a_l\right] \tag{6.1.14}$$

而由玻耳兹曼分布 $a_l = \omega_l e^{-\alpha-\beta\varepsilon_l}$ ，可得

$$\alpha + \beta\varepsilon_l = \ln\frac{\omega_l}{a_l}$$

所以有

$$S = k\left(N\ln N + \sum_l a_l\ln\omega_l - \sum_l a_l\ln a_l\right) \tag{6.1.15}$$

由于 $\Omega = N! \prod_l \omega_l^{a_l} / \prod_l a_l!$ ，则进一步得到

$$S = k\ln\Omega \tag{6.1.15$'$}$$

上式称为**玻耳兹曼关系**。此式给出熵函数物理上的统计意义：某个宏观状态对应的微观状态数越多，热力学概率越大，熵也越大，系统混乱度就越大，宏观态越加无序。这表明熵是系统宏观状态的无序程度的定量量度。考虑到粒子的不可识别性，熵的表达式也可以是

$$S = Nk\left(\ln Z - \beta\frac{\partial}{\partial\beta}\ln Z\right) - k\ln N! \tag{6.1.15$''$}$$

如以 T、V 为变量的特征函数亥姆霍兹自由能 $F = U - TS$ 代入式(6.1.13)得

$$F = -N\frac{\partial}{\partial\beta}\ln Z - NkT\left(\ln Z - \beta\frac{\partial}{\partial\beta}\ln Z\right) \tag{6.1.16}$$

$$= -Nk\ln Z$$

或

$$F = -NkT\ln Z_1 + kT\ln N!$$

上两式分别适用于定域系统和经典极限条件的玻色(费米)系统。当然由热力学公式 $p = -\partial F/\partial V$ 也可以得到式(6.1.6)。

一般来说，先分析系统的能级和简并度，然后求配分函数，再讨论系统内能、熵、亥姆霍兹自由能、物态方程等。

对于经典系统有

$$a_l = \frac{N}{Z}e^{-\beta\varepsilon_l}\frac{\Delta\omega_l}{h^r}, \ Z = \sum_l e^{-\beta\varepsilon_l}\frac{\Delta\omega_l}{h^r} \tag{6.1.17}$$

或微观态出现在能级 ε_l 上的概率是

$$\rho_l = \frac{a_l}{N} = \frac{1}{Z} e^{-\beta \varepsilon_l} \frac{\Delta \omega_l}{h^r} \tag{6.1.18}$$

它满足归一化条件

$$\sum_l \rho_l = \frac{1}{Z} \sum_l e^{-\beta \varepsilon_l} \frac{\Delta \omega_l}{h^r} = 1 \tag{6.1.19}$$

利用统计平均得到

$$E = \sum_l \varepsilon_l \rho_l = \frac{N}{Z} \sum_l \varepsilon_l e^{-\beta \varepsilon_l} \frac{\Delta \omega_l}{h^r} \tag{6.1.20}$$

这和式(6.1.4)是一样的。

由于经典系统的能量是连续的,形式上可以有

$$a_l = \frac{N}{Z} \int e^{-\beta \varepsilon_l} \frac{d\omega_l}{h^r} = \frac{N}{Z} \int e^{-\beta \varepsilon(q,p)} \frac{dq\,dp}{h^r} \tag{6.1.21}$$

其中,$dq\,dp = dq_1 dq_2 \cdots dq_r dp_1 dp_2 \cdots dp_r$。那么微观态出现在相元内 $dq\,dp$ 的概率是

$$\rho\, dq\,dp = \frac{1}{Z} e^{-\beta \varepsilon(q,p)} \frac{dq\,dp}{h^r} \tag{6.1.22}$$

其中 ρ 叫**概率密度**。上式表示近独立粒子组成的孤立系统处于热力学平衡态时粒子按状态的概率分布,这是经典玻耳兹曼分布的又一表述。而系统配分函数是

$$Z = \int e^{-\beta \varepsilon_l} \frac{d\omega_l}{h^r} = \int_{-\infty}^{+\infty} e^{-\beta \varepsilon(q,p)} \frac{dq\,dp}{h^r} \tag{6.1.23}$$

形式上能量可以有

$$E = \int \varepsilon\, \rho\, dq\,dp = \frac{1}{Z} \int \varepsilon\, e^{-\beta \varepsilon(q,p)} \frac{dq\,dp}{h^r} \tag{6.1.24}$$

这和式(6.1.4)的结果是一样的。

6.2　单原子理想气体　物理量 α 和 μ 形式

本节讨论单原子理想气体统计物理学问题,它满足经典条件。由于是理想气体,在一定近似下,可以把原子、分子看作没有内部结构的质点,并忽略分子间的相互作用,是近独立粒子系统,遵从玻耳兹曼分布。单原子分子的理想气体所得的结果对双原子或多原子分子理想气体是同样适用的。

在没有外场时,可以把分子状态看作粒子在容器体积 V 内的自由运动。其能量的表达式为

$$\varepsilon = \frac{1}{2m} (p_x^2 + p_y^2 + p_z^2) \tag{6.2.1}$$

在相体元 $dq\,dp = dx\,dy\,dz\,dp_x\,dp_y\,dp_z$ 范围内,分子可能的微观状态数为

$$\frac{\mathrm{d}x\mathrm{d}y\mathrm{d}z\mathrm{d}p_x\mathrm{d}p_y\mathrm{d}p_z}{h^3} \tag{6.2.2}$$

可得配分函数为

$$Z = \int e^{-\beta\varepsilon(q,p)}\,\frac{\mathrm{d}q\mathrm{d}p}{h^r} = \frac{1}{h^3}\int\cdots\int e^{-\frac{\beta}{2m}(p_x^2+p_y^2+p_z^2)}\,\mathrm{d}x\mathrm{d}y\mathrm{d}z\mathrm{d}p_x\mathrm{d}p_y\mathrm{d}p_z \tag{6.2.3}$$

对式(6.2.3)积分

$$Z = \frac{1}{h^3}\iiint\limits_V\mathrm{d}x\mathrm{d}y\mathrm{d}z\int_{-\infty}^{+\infty}e^{-\frac{\beta}{2m}p_x^2}\,\mathrm{d}p_x\int_{-\infty}^{+\infty}e^{-\frac{\beta}{2m}p_y^2}\,\mathrm{d}p_y\int_{-\infty}^{+\infty}e^{-\frac{\beta}{2m}p_z^2}\,\mathrm{d}p_z$$

由附录第 2 部分得

$$Z = V\left(\frac{2\pi m}{h^2\beta}\right)^{3/2} \tag{6.2.4}$$

单原子理想气体的内能是

$$U = -N\frac{\partial}{\partial\beta}\ln Z = \frac{3}{2}NkT \tag{6.2.5}$$

并获得定容热容

$$C_v = \frac{\partial U}{\partial T} = \frac{3}{2}Nk \tag{6.2.6}$$

和亥姆霍兹自由能

$$F = -NkT\ln Z = -NkT\ln V\left(\frac{2\pi m}{h^2\beta}\right)^{3/2} \tag{6.2.7}$$

以及压强或物态方程

$$p = \frac{N}{\beta}\frac{\partial}{\partial V}\ln Z = \frac{NkT}{V} \tag{6.2.8}$$

利用经典统计理论或 $TS=U-F$，可得到单原子理想气体的熵为

$$S = \frac{3}{2}Nk\ln T + Nk\ln V + \frac{3}{2}Nk\left[1+\ln\left(\frac{2\pi mk}{h^2}\right)\right] \tag{6.2.9}$$

它不是广延量,所以不符合熵是广延量的要求,原则上这是经典理论的困难。因为粒子交换并不产生新的态,所以必须减去 $k\ln N!$,这是吉布斯在量子力学建立之前的建议。如用量子统计理论中理想气体熵的表达式就可以避免这一难题。由量子统计理论中理想气体的熵的表达式:

$$S = Nk\left(\ln Z - \beta\frac{\partial\ln Z}{\partial\beta}\right) - k\ln N!$$

并利用 $\ln N! = N(\ln N - 1)$ 得到单原子理想气体的熵为

$$S = \frac{3}{2}Nk\ln T + Nk\ln(V/N) + \frac{3}{2}Nk\left[\frac{5}{3}+\ln\left(\frac{2\pi mk}{h^2}\right)\right] \tag{6.2.10}$$

该式符合熵是广延量的要求,是绝对熵。但是当 $T\to 0$ 时,式(6.2.10)并没有意义且违反热力学第三定律,这说明理想气体模型在低温条件下已失效。

化学势形式　下面讨论单原子理想气体的化学势：

$$\mu = \left(\frac{\partial F}{\partial N}\right)_{T,V}$$

有

$$\mu = -kT \ln \frac{Z}{N}$$

将 Z 代入此式,得

$$\mu = kT \ln\left[\frac{N}{V}\left(\frac{h^2}{2\pi mkT}\right)^{3/2}\right] \qquad (6.2.11)$$

对于理想气体 $\frac{N}{V}\left(\frac{h^2}{2\pi mkT}\right)^{3/2} \ll 1$,所以理想气体的化学势是负的。

　　由于单原子理想气体满足经典极限条件(一般理想气体也满足经典极限条件)：$e^{\alpha} \gg 1$,即得

$$e^{\alpha} = \frac{V}{N}\left(\frac{2\pi mkT}{h^2}\right)^{3/2} \gg 1 \qquad (6.2.12)$$

由式(6.2.12)可知,如果：①气体稀薄,$N/V = n$ 小；②温度 T 高；③原子质量 m 大,经典极限条件越易得到满足。在经典条件 $e^{\alpha} \gg 1$ 下,也往往采用另一方式表述,将式(6.2.12)改写为

$$\left(\frac{V}{N}\right)^{\frac{1}{3}} \gg h\left(\frac{1}{2\pi mkT}\right)^{\frac{1}{2}} = \lambda_T \qquad (6.2.13)$$

或

$$n\lambda_T^3 \ll 1$$

式(6.2.13)左方可以理解为气体中分子间的平均距离。经典极限条件表述为气体中分子间的平均距离远大于德布罗意波的热波长,粒子波动概念不再适用。

　　物理量 α 形式　由式(6.2.12),我们还能确定单原子理想气体 α 形式

$$\alpha = \ln\left[\frac{V}{N}\left(\frac{2\pi mkT}{h^2}\right)^{3/2}\right] \qquad (6.2.14)$$

它和式(6.2.11)比较,最终确定 α 形式

$$\alpha = -\frac{\mu}{kT} \qquad (6.2.15)$$

6.3　麦克斯韦速率分布律

　　本节根据玻耳兹曼分布研究分子(粒子)气体的速度速率分布律等。

　　设分子气体体积为 V,分子数为 N,分子质量为 m。在没有外场时,分子质心运动能量的经典表达式为

$$\varepsilon = \frac{1}{2m}(p_x^2 + p_y^2 + p_z^2)$$

玻耳兹曼分布的经典表达式是

$$a_l = \mathrm{e}^{-\alpha-\beta\varepsilon_l}\frac{\Delta\omega_l}{h^r} \tag{6.3.1}$$

μ 空间是 6 维，$r = 3$；相体元 $\Delta\omega_1$ 趋于无限小就可以写成微分形式 $\mathrm{d}q\mathrm{d}p$ $= \mathrm{d}x\mathrm{d}y\mathrm{d}z\mathrm{d}p_x\mathrm{d}p_y\mathrm{d}p_z$；$\mathrm{e}^{-\alpha} = N/Z$。配分函数是

$$Z = \frac{1}{h^3}\iiint\limits_{V}\mathrm{d}x\mathrm{d}y\mathrm{d}z\int_{-\infty}^{+\infty}\mathrm{e}^{-\frac{\beta}{2m}p_x^2}\mathrm{d}p_x\int_{-\infty}^{+\infty}\mathrm{e}^{-\frac{\beta}{2m}p_y^2}\mathrm{d}p_y\int_{-\infty}^{+\infty}\mathrm{e}^{-\frac{\beta}{2m}p_z^2}\mathrm{d}p_z$$

$$= V\left(\frac{2\pi m}{h^2\beta}\right)^{3/2} \tag{6.3.2}$$

整理后得

$$\mathrm{e}^{-\alpha} = \frac{N}{V}\left(\frac{h^3}{2\pi mkT}\right)^{3/2} \tag{6.3.3}$$

由式 $\mathrm{e}^{-\alpha} = N/Z$ 即可求出体积 V 内动量在 $\mathrm{d}p_x\mathrm{d}p_y\mathrm{d}p_z$ 范围内的分子数为

$$N\left(\frac{1}{2\pi mkT}\right)^{3/2}\mathrm{e}^{-\frac{1}{2mkT}(p_x^2+p_y^2+p_z^2)}\mathrm{d}p_x\mathrm{d}p_y\mathrm{d}p_z \tag{6.3.4}$$

这结果与 h 数值无关。在体积 V 内在 $\mathrm{d}p_x\mathrm{d}p_y\mathrm{d}p_z$ 范围内的分子出现的概率是

$$\rho(p_x,p_y,p_z)\mathrm{d}p_x\mathrm{d}p_y\mathrm{d}p_z = \left(\frac{1}{2\pi mkT}\right)^{3/2}\mathrm{e}^{-\frac{1}{2mkT}(p_x^2+p_y^2+p_z^2)}\mathrm{d}p_x\mathrm{d}p_y\mathrm{d}p_z \tag{6.3.5}$$

其中 $\rho(p_x,p_y,p_z)$ 是概率密度，它表述的是动量空间分布，它满足归一化条件：

$$\int_{-\infty}^{\infty}\int_{-\infty}^{\infty}\int_{-\infty}^{\infty}\rho(p_x,p_y,p_z)\mathrm{d}p_x\mathrm{d}p_y\mathrm{d}p_z = 1 \tag{6.3.6}$$

把动量空间换成速度空间，速度做变量，以 v_x、v_y、v_z 代表速度的三个分量，则

$$p_x = mv_x,\; p_y = mv_y,\; p_z = mv_z$$

将它们代入式（6.3.4）中，通过坐标变换便可求得体积 V 内在 $\mathrm{d}v_x\mathrm{d}v_y\mathrm{d}v_z$ 范围内的分子数为

$$N\left(\frac{m}{2\pi kT}\right)^{3/2}\mathrm{e}^{-\frac{m}{2kT}(v_x^2+v_y^2+v_z^2)}\mathrm{d}v_x\mathrm{d}v_y\mathrm{d}v_z \tag{6.3.7}$$

或体积 V 内在 $\mathrm{d}v_x\mathrm{d}v_y\mathrm{d}v_z$ 范围内的分子出现的概率为

$$\rho(v_x,v_y,v_z)\mathrm{d}v_x\mathrm{d}v_y\mathrm{d}v_z = \left(\frac{1}{2\pi mkT}\right)^{3/2}\mathrm{e}^{-\frac{m}{2kT}(v_x^2+v_y^2+v_z^2)}\mathrm{d}v_x\mathrm{d}v_y\mathrm{d}v_z \tag{6.3.8}$$

其中 $\rho(v_x,v_y,v_z)$ 是概率密度，它表述的是速度空间分布，它满足归一化条件：

$$\int_{-\infty}^{\infty}\int_{-\infty}^{\infty}\int_{-\infty}^{\infty}\rho(v_x,v_y,v_z)\,\mathrm{d}v_x\mathrm{d}v_y\mathrm{d}v_z = 1 \tag{6.3.9}$$

式（6.3.8）就是熟知的**麦克斯韦速度分布律**。

引入速率空间球坐标系，以球坐标的体积元 $4\pi v^2 \mathrm{d}v$ 代替直角坐标的体积元 $\mathrm{d}v_x \mathrm{d}v_y \mathrm{d}v_z$。那么在体积 V 内速率在 $\mathrm{d}v$ 范围内的分子数为

$$4\pi N \left(\frac{m}{2\pi kT}\right)^{3/2} \mathrm{e}^{-\frac{m}{2kT}v^2} v^2 \mathrm{d}v \tag{6.3.10}$$

称为气体分子的速率分布。或在体积 V 内在 $\mathrm{d}v$ 范围内的分子出现的概率为

$$\rho(v)\mathrm{d}v = 4\pi \left(\frac{m}{2\pi kT}\right)^{3/2} \mathrm{e}^{-\frac{m}{2kT}v^2} v^2 \mathrm{d}v \tag{6.3.11}$$

其中 $\rho(v)$ 是概率密度，它满足条件

$$\int_0^\infty \rho(v) \ \mathrm{d}v = 1 \tag{6.3.12}$$

最概然速率（速率分布函数取最大值的速率，即 $\partial\rho/\partial v = 0$）：

$$v_m = \sqrt{\frac{2kT}{m}}$$

分子的平均速率：

$$\bar{v} = \int_0^\infty v\rho(v) \ \mathrm{d}v = 4\pi \left(\frac{m}{2\pi kT}\right)^{3/2} \int_0^\infty v\mathrm{e}^{-\frac{m}{2kT}v^2} v^2 \mathrm{d}v = \sqrt{\frac{8kT}{\pi m}}$$

方均根速率：

$$v_s^2 = \int_0^\infty v^2\rho(v) \ \mathrm{d}v = 4\pi \left(\frac{m}{2\pi kT}\right)^{3/2} \int_0^\infty v^2 \mathrm{e}^{-\frac{m}{2kT}v^2} v^2 \mathrm{d}v = \frac{3kT}{m}$$

$$v_s = \sqrt{\frac{3kT}{m}}$$

由以上三个式子，我们知道，v_m、$\bar{v}$ 和 v_s 都与 $\sqrt{T}$ 成正比，与 $\sqrt{m}$ 成反比，它们的比为

$$v_s \ : \ \bar{v} \ : \ v_m = \sqrt{\frac{3}{2}} \ : \ \frac{2}{\sqrt{\pi}} \ : 1 = 1.225 : 1.128 : 1$$

麦克斯韦速度分布律为近代许多的实验（如热电子发射实验和分子射线实验）所直接证实。

下面是麦克斯韦速度分布律应用的一个例子：计算在单位时间内碰撞到单位面积器壁上的分子数 Γ，称为碰壁数。如设 $\mathrm{d}A$ 是器壁上的一个面积元，其法线方向沿 x 轴，分子向器壁方向运动的空间体积是 $\mathrm{d}Av_x\mathrm{d}t$。在 $\mathrm{d}v_x\mathrm{d}v_y\mathrm{d}v_z$ 区域内，以 $\mathrm{d}\Gamma\mathrm{d}A\mathrm{d}t$ 表示在 $\mathrm{d}t$ 时间内、碰到 $\mathrm{d}A$ 面积上的分子数

$$\mathrm{d}\Gamma\mathrm{d}A\mathrm{d}t = \rho\mathrm{d}v_x\mathrm{d}v_y\mathrm{d}v_z nv_x\mathrm{d}A\mathrm{d}t$$

即

$$\mathrm{d}\Gamma = n\rho v_x\mathrm{d}v_x\mathrm{d}v_y\mathrm{d}v_z$$

其中 $n = N/V$。对速度积分，v_x 从 0 到 ∞，v_y、v_z 从 $-\infty$ 到 $+\infty$，即求得在单位时间内碰到单位面积的器壁上的分子数 Γ 为

$$\Gamma = n\int_{-\infty}^{+\infty} \mathrm{d}v_y \int_{-\infty}^{+\infty} \mathrm{d}v_z \int_0^{+\infty} v_x \rho \, \mathrm{d}v_x$$

$$= n\left(\frac{m}{2\pi kT}\right)^{3/2} \int_{-\infty}^{+\infty} \mathrm{e}^{-\frac{m}{2\pi kT}v_y{}^2} \mathrm{d}v_y \int_{-\infty}^{+\infty} \mathrm{e}^{-\frac{m}{2\pi kT}v_z{}^2} \mathrm{d}v_z \int_0^{+\infty} v_x \mathrm{e}^{-\frac{m}{2\pi kT}v_x{}^2} \mathrm{d}v_x$$

$$= n\left(\frac{m}{2\pi kT}\right)^{1/2} \int_0^{+\infty} v_x \mathrm{e}^{-\frac{m}{2\pi kT}v_x{}^2} \mathrm{d}v_x = n\sqrt{\frac{kT}{2\pi m}} = \frac{1}{4}n\bar{v}$$

由上式可以求得,在 $1\,p_0$ 和 $0\,℃$ 下氮分子的每秒碰壁数为: $\Gamma = 3\times 10^{23}$ 。

6.4　能量均分定理　热容的估测

能量均分定理　对于在温度为 T 的平衡状态的经典系统,粒子能量中的每一个独立平方项的平均值等于 $\frac{1}{2}kT$ 。

下面根据经典玻耳兹曼分布导出能量均分定理,并由此讨论一些物质系统的热容。

在经典力学中,粒子的能量是动能 ε_p 和势能 ε_q 之和

$$\varepsilon = \varepsilon_p + \varepsilon_q = \sum_i^r \frac{1}{2}a_i p_i{}^2 + \varepsilon_q \tag{6.4.1}$$

某一动能平均值有

$$<\frac{1}{2}a_i p_i^2> = \int \left[\frac{1}{2}a_i p_i^2\right]\rho \, \mathrm{d}q\mathrm{d}p = \frac{1}{Z}\int \frac{1}{2}a_i p_i^2 \, \mathrm{e}^{-\beta\varepsilon(q,p)} \frac{\mathrm{d}q\mathrm{d}p}{h^r}$$

对其采用分部积分法

$$\int_{-\infty}^{\infty} \frac{1}{2}a_i p_i^2 \mathrm{e}^{-\beta\frac{1}{2}a_i p_i^2} \mathrm{d}p_i = -\frac{p_i}{2\beta}\mathrm{e}^{-\beta\frac{1}{2}a_i p_i^2}\Big|_{-\infty}^{\infty} + \frac{1}{2\beta}\int_{-\infty}^{\infty} \mathrm{e}^{-\beta\frac{1}{2}a_i p_i^2}\mathrm{d}p_i = \frac{1}{2\beta}\int_{-\infty}^{\infty}\mathrm{e}^{-\beta\frac{1}{2}a_i p_i^2}\mathrm{d}p_i$$

$$<\frac{1}{2}a_i p_i^2> = \frac{1}{2\beta Z}\int \mathrm{e}^{-\beta\varepsilon(q,p)}\frac{\mathrm{d}q\mathrm{d}p}{h^r} = \frac{1}{2}kT \tag{6.4.2}$$

事实上, $\frac{1}{2}a_i p_i^2$ 是任意取的,它也可以是其他项,也可以是势能 ε_q 中的一个独立平方项 $\frac{1}{2}a_i q_i^2$ 或其中一个势能 ε_q 中的任意一个独立平方项 $\frac{1}{2}a_i q_i^2$ 。

热容的估测　应用能量均分定理,可以方便地知道一些物质系统的内能和热容。下面举几个例子:

1. 气体的内能和热容

单原子分子被看作质点且只有平动,其能量为

$$\varepsilon = \frac{1}{2m}(p_x^2 + p_y^2 + p_z^2) \tag{6.4.3}$$

有三个独立平方项,根据能量均分定理,在温度为 T 时,单原子分子的平均能量为

$$\bar{\varepsilon} = \frac{3}{2}kT$$

单原子分子理想气体的内能为：

$$U = \frac{3}{2}NkT \qquad (6.4.4)$$

定容热容为

$$C_V = \frac{3}{2}Nk \qquad (6.4.5)$$

对理想气体，有 $C_p - C_V = Nk$ ，可得定压热容为

$$C_p = \frac{5}{2}Nk \qquad (6.4.6)$$

因此，定压热容与定容热容之比质量热容比 γ 为

$$\gamma = \frac{C_p}{C_V} = \frac{5}{3} \approx 1.667$$

它和实验结果一般符合得很好，如氦气体在温度 291K 时 $\gamma = 1.660$。由于单原子分子被看作理想气体的质点，所以完全没有考虑原子内部的电子运动。经典理论解释不了原子内的电子对热容没有贡献问题，只有用量子理论才能解释。

双原子分子的能量为

$$\varepsilon = \frac{1}{2M}(p_x^2 + p_y^2 + p_z^2) + \frac{1}{2I}\left(p_\theta^2 + \frac{1}{\sin^2\theta}p_\varphi^2\right) + \frac{1}{2\mu}p_r^2 + u(r) \qquad (6.4.7)$$

式(6.4.7)第一项是质心的平动能量，其中 M 是分子的质量，等于两个原子的质量之和（$M = m_1 + m_2$）；第二项是分子绕质心的转动能量，其中 $I = \mu r^2$ 是转动惯量，$\mu = \dfrac{m_1 m_2}{m_1 + m_2}$ 是约化质量，r 是两原子的距离；第三项是两原子相对运动的能量，其中 $\dfrac{1}{2\mu}p_r^2$ 是相对运动的动能，$\mu(r)$ 是两原子的相互作用能量。如不考虑相对运动，根据能量均分定理，由于有 5 个独立平方项，在温度为 T 时双原子分子的平均能量为

$$\bar{\varepsilon} = \frac{5}{2}kT$$

双原子分子气体的内能和热容为

$$U = \frac{5}{2}NkT \qquad (6.4.8)$$

$$C_V = \frac{5}{2}Nk \qquad (6.4.9)$$

$$C_p = \frac{7}{2}Nk \qquad (6.4.10)$$

因此，定压热容与定容热容之比 γ 为

$$\gamma = \frac{C_p}{C_V} = \frac{7}{5} = 1.4$$

2. 固体的内能和热容

固体中的原子运动状态可以看作其在平衡位置附近做微振动。假设各原子的振动是相互独立的简谐振动,原子在一个自由度上的能量为

$$\varepsilon = \frac{1}{2m}p^2 + \frac{1}{2}m\omega^2 q^2 \tag{6.4.11}$$

因为每个原子有 3 个自由度,$r=3$,有 6 个独立平方项,所以温度为 T 时一个原子的平均能量为

$$\bar{\varepsilon} = 3kT$$

固体的内能为

$$U = 3NkT \tag{6.4.12}$$

定容热容为

$$C_V = 3Nk \tag{6.4.13}$$

利用热力学公式

$$C_p - C_V = \frac{TV\alpha^2}{\kappa_T}$$

实验上测量出 C_p 并可进一步计算出 C_V。发现在室温条件下,理论结果和实验结果能比较好地符合,但在低温条件下热容随温度下降得很快,当温度趋近于绝对零度,热容也趋近于零,事实上,这也是热力学第三定律必然结果。这只有量子理论才能解释。当然对于自由电子热容问题,经典理论也解释不了。因为自由电子服从量子分布(费米系统),同样对于光子气体(玻色系统),能量均分的定理讨论也遇到一定的困难。

进一步讨论,对于双原子分子,在高温时热容的实验值虽然达不到计算值,但也接近于计算值,可是随着温度的下降,摩尔热容随之下降,由 7cal/mol·K(1cal=4.1868J)下降到 5 cal/mol·K,如图 6-1 所示。相当于降到绝对束缚的双原子分子的热容,相当于振动运动的"冻结"。经典力学难以理解,因为在经典力学中,各自由度是平权的。更为突出的例子是氢随着温度的下降,热容的值下降到单原子分子的热容值 $3R/2$,这相当于对氢来说,随着温度的下降,不仅振动运动"冻结",转动运动也"冻结",仅仅有平移运动。对于固体,1mol 的定容热容为 6cal/mol·K,应与物质种类及温度无关,这称为**杜隆定律**。这也仅在高温时与实验符合,随着温度的下降,固体热容也下降,当温度趋近于绝对零度,固体热容也趋近于零(图 6-2),这也是经典理论所不能解释的。事实上,热力学第三定律普遍要求,温度趋于零,热容趋于零。

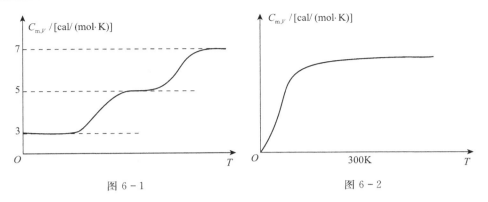

图 6 - 1　　　　　　　　　　　　图 6 - 2

3. 平衡辐射内能

运用能量均分定理讨论平衡辐射问题:一个封闭的空窖,窖壁原子不断地向空窖发射并从空窖吸收电磁波,经过一定的时间以后,其电磁辐射与吸收达到平衡且具有共同的温度 T 。这种平衡辐射可看作无数个单色平面波的叠加。

单色平面波的电场分量可表示为

$$\xi = \xi_0 e^{i(\vec{k}\cdot\vec{r}-\omega t)} \tag{6.4.14}$$

式中, ω 是圆频率, $\vec{k}$ 是波矢量。其中 $\vec{k} = \omega/c$, c 是电磁波在真空中传播的速度。

考虑到电磁波有两个方向的偏振,以及 $\vec{p} = \hbar\vec{k} = h\vec{k}/(2\pi)$,则在体积 V 内,在 ω 到 $\omega+d\omega$ 的圆频率范围内,辐射场的振动自由度(态数)为

$$D(\omega)d\omega = 2\frac{V}{h^3}4\pi p^2 dp = \frac{V}{\pi^2 c^3}\omega^2 d\omega \tag{6.4.15}$$

根据能量均分定理,温度为 T 时,每一振动自由度的平均能量为 $\bar{\varepsilon} = kT$ 。所以在体积 V 内,在 $d\omega$ 范围内平衡辐射的内能为

$$U_\omega d\omega = kTD(\omega)d\omega = \frac{V}{\pi^2 c^3}\omega^2 kT d\omega \tag{6.4.16}$$

这称为**瑞利—金斯公式**。它是由瑞利(1900 年)和金斯(1905 年)得到的。根据瑞利—金斯公式,在有限的温度下平衡辐射的总能量是发散的:

$$U = \int_0^\infty U_\omega \, d\omega = \frac{V}{\pi^2 c^3}\int_0^\infty \omega^2 \, kT d\omega \to \infty \tag{6.4.17}$$

但在热力学中讲过,平衡辐射的能量与温度的四次方成正比,是一个有限值

$$U = \sigma T^4 V$$

因此这与实验结果不符合。而且由式(6.4.17)还可以得出平衡辐射的定容热容也是发散的结论。这样,经典理论遇到根本性困难。

虽然,经典理论能够解释一些实验上的现象,但又有许多问题解释不了,历史上,普朗克就是在解释平衡辐射问题时首先提出了量子概念。

6.5 双原子分子理想气体热容的量子与经典统计分析

我们用经典统计的能量均分定理讨论了理想气体的内能和热容,其理论分析与实验结果大体符合,但还有几个问题难以解释:一是为什么原子内的电子对气体的热容没有贡献?二是为什么双原子分子的振动在常温范围对热容没有贡献? 三是为什么低温下固体的热容所得的结果与实验不符? 或者说为什么违反热力学第三定律? 四是为什么平衡辐射总能量是发散的? 这里将从经典和量子角度分析上面提到的前三个问题。最后一个问题将由量子统计物理解决。

以双原子分子为例。如果不考虑原子内电子的运动,在一定近似下双原子分子的能量可以表示为平动动能 ε^t、振动动能 ε^v、转动动能 ε^r 之和:

$$\varepsilon = \varepsilon^t + \varepsilon^v + \varepsilon^r \tag{6.5.1}$$

以 ω^t、ω^v、ω^r 分别表示平动、振动、转动能级的简并度,则配分函数可表示为

$$Z = \sum_l \omega_l e^{-\beta\varepsilon_l} = \sum_t \omega^t e^{-\beta\varepsilon_t} \sum_v \omega^v e^{-\beta\varepsilon_v} \sum_r \omega^r e^{-\beta\varepsilon_r} \tag{6.5.2}$$
$$= Z^t Z^v Z^r$$

双原子分子理想气体的内能为

$$U = -N\frac{\partial}{\partial\beta}\ln Z = -N\frac{\partial}{\partial\beta}(\ln Z^t + \ln Z^v + \ln Z^r) = U^t + U^v + U^r \tag{6.5.3}$$

则定容热容为

$$C_V = C_V^t + C_V^v + C_V^r \tag{6.5.4}$$

内能和热容可以表示为平动、转动和振动各项之和。

先考虑平动对内能和热容的贡献。平动配分函数 Z^t 为

$$Z^t = \frac{1}{h^3}\iiint_V \mathrm{d}x\mathrm{d}y\mathrm{d}z \int_{-\infty}^{+\infty} e^{-\frac{\beta}{2m}p_x^2}\mathrm{d}p_x \int_{-\infty}^{+\infty} e^{-\frac{\beta}{2m}p_y^2}\,\mathrm{d}p_y \int_{-\infty}^{+\infty} e^{-\frac{\beta}{2m}p_z^2}\,\mathrm{d}p_z \tag{6.5.5}$$
$$= V\left(\frac{2\pi m}{h^2\beta}\right)^{3/2}$$

由此得到

$$U^t = -N\frac{\partial}{\partial\beta}\ln Z^t = \frac{3N}{2\beta} = \frac{3}{2}NkT \tag{6.5.6}$$

$$C_V^t = \frac{3}{2}Nk \tag{6.5.7}$$

实体粒子平动的量子和经典统计理论结论是一样的,但振动、转动问题的量子和经典统计理论结论是不一样的。下面仅从经典和量子统计角度看待系统的能量和热容:经典系统的能量是连续分布的,而量子系统的能量是按能级分布的,是不连续的。

1. 量子统计分析

双原子分子振动　在一定的近似条件下双原子分子中两原子的相对振动可看成线性谐振子,以 ω 表示振子的圆频率,振子的能级为

$$\varepsilon_n = \left(n + \frac{1}{2}\right)\hbar\omega \ , n = 0,1,2,\cdots \tag{6.5.8}$$

振动的配分函数为

$$Z^v = \sum_{n=0}^{\infty} e^{-\beta\hbar\omega\left(n+\frac{1}{2}\right)} \tag{6.5.9}$$

应用数学公式:

$$\sum_{n=0}^{\infty} x^n = \frac{1}{1-x}, (|x| < 1)$$

并把 $e^{-\beta\hbar\omega}$ 换作为 x,其中 $e^{-\beta\hbar\omega/2}$ 是常数。算出振动的配分函数是

$$Z^v = \frac{e^{-\beta\hbar\omega/2}}{1 - e^{-\beta\hbar\omega}} \tag{6.5.10}$$

则振动对内能的贡献为

$$U^v = -N\frac{\partial}{\partial\beta}\ln Z_l^v = \frac{N\hbar\omega}{2} + \frac{N\hbar\omega}{e^{\beta\hbar\omega} - 1} \tag{6.5.11}$$

其中第一项是 N 个振子的零点能量,第二项是振子的热激发能量。

振动对定容热容的贡献为

$$C_V^v = \left(\frac{\partial U^v}{\partial T}\right)_V = Nk\left(\frac{\hbar\omega}{kT}\right)^2 \frac{e^{\frac{\hbar\omega}{kT}}}{(e^{\frac{\hbar\omega}{kT}} - 1)^2} \tag{6.5.12}$$

引入振动特征温度 θ_V:

$$k\theta_V = \hbar\omega \tag{6.5.13}$$

得内能和定容热容形式为

$$U^v = \frac{Nk\theta_V}{2} + \frac{Nk\theta_V}{e^{\frac{\theta_V}{T}} - 1} \tag{6.5.14}$$

$$C_V^v = \left(\frac{\partial U^v}{\partial T}\right)_V = Nk\left(\frac{\theta_V}{T}\right)^2 \frac{e^{\frac{\theta_V}{T}}}{(e^{\frac{\theta_V}{T}} - 1)^2} \tag{6.5.15}$$

常温下,由于振动特征温度大约为 10^3 量级,故 $T \ll \theta_V$,即可近似,得

$$U^v = \frac{Nk\theta_V}{2} + Nk\theta_V e^{-\frac{\theta_V}{T}} \tag{6.5.16}$$

$$C_V^v = \left(\frac{\partial U^v}{\partial T}\right)_V = Nk\left(\frac{\theta_V}{T}\right)^2 e^{-\frac{\theta_V}{T}} \tag{6.5.17}$$

式(6.5.16)和式(6.5.17)指明在常温下, $kT \ll \hbar\omega$,即振子需要激发态能级远大于 kT,气体温度升高产生的能量远远小于振子激发能,不足以激发振子跃迁。即在常温下振子跃迁

概率是非常小的,所以它几乎不吸收能量,振子几乎都冷冻在基态,它不参与能量均分。由式(6.5.17)得到

$$C_V^v = \lim_{T \to 0}\left[Nk\left(\frac{\theta_V}{T}\right)^2 e^{-\frac{\theta_V}{T}}\right] = \lim_{T \to 0}\left(2Nk\, e^{-\frac{\theta_V}{T}}\right) = 0 \qquad (6.5.17')$$

当温度趋于零,热容趋于零,符合热力学第三定律,图 6—3a、b 分别显示出内能和热容随温度的变化。

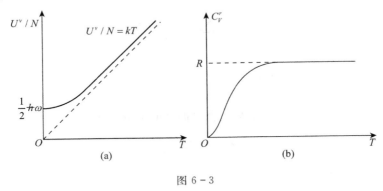

图 6－3

双原子分子转动　这里仅讨论异核双原子分子问题,其转动能级是

$$\varepsilon^r = \frac{l(l+1)\,\hbar^2}{2I},\, l = 0,1,2,\cdots \qquad (6.5.18)$$

式中,l 是转动的量子数,能级简并度是($2l+1$)。因此转动配分函数为

$$Z^r = \sum_{l=0}^{\infty}(2l+1)e^{-\frac{l(l+1)\hbar^2}{2IkT}} \qquad (6.5.19)$$

引入转动特征温度 θ_r,取 $\frac{\hbar^2}{2I} = k\theta_r$,并令 $x = l(l+1)\frac{\theta_r}{T}$,可以得到

$$Z^r = \sum_{l=0}^{\infty}(2l+1)e^{-\frac{\theta_r l(l+1)}{T}} \qquad (6.5.20)$$

式(6.5.20)没有现成的数学公式,但可以结合物理条件,近似分析求解并讨论。

高温近似　在高温极限 $T \gg \theta_r$ 时,即 $kT \gg \frac{\hbar^2}{2I}$,转动能级的间距可看成是很小的或者是连续的,以至于可用积分代替取和:$dx = (2l+1)\frac{\theta_r}{T}dl = (2l+1)\frac{\theta_r}{T}$。因此有

$$Z^r = \frac{T}{\theta_r}\int_0^{\infty}e^{-x}dx = \frac{T}{\theta_r} = \frac{2I}{\beta\hbar^2} \qquad (6.5.21)$$

和

$$U^r = -N\frac{\partial}{\partial\beta}\ln Z^r = NkT \qquad (6.5.22)$$

$$C_V^r = \left(\frac{\partial U^r}{\partial T}\right)_V = Nk \qquad (6.5.23)$$

这符合经典能量均分定理的结论。因为在常温下,转动能级远小于 kT,因此转动能量可以看作是连续的。

低温近似　在低温极限 $T \ll \theta_r$ 时,即 $kT \ll \dfrac{\hbar^2}{2I}$,Z 中取前两项近似便足够了:

$$Z^r = \sum_{l=0}^{\infty} (2l+1) \mathrm{e}^{-\frac{\theta_r l(l+1)}{T}} \approx 1 + 3\mathrm{e}^{-2\frac{\theta_r}{T}} \tag{6.5.24}$$

和

$$U^r = -N \frac{\partial}{\partial \beta} \ln Z^r = kT^2 \frac{\partial}{\partial T} \ln(1 + 3\mathrm{e}^{-\frac{2\theta_r}{T}}) \tag{6.5.25}$$

$$\approx \frac{\hbar^2}{I} 3\mathrm{e}^{-\frac{2\theta_r}{T}}$$

$$C_V^r = \left(\frac{\partial U^r}{\partial T}\right)_V \approx 3\left(\frac{\hbar}{IT}\right)^2 \frac{N}{k} \mathrm{e}^{-\frac{2\theta_r}{T}} \tag{6.5.26}$$

$$C_V^v \approx \lim_{T \to 0}\left[3\left(\frac{\hbar}{IT}\right)^2 \frac{N}{k} \mathrm{e}^{-\frac{2\theta_r}{T}}\right] \propto \lim_{T \to 0}(\mathrm{e}^{-\frac{2\theta_r}{T}}) = 0 \tag{6.5.26'}$$

以上三式说明平均转动能随温度的下降指数地下降到零,热容也同样随温度下降而指数地下降到零,符合热力学第三定律。图 6-4(a)、(b)分别表示动能和热容随温度变化的情况。

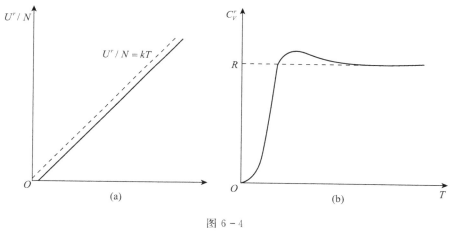

图 6-4

2. 经典统计分析

对于双原子分子理想气体,为明确起见,我们讨论异核双原子分子,其能量经典表达式为:

$$\varepsilon = \frac{1}{2M}(p_x^2 + p_y^2 + p_z^2) + \frac{1}{2I}\left(p_\theta^2 + \frac{1}{\sin^2\theta}p_\varphi^2\right) + \frac{1}{2\mu}(p_r^2 + \mu^2\omega^2 r^2) \tag{6.5.27}$$

其中已经将两原子的相对运动考虑为简谐振动。总配分函数为

$$Z = \int \cdots \int \mathrm{e}^{-\beta\varepsilon(p,q)} \frac{\mathrm{d}q_1 \cdots \mathrm{d}q_r \mathrm{d}p_1 \cdots \mathrm{d}p_r}{h^r} = Z^t Z^v Z^r \tag{6.5.28}$$

积分得

$$Z^t = \frac{1}{h^3} \iiint\limits_V \mathrm{d}x \mathrm{d}y \mathrm{d}z \int_{-\infty}^{+\infty} \mathrm{e}^{-\frac{\beta}{2m}p_x^2} \mathrm{d}p_x \int_{-\infty}^{+\infty} \mathrm{e}^{-\frac{\beta}{2m}p_y^2} \mathrm{d}p_y \int_{-\infty}^{+\infty} \mathrm{e}^{-\frac{\beta}{2m}p_z^2} \mathrm{d}p_z$$

$$= V \left(\frac{2\pi M}{h^2 \beta} \right)^{3/2} \tag{6.5.29}$$

$$Z^v = \frac{1}{h} \int_{-\infty}^{\infty} \mathrm{e}^{-\frac{\beta}{2\mu}p_r^2} \mathrm{d}p_r \int_{-\infty}^{\infty} \mathrm{e}^{-\frac{\beta}{2}\mu\omega^2 r^2} \mathrm{d}r = \left(\frac{2\pi\mu}{h\beta} \right) \left(\frac{2\pi}{h\beta\mu\omega^2} \right)$$

$$= \frac{2\pi}{h\beta\omega} \tag{6.5.30}$$

$$Z^r = \frac{1}{h^2} \int_0^{2\pi} \mathrm{d}\varphi \int_0^{\pi} \mathrm{d}\theta \int_{-\infty}^{\infty} \mathrm{e}^{-\frac{\beta}{2I}p_\theta^2} \mathrm{d}p_\theta \int_{-\infty}^{\infty} \mathrm{e}^{-\frac{\beta}{2I\sin^2\theta}p_\varphi^2} \mathrm{d}p_\varphi$$

$$= \frac{1}{h^2} \int_0^{2\pi} \mathrm{d}\varphi \int_0^{\pi} \mathrm{d}\theta \left(\frac{2\pi I}{\beta} \right) \left(\frac{2\pi I \sin^2\theta}{\beta} \right)^{1/2}$$

$$= \frac{1}{h^2} \left(\frac{2\pi I}{\beta} \right) \int_0^{2\pi} \mathrm{d}\varphi \int_0^{\pi} \mathrm{d}\theta \sin\theta$$

$$= \frac{8\pi^2 I}{h^2 \beta} \tag{6.5.31}$$

相应的内能和定容热容分别为

$$U^t = \frac{3}{2}NkT, \ U^v = NkT, \ U^r = NkT \tag{6.5.32}$$

$$C_V^t = \frac{3}{2}Nk, \ C_V^v = Nk, \ C_V^r = Nk \tag{6.5.33}$$

上面的结果与能量均分定理所得的结果一致。

我们发现对低温热容分析结论,经典理论所得的结果不仅不符合实验结果,也不符合热力学第三定律。但是量子理论所得的结果既能较好地符合实验结果,也符合热力学第三定律普遍要求,即当温度趋于零,热容趋于零。

6.6 固体的爱因斯坦理论模型

我们讨论的固体是指理想固体,意思是组成固体的原子排列成一定的空间点阵,既不存在杂质原子,也不存在缺陷,是定域的近独立粒子系统。最简单的理想固体模型称为爱因斯坦模型。该模型把固体中原子的热运动看成 $3N$ 个同频率振动的振子,并认为谐振子的能量服从量子化的能量表达式,振子的能级为

$$\varepsilon_n = \hbar\omega \left(n + \frac{1}{2} \right), \ n = 0, 1, 2, \cdots \tag{6.6.1}$$

由上节计算出配分函数为

$$Z = \sum_{n=0}^{\infty} e^{-\beta\hbar\omega\left(n+\frac{1}{2}\right)} = \frac{e^{-\frac{\beta\hbar\omega}{2}}}{1 - e^{-\beta\hbar\omega}} \qquad (6.6.2)$$

固体的内能为

$$U = -3N\frac{\partial}{\partial\beta}\ln Z = 3N\frac{\hbar\omega}{2} + \frac{3N\hbar\omega}{e^{\beta\hbar\omega} - 1} \qquad (6.6.3)$$

其中第一项是 $3N$ 个振子的零点能量,第二项是 $3N$ 个振子的热激发能量。

固体的亥姆霍兹自由能为

$$F = -3NkT\ln Z = 3N\frac{\hbar\omega}{2} + 3NkT\ln(1 - e^{-\beta\hbar\omega}) \qquad (6.6.4)$$

固体的熵为

$$S = \frac{U - F}{T} = -3NkT\ln Z = 3Nk\left[\frac{\beta\hbar\omega}{e^{\beta\hbar\omega} - 1} - \ln(1 - e^{-\beta\hbar\omega})\right] \qquad (6.6.5)$$

当温度趋于零,熵趋于零,符合热力学第三定律。

最后主要讨论定容热容,由式(6.6.3)得到固体的定容热容 C_V 为

$$C_V = \left(\frac{\partial U}{\partial T}\right)_V = 3Nk\left(\frac{\hbar\omega}{kT}\right)^2 \frac{e^{\frac{\hbar\omega}{kT}}}{(e^{\frac{\hbar\omega}{kT}} - 1)^2} \qquad (6.6.6)$$

为了讨论问题简便,引入爱因斯坦特征温度 $\theta_E = \hbar\omega/k$,定容热容 C_V 可以写为

$$C_V = 3Nk\left(\frac{\theta_E}{T}\right)^2 \frac{e^{\frac{\theta_E}{T}}}{(e^{\frac{\theta_E}{T}} - 1)^2} \qquad (6.6.7)$$

对于大多数固体,爱因斯坦特征温度大约在 $100\sim300\mathrm{K}$ 范围内。下面讨论在高温近似 $T \gg \theta_E$ 和低温近似 $T \ll \theta_E$ 范围的极限问题。

高温近似 当时 $T \gg \theta_E$,对式(6.6.7),取近似 $e^{\theta_E/T} - 1 \approx \theta_E/T$,得

$$C_V = 3Nk \qquad (6.6.8)$$

和能量均分定理的结果一致。

低温近似 当时 $T \ll \theta_E$,对式(6.6.7),取近似 $e^{\theta_E/T} - 1 \approx e^{\theta_E/T}$,得

$$C_V = 3Nk\left(\frac{\theta_E}{T}\right)^2 e^{-\frac{\theta_E}{T}} \qquad (6.6.9)$$

当温度趋于零时,式(6.6.9)的 C_V 也趋于零,这个结果与实验结果比较符合。这说明在低温时,固体热容随温度下降而呈指数下降,但实验指出在极低的温度时,固体热容随 T^3 而下降要比爱因斯坦的结果缓慢得多。其原因是:当温度下降到热运动传递的能量 kT 远小于 $\hbar\omega$ 时,谐振子不能跃迁到高能态,振子"冻结"在原能级上,对热容无贡献。然而实际上,固体中原子的振动频率是各式各样的,即在 $T \ll \theta_E$ 的情况下,仍有相当多的低频振动可能被激发,会对热容有贡献。因此实际上热容随温度降低趋于零的速度要比爱因斯坦模型给出的指数地趋向于零缓慢得多。在后面的系综理论中我们将介绍改进的固体德拜模型。

6.7 磁场中的顺磁性固体的热力学

我们在前几节讨论系统分布时,都没有考虑系统受到外界场的影响,本节讨论有外界场影响作用下的顺磁固体问题。假定磁性离子定域在晶体的特点格上,密度较低,相互作用可以忽略且可认为是近独立粒子,由该磁性离子组成的系统服从玻耳兹曼分布。

仅讨论一个简化的理论模式。假定磁性离子的总角动量量子数为 1/2,其磁矩大小为 $\mu = -e\hbar/(2m)$,在外磁场 B 中,它的可能能量是:顺磁场方向有 $\varepsilon_h = -\mu B$,逆磁场方向有 $\varepsilon_a = \mu B$ 。则配分函数为

$$Z = \sum_{h,a} e^{-\beta\varepsilon} = e^{\beta\mu B} + e^{-\beta\mu B} \tag{6.7.1}$$

顺磁场方向的概率是

$$\rho_h = \frac{1}{Z} e^{-\beta\varepsilon_h} = \frac{e^{\beta\mu B}}{e^{\beta\mu B} + e^{-\beta\mu B}} \tag{6.7.2}$$

逆磁场方向的概率是

$$\rho_a = \frac{1}{Z} e^{-\beta\varepsilon_a} = \frac{e^{-\beta\mu B}}{e^{\beta\mu B} + e^{-\beta\mu B}} \tag{6.7.3}$$

仅为了说明问题方便,我们把在顺磁场、逆磁场方向的磁矩形式上分别写为 $\mu_h = \mu$ 和 $\mu_a = -\mu$ 。

我们先分析磁化强度问题,再讨论内能和熵问题。

顺磁性固体的磁化强度的统计平均值是

$$M = \frac{m}{V} = \frac{N}{V} \sum_{h,a} \rho_{h,a}\mu_{h,a} = n(\rho_h\mu_h + \rho_a\mu_a) = n(\rho_h\mu - \rho_a\mu)$$
$$= n\mu \frac{e^{\beta\mu B} - e^{-\beta\mu B}}{e^{\beta\mu B} + e^{-\beta\mu B}} = n\mu \tanh\left(\frac{\mu B}{kT}\right) \tag{6.7.4}$$

也可以从 $M = \frac{N}{\beta} \frac{\partial}{\partial B} \ln Z$ 得到式(6.7.4)。下面讨论该式的物理极限或近似问题。

弱场或高温极限   即 $\mu B/(kT) \ll 1$ 近似下,$e^{\pm\beta\mu B} \approx 1 \pm \mu B/(kT)$,则顺磁性固体的磁化强度为

$$M = \frac{n\mu^2}{kT} B = \chi H \tag{6.7.5}$$

其中,$H = B/\mu_0$,磁化率 $\chi = \frac{n\mu^2}{kT}\mu_0$,这就是**居里定律**。与此同时,由式(6.7.2)和式(6.7.3),我们获得:$\rho_h \approx \frac{1}{2}\left(1 + \frac{\mu B}{kT}\right) \rightarrow \frac{1}{2}$,$\rho_a \approx \frac{1}{2}\left(1 - \frac{\mu B}{kT}\right) \rightarrow \frac{1}{2}$ 。

强场或低温极限   即 $\mu B/(kT) \gg 1$ 近似下,$\tanh\left(\frac{\mu B}{kT}\right) \approx 1$,则顺磁性固体的磁化强度为

$$M = N\mu/V = n\mu \tag{6.7.6}$$

这意味着 $\rho_h \to 1$，$\rho_a \to 0$。

下面开始讨论内能和熵问题，并分析弱场或高温极限以及强场或低温极限的情况。

顺磁性固体的内能为

$$U = N\bar{\varepsilon} = N\sum_{h,a}\rho_{h,a}\varepsilon_{h,a} = N(\rho_h\varepsilon_h + \rho_a\varepsilon_a) = N\mu(\rho_h - \rho_a)$$

$$= -N\mu B\frac{e^{\beta\mu B} - e^{-\beta\mu B}}{e^{\beta\mu B} + e^{-\beta\mu B}} = -N\mu B\tanh\frac{\mu B}{kT} = -VMB = -mB \qquad (6.7.7)$$

这就是顺磁性固体在磁场中的势能。式(6.7.7)也可以从 $U = -N\dfrac{\partial}{\partial\beta}\ln Z$ 获得。

顺磁性固体的熵为

$$S = Nk\left(\ln Z - \beta\frac{\partial}{\partial\beta}\ln Z\right)$$

$$= Nk\left[\ln 2 + \ln\cosh\left(\frac{\mu B}{kT}\right) - \left(\frac{\mu B}{kT}\right)\tanh\left(\frac{\mu B}{kT}\right)\right] \qquad (6.7.8)$$

弱场或高温极限　　即 $\mu B/(kT) \ll 1$ 近似下，$\ln\left(\cosh\dfrac{\mu B}{kT}\right) \approx \left[\mu B/(kT)\right]^2/2$，

$\tanh\left(\dfrac{\mu B}{kT}\right) \approx \dfrac{\mu B}{kT}$，则熵是

$$S \approx Nk\left[\ln 2 + \left(\frac{\mu B}{kT}\right)^2/2 - \left(\frac{\mu B}{kT}\right)^2\right] \approx k\ln 2^N \qquad (6.7.9)$$

即系统微观态是 2^N。其原因是：$\rho_h \approx \dfrac{1}{2}\left(1 + \dfrac{\mu B}{kT}\right) \to \dfrac{1}{2}$，$\rho_a \approx \dfrac{1}{2}\left(1 - \dfrac{\mu B}{kT}\right) \to \dfrac{1}{2}$。这意味着分布在顺磁场方向的概率是 50%，在逆磁场方向的分布概率是 50%。即每个磁矩有 2 个可能状态，系统总微观态是 $\Omega = 2^N$。

内能是

$$U = -N\mu B\frac{e^{\beta\mu B} - e^{-\beta\mu B}}{e^{\beta\mu B} + e^{-\beta\mu B}} = -N\mu B\tanh\frac{\mu B}{kT} \approx -N\mu B\frac{\mu B}{kT}$$

强场或低温极限　　即 $\dfrac{\mu B}{kT} \gg 1$ 近似下，$\cosh\left(\dfrac{\mu B}{kT}\right) \approx e^{\beta\mu B}/2$，$\tanh\left(\dfrac{\mu B}{kT}\right) \approx 1$，熵是

$$S \approx Nk\left(\ln 2 + \ln 2^{-1}e^{\beta\mu B} - \frac{\mu B}{kT}\right) \approx 0 \qquad (6.7.10)$$

即系统微观态是 $\Omega = 1$。其原因是：$\rho_h \to 1$，$\rho_a \to 0$，即分布顺磁场方向的概率是 1，逆磁场方向的分布概率是零，这意味着所有的磁矩都顺着磁场方向。这也说明当温度趋于零时，熵趋于零，符合热力学第三定律。

内能是

$$U = -N\mu B\frac{e^{\beta\mu B} - e^{-\beta\mu B}}{e^{\beta\mu B} + e^{-\beta\mu B}} = -N\mu B\tanh\frac{\mu B}{kT} \approx -N\mu B$$

例 1：N 个独立粒子构成的材料置于弱外磁场 B 中，它粒子密度低，相互作用可忽略，

每个粒子具有可沿着磁场方向的磁矩是 $m\mu$，其中 $m = J, J-1, \cdots, -J+1, -J$，其中 J 为整数，μ 是常数，系统温度是 T。（1）求出系统的配分函数。（2）计算系统的平均磁化强度 $\overline{M}$，并求出高温极限下的 $\overline{M}$ 形式。

解：在外磁场 B 中，材料系统的能级是

$$\varepsilon_m = -m\mu B$$

则配分函数以及平均磁化强度分别为

$$Z = \sum_{m=-J}^{J} e^{-\beta\varepsilon_m} = \mathrm{sh}\left[\left(J+\frac{1}{2}\right)\frac{\mu B}{kT}\right]\Big/\mathrm{sh}\left(\frac{1}{2}\frac{\mu B}{kT}\right)$$

$$\overline{M} = -\left(\frac{\partial F}{\partial B}\right)_T = \frac{N}{\beta}\frac{\partial}{\partial B}\ln Z = \frac{N\mu}{2}\left[(2J+1)\coth(2J+1)\frac{\mu B}{2kT} - \coth\frac{\mu B}{2kT}\right]$$

在弱场或高温极限 $[\mu B/(kT) \ll 1]$ 近似下，利用数学式 $\coth x \approx \frac{1}{x}\left(1+\frac{x^2}{3}\right)$，$x \ll 1$。可以得到

$$\overline{M} \approx \frac{NJ(J+1)}{3}\frac{\mu^2}{kT}B$$

6.8 核自旋系统的负绝对温度状态

在一般系统中，内能越高，系统的微观态数就越多，熵就越大，即熵随内能单调地增加。由热力学基本方程可知，系统温度 T 与参量 y 保持不变时，熵随内能的变化率 $(\partial S/\partial U)_y$ 与 T 之间存在以下关系：

$$\frac{1}{T} = \left(\frac{\partial S}{\partial U}\right)_y \tag{6.8.1}$$

如系统熵随内能单调地增加，由式（6.8.1）可知，温度恒为正值，但有些系统刚好相反，当系统内能增加时，熵函数不是增加，反而是减少的，这样系统就处在负温度状态，核自旋系统就是一个典型的例子。

简化理论模型，可假设核自旋量子数为 1/2，在外磁场 B 下，磁矩可与外磁场逆向或同向。这样其能量可能有两个值 $\pm Be\hbar/(2M)$，简记为 $\pm\varepsilon$。以 N 表示系统所含有的总核磁矩数，N_+ 和 N_- 分别表示能量为 $+\varepsilon$ 和 $-\varepsilon$ 的核磁矩数。显然系统的粒子守恒：

$$N_+ + N_- = N \tag{6.8.2}$$

系统的能量为

$$E = (N_+ - N_-)\varepsilon \tag{6.8.3}$$

得

$$N_+ = \frac{N}{2}\left(1+\frac{E}{N\varepsilon}\right), \quad N_- = \frac{N}{2}\left(1-\frac{E}{N\varepsilon}\right)$$

系统总微观态数是

$$\Omega = \frac{N!}{N_+!\,N_-!} = \frac{N!}{\left[\frac{N}{2}\left(1+\frac{E}{N\varepsilon}\right)\right]!\left[\frac{N}{2}\left(1-\frac{E}{N\varepsilon}\right)\right]!} \tag{6.8.4}$$

熵是

$$S = k\ln\Omega = k\ln\frac{N!}{N_+!\,N_-!} \tag{6.8.5}$$

利用 $\ln m! \approx m(\ln m - 1)$，可得

$$\begin{aligned} S &= k(N\ln N - N_+\ln N_+ - N_-\ln N_-) \\ &= Nk\left[\ln 2 - \frac{1}{2}\left(1+\frac{E}{N\varepsilon}\right)\ln\left(1+\frac{E}{N\varepsilon}\right) - \frac{1}{2}\left(1-\frac{E}{N\varepsilon}\right)\ln\left(1-\frac{E}{N\varepsilon}\right)\right] \end{aligned} \tag{6.8.6}$$

由式(6.8.1)得到

$$\frac{1}{T} = \left(\frac{\partial S}{\partial E}\right)_B = \frac{k}{2\varepsilon}\ln\frac{N\varepsilon - E}{N\varepsilon + E} \tag{6.8.7}$$

显然，当 $E<0$ 时，$\frac{1}{T} = \left(\frac{\partial S}{\partial E}\right)_B > 0$，系统处在正温度状态；当 $E>0$ 时，$\frac{1}{T} = \left(\frac{\partial S}{\partial E}\right)_B < 0$，系统处在负温度状态。这里主要解释负温度状态，当系统能量取正值时，由式(6.8.4)和式(6.8.6)知，随着能量的增加，微观态数反而减少，熵也减少，当能量增加到 $N\varepsilon$ 时，N 个磁矩都逆磁场方向，熵减少为零。由于熵随能量增加而单调地减少，系统处于负温度状态，当能量由零增加到 $N\varepsilon$ 时，系统温度由 $-\infty \rightarrow -0$。以上说明负温度状态下，系统的核自旋方向与磁场方向相反。与此同时还说明，负温度系统比正温度系统具有更高的能量。当然产生负温度状态必须满足两个基本条件：一是粒子的能级必须有上限，二是负温度系统必须是绝热系统。当然系统不可能经准静态过程由正温度状态变化到负温度状态。

例 2：系统由 N 个无相互作用粒子组成($N\gg1$)，每个粒子能量只能取 0 和 $E(E>0)$ 两个值，n_0 和 n_1 表示能量分别取 0 和 E 的粒子数。系统的总能量固定为 u。(1)求系统的微观态数、熵以及系统能量分别为 0 和 E 的概率。(2)求温度 T 和能量 u 的关系。(3)当 n_0 多大时，$T<0$? (4)当一个负温度系统和一个正温度系统接触时能量向哪个方向流动？为什么？

解：(1)系统可能的微观态数是

$$\Omega = \frac{N!}{n_1!\,n_0!} \tag{6.8.8}$$

熵为

$$S = k\ln\Omega = k\ln\frac{N!}{n_1!\,n_0!} \tag{6.8.9}$$

则配分函数为（无简并态时）

$$Z = \sum_{0,1} e^{-\beta\varepsilon} = e^{\beta E} + 1 \tag{6.8.10}$$

顺磁场方向的概率是

$$\rho_1 = \frac{1}{Z}\mathrm{e}^{-\beta E} = \frac{\mathrm{e}^{-\beta E}}{\mathrm{e}^{\beta E}+1} \tag{6.8.11}$$

逆磁场方向的概率是

$$\rho_0 = \frac{1}{Z}\mathrm{e}^{-\beta 0} = \frac{1}{\mathrm{e}^{-\beta E}+1} \tag{6.8.12}$$

（2）由于

$$n_1 = \rho_1 N \,,\, n_0 = \rho_0 N$$

则有

$$n_1 = n_0\,\mathrm{e}^{-E/(kT)} \tag{6.8.13}$$

$$T = \frac{E}{k}\frac{1}{\ln\frac{n_0}{n_1}} = \frac{E}{k}\frac{1}{\ln\left(\dfrac{NE-u}{u}\right)} \tag{6.8.14}$$

（3）仅当 $n_0 < N/2$ 时，$T < 0$ 。

（4）热量由负温度系统向正温度系统流动，因为负温度系统实现粒子数反转，具有更高的能量。

6.9　引力场中的理想气体

前面我们分析理想气体并没有考虑引力场的影响，这里我们分析引力场中的理想气体问题，系统服从玻耳兹曼分布。着重分析由引力场引起的系统内能、热容等问题。

存在地球重力场　设理想气体系统的气柱高为 H，截面面积为 A，那么理想气体在高度 z 处由重力场引起的能级是

$$\varepsilon = mgz \tag{6.9.1}$$

对应的配分函数是

$$Z = \frac{1}{h^3}\iint_A \mathrm{d}x\mathrm{d}y\int_0^H \mathrm{e}^{-\beta mgz}\,\mathrm{d}z \tag{6.9.2}$$

$$= A\,\frac{1}{\beta mgh^3}(1-\mathrm{e}^{-\beta mgH})$$

气柱高内重力场引起的气体内能是

$$U = -N\frac{\partial}{\partial \beta}\ln Z \tag{6.9.3}$$

$$= NkT - \frac{NmgH}{\mathrm{e}^{\beta mgH}-1}$$

重力场引起的定容热容是

$$C_V = \frac{\partial U}{\partial T}$$

$$= Nk - \frac{1}{kT^2} \frac{N(mgH)^2 e^{\beta mgH}}{(e^{\beta mgH} - 1)^2}$$

(6.9.4)

当 $T \to 0$ 时，$C_V \to Nk$ ；当 $T \to \infty$ 时，$C_V \to 0$ 。

气柱内气体密度随高度的分布是

$$n(z) = n_0 e^{-\beta mgz} / (zh^3)$$

$$= \frac{N\beta mg}{A} (1 - e^{-\beta mgH})^{-1} e^{-\beta mgz}$$

(6.9.5)

式中，n_0 是气柱底部粒子数密度。粒子数密度变为一半时的高度是

$$z = \frac{kT}{mg} \ln \frac{n}{n_0} = \frac{kT}{mg} \ln \frac{1}{2}$$

气体的压强是

$$p = n(z)kT = \frac{N\beta mgkT}{A} (1 - e^{-\beta mgH})^{-1} e^{-\beta mgz}$$

$$= \frac{Nmg}{A} (1 - e^{-\beta mgH})^{-1} e^{-\beta mgz}$$

(6.9.6)

离心力场 下面讨论离心机中的理想单原子分子气体系统问题。设理想气体封闭在半径为 R、长度为 l 的圆筒内。圆筒以角速度 ω 围绕对称轴旋转，气体在与圆筒一起转动中处于热平衡，温度为 T。假设气体没有内部自由度并且遵从经典统计。由于气体与圆筒一起转动，则转动引起的能级是：

$$\varepsilon = -\frac{1}{2} m\omega^2 r^2$$

(6.9.7)

式中，r 是轴心距离，m 是相对原子质量。转动引起的配分函数是

$$Z = \frac{1}{h^3} \int_0^R e^{\beta m\omega^2 r^2/2} 2\pi r l \, dr = \frac{2\pi l}{\beta m\omega^2 h^3} (e^{\beta m\omega^2 R^2/2} - 1)$$

(6.9.8)

转动引起的气体内能是

$$U = -N \frac{\partial}{\partial \beta} \ln Z = NkT - \frac{Nm\omega^2 R^2/2}{1 - e^{-\beta m\omega^2 R^2/2}}$$

(6.9.9)

转动引起的定容热容是

$$C_V = \frac{\partial U}{\partial T} = Nk - \frac{1}{kT^2} \frac{N(m\omega^2 R^2)^2 e^{\beta m\omega^2 R^2/2}}{(e^{\beta m\omega^2 R^2/2} - 1)^2}$$

(6.9.10)

当 $T \to 0$ 时，$C_V \to Nk$ ；当 $T \to \infty$ 时，$C_V \to 0$ 。

气体密度随半径的粒子数密度的分布是

$$n(r) = \frac{N\beta m\omega^2}{2\pi l} (e^{\beta m\omega^2 R^2/2} - 1)^{-1} e^{-\beta m\omega^2 r^2/2}$$

(6.9.11)

气体的压强是

$$p = n(z)kT = \frac{Nm\omega^2}{2\pi l}(e^{\beta m\omega^2 R^2/2} - 1)^{-1}e^{-\beta m\omega^2 r^2/2} \tag{6.9.12}$$

由于离心力作用,气体分子数密度随 r 增加而增大。利用离心力的作用,人们可以分离出不同质量的粒子。如有两种不同质量的粒子 m_1 和 m_2,则

$$n_1(r) = \frac{N\beta m_1\omega^2}{2\pi l}(e^{\beta m_1\omega^2 R^2/2} - 1)^{-1}e^{-\beta m_1\omega^2 r^2/2}$$

$$n_1(0) = \frac{N\beta m_1\omega^2}{2\pi l}(e^{\beta m_1\omega^2 R^2/2} - 1)^{-1}$$

$$n_1(R) = \frac{N\beta m_1\omega^2}{2\pi l}(e^{\beta m_1\omega^2 R^2/2} - 1)^{-1}e^{-\beta m_1\omega^2 R^2/2}$$

则有分离系数 η 为

$$\eta = \frac{(n_1/n_2)\mid_{r=R}}{(n_1/n_2)\mid_{r=0}} = e^{(m_1-m_2)\beta\omega^2 R^2/2}$$

第 7 章　量子统计物理

7.1　热力学函数及量的统计表达式　物理量 α 和 β 的确定

玻耳兹曼统计分布对于某些粒子系统的应用是不成功的。如金属中的电子、核物质和低温下的氦原子、黑体辐射等系统,理论与实验的差距很大。还如,实验测得的电子对于金属的比热容贡献要比玻耳兹曼统计法计算的小很多等。归纳起来存在几个难以解决的问题:原子内的电子对气体热容的贡献问题、双原子分子的振动在常温范围对热容的贡献问题、低温下固体的热容所得的结果与实验不符问题、平衡辐射总能量发散问题等。这些都反映了玻耳兹曼统计本身的局限性。首先,在一开始计算微观状态数时,它把粒子看作可分辨的,这和微粒子实际情况是不符合的,按微观粒子的全同性要求,所有全同粒子交换不改变系统的物理状态,它们都属于系统的同一个状态。其次,微观粒子遵从量子力学规律,按量子力学全同性的要求,微粒子只能遵从两种统计分布。一种统计分布是费米统计:每个单粒子态上所占有的粒子数不能超过 1,即只有两种可能态,或有一个粒子或没有。也就是说,当某一个单粒子态已有一个粒子占据时,它将排斥其他粒子占据同一个态。另一种统计分布是玻色统计:在同一个单粒子态上所占据的粒子数不受限制。遵从这种统计的粒子系也出现统计学的相关性,即占据某个单粒子态的粒子越多,就越促使其他粒子占据该单粒子态。

如果气体满足非简并条件(称为非简并气体),不论是玻色子还是费米子,都服从玻耳兹曼统计。为了能够解决金属中的电子、核物质和低温下的氦原子、黑体辐射、固体等系统问题,先分析玻色系统和费米系统的热力学量的统计表达式。

先考虑玻色系统:

$$a_l = \frac{\omega_l}{e^{\alpha + \beta \varepsilon_l} - 1} \tag{7.1.1}$$

公式推导遵循物质守恒、能量守恒定律与统计平均的基本思想。如果把 α、β 和 y 看作由实验确定的参量,系统的平均总粒子数以及内能可由下式给出:

$$\sum_l a_l = \overline{N}, \quad \sum_l \varepsilon_l a_l = U \tag{7.1.2}$$

或

$$\overline{N} = \sum_l \frac{\omega_l}{\mathrm{e}^{\alpha+\beta\varepsilon_l}-1}, U = \sum_l \frac{\varepsilon_l\omega_l}{\mathrm{e}^{\alpha+\beta\varepsilon_l}-1} \tag{7.1.3}$$

类似于玻耳兹曼统计分布分析问题的方法,引入**巨配分函数**,定义为

$$Z = \prod_l z_l = \prod_l (1 - \mathrm{e}^{-\alpha-\beta\varepsilon_l})^{-\omega_l} \tag{7.1.4}$$

其中

$$z_l = (1 - \mathrm{e}^{-\alpha-\beta\varepsilon_l})^{-\omega_l} \tag{7.1.5}$$

对于连乘和指数,在数学上可采用取其对数化简的方法处理。在量子统计物理中我们习惯使用巨配分函数的对数形式来表述热力学量的统计表达式,所以有

$$\ln Z = -\sum_l \omega_l \ln(1 - \mathrm{e}^{-\alpha-\beta\varepsilon_l}) \tag{7.1.6}$$

那么系统的平均总粒子数通过巨配分函数的对数 $\ln Z$ 表示为

$$\overline{N} = \sum_l \frac{\omega_l}{\mathrm{e}^{\alpha+\beta\varepsilon_l}-1} = -\frac{\partial}{\partial\alpha}\ln Z \tag{7.1.7}$$

内能 U 的统计表达式通过 $\ln Z$ 呈现为

$$U = \sum_l \frac{\varepsilon_l\omega_l}{\mathrm{e}^{\alpha+\beta\varepsilon_l}-1} = -\frac{\partial}{\partial\beta}\ln Z \tag{7.1.8}$$

外界对系统的广义作用力 Y 是 $\frac{\partial\varepsilon_l}{\partial y}$ 的统计平均值:

$$Y = \sum_l \frac{\partial\varepsilon_l}{\partial y}a_l = \sum_l \frac{\omega_l}{\mathrm{e}^{\alpha+\beta\varepsilon_l}-1}\frac{\partial\varepsilon_l}{\partial y}$$

可将 Y 表示为

$$Y = -\frac{1}{\beta}\frac{\partial\ln Z}{\partial y} \tag{7.1.9}$$

特例利用 $Y=-p$,可以获得系统物态方程的统计表达式:

$$p = \frac{1}{\beta}\frac{\partial\ln Z}{\partial V} \tag{7.1.10}$$

下面利用公式:$T\mathrm{d}S = \mathrm{d}U - Y\mathrm{d}y - \mu\mathrm{d}\overline{N}$ 来确定 α 和 β,并讨论熵函数以及其他函数的统计表达式。玻色系统也遵循最概然分布(或平衡条件),则有

$$\delta\ln\Omega - \alpha\delta\overline{N} - \beta\delta U = 0$$

利用玻耳兹曼关系:

$$S = k\ln\Omega$$

获得

$$\delta S/k - \alpha\delta\overline{N} - \beta\delta U = 0$$

再利用微熵公式

$$\mathrm{d}S = \frac{1}{T}\mathrm{d}U - \frac{Y}{T}\mathrm{d}y - \frac{\mu}{T}\mathrm{d}\overline{N} = \left(\frac{\partial S}{\partial U}\right)_{y,\overline{N}}\mathrm{d}U + \left(\frac{\partial S}{\partial y}\right)_{U,\overline{N}}\mathrm{d}y + \left(\frac{\partial S}{\partial\overline{N}}\right)_{U,y}\mathrm{d}\overline{N}$$

然后比较上两式两边最终确定物理量 α 和 β：

$$\beta = \frac{1}{k}\left(\frac{\partial S}{\partial U}\right)_{U,\bar{N}} = \frac{1}{kT} \tag{7.1.11}$$

$$\alpha = \frac{1}{k}\left(\frac{\partial S}{\partial \bar{N}}\right)_{U,y} = -\frac{\mu}{kT} \tag{7.1.12}$$

现在讨论熵函数的统计表达式或微分式。由平均总粒子数和内能公式得

$$\beta\left(\mathrm{d}U - Y\mathrm{d}y + \frac{\alpha}{\beta}\mathrm{d}\bar{N}\right) = -\beta\mathrm{d}\left(\frac{\partial \ln Z}{\partial \beta}\right) + \frac{\partial \ln Z}{\partial y}\mathrm{d}y - \alpha\mathrm{d}\left(\frac{\partial \ln Z}{\partial \beta}\right)$$

由于 $\ln Z$ 是 α、β 和 y 的函数，它的全微分是

$$\mathrm{d}\ln Z = \frac{\partial \ln Z}{\partial \alpha}\mathrm{d}\alpha + \frac{\partial \ln Z}{\partial \beta}\mathrm{d}\beta + \frac{\partial \ln Z}{\partial y}\mathrm{d}y$$

所以有

$$\beta\left(\mathrm{d}U - Y\mathrm{d}y + \frac{\alpha}{\beta}\mathrm{d}\bar{N}\right) = \mathrm{d}\left(\ln Z - \beta\frac{\partial \ln Z}{\partial \beta} - \alpha\frac{\partial \ln Z}{\partial \alpha}\right)$$

通过和下式比较

$$\mathrm{d}S = \frac{1}{T}\mathrm{d}U - \frac{Y}{T}\mathrm{d}y - \frac{\mu}{T}\mathrm{d}\bar{N}$$

进一步有

$$\mathrm{d}S = k\mathrm{d}\left(\ln Z - \beta\frac{\partial}{\partial \beta}\ln Z - \alpha\frac{\partial}{\partial \alpha}\ln Z\right) \tag{7.1.13}$$

积分得

$$S = k\left(\ln Z - \beta\frac{\partial}{\partial \beta}\ln Z - \alpha\frac{\partial}{\partial \alpha}\ln Z\right) \tag{7.1.14}$$

其他函数的统计表达式或微分式如下：

$$F = U - TS = -\frac{\partial}{\partial \beta}\ln Z - Tk\left(\ln Z - \beta\frac{\partial}{\partial \beta}\ln Z - \alpha\frac{\partial}{\partial \alpha}\ln Z\right)$$

$$= -\frac{1}{\beta}\left(\ln Z - \alpha\frac{\partial}{\partial \alpha}\ln Z\right) \tag{7.1.15}$$

$$G = U - TS + pV$$

$$= -\frac{1}{\beta}\left(\ln Z - \alpha\frac{\partial}{\partial \alpha}\ln Z\right) - \frac{V}{\beta}\frac{\partial}{\partial V}\ln Z \tag{7.1.16}$$

$$H = U + pV$$

$$= -\frac{\partial}{\partial \beta}\ln Z + \frac{V}{\beta}\frac{\partial}{\partial V}\ln Z \tag{7.1.17}$$

$$J = U - TS - \mu\bar{N}$$

$$= -\frac{1}{\beta}\left(\ln Z - \alpha\frac{\partial}{\partial \alpha}\ln Z\right) + \mu\frac{\partial}{\partial \alpha}\ln Z$$

$$= - kT\ln Z \tag{7.1.18}$$

由于 $G = U - TS + pV = \mu\overline{N}$，所以热力学统计表达式的物态方程是

$$pV = kT\ln Z \tag{7.1.19}$$

对于费米系统,只需要将巨配分函数改写为

$$Z = \prod_l z_l = \prod_l (1 + e^{-\alpha - \beta\varepsilon_l})^{\omega_e} \tag{7.1.20}$$

并对其取对数:

$$\ln Z = \sum_l \omega_l \ln(1 + e^{-\alpha - \beta\varepsilon_l}) \tag{7.1.21}$$

前面的讨论公式完全都适用。如对费米—狄拉克统计分布进行验证:

$$\overline{N} = -\frac{\partial}{\partial\alpha}\ln Z = \sum_l \frac{\omega_l}{e^{\alpha + \beta\varepsilon_l} + 1} = \sum_l a_l$$

最后要说明的是,玻色和费米统计中定义的是巨配分函数,玻耳兹曼统计中定义的是配分函数,事实上巨配分函数在对能级统计计算时,已考虑到粒子数的问题,因为,能级上的粒子是全同的,所以已统计在内了。

7.2　弱简并理想玻色气体和费米气体

我们知道,如果气体满足非简并条件 $e^{-\alpha} \ll 1$,可以用玻耳兹曼统计分布分析问题。如不满足非简并条件,是玻色系统就用玻色统计,是费米系统就用费米统计。为了充分了解玻耳兹曼统计分布和量子统计分布的区别与关联,本节讨论弱简并玻色气体和费米气体,弱简并意思是:系统中 $e^{-\alpha}$ 很小,但不可以忽略,并且系统分布仍用玻色或费米分布。

为了简便,不考虑分子的内部结构,仅讨论有平动自由度。这样假定的系统中分子的能量形式为

$$\varepsilon = \frac{1}{2m}(p_x^2 + p_y^2 + p_z^2) \tag{7.2.1}$$

由于平动能量是连续的,所以数学计算可用积分。温度为 T 时,处在能量为 ε 的一个量子态的平均粒子数为

$$f = \frac{1}{e^{\alpha + \beta\varepsilon} \pm 1} \tag{7.2.2}$$

在体积 V 内,在 ε 到 $\varepsilon + d\varepsilon$ 能量范围内,分子的可能微观状态数为

$$D(\varepsilon)d\varepsilon = g\frac{2\pi V}{h^3}(2m)^{3/2}\varepsilon^{1/2}d\varepsilon \tag{7.2.3}$$

其中 g 是粒子可能具有自旋而引入的简并度。系统的总粒子数是

$$N = \int fD(\varepsilon)d\varepsilon = g\frac{2\pi V}{h^3}(2m)^{3/2}\int_0^\infty \frac{\varepsilon^{1/2}d\varepsilon}{e^{\alpha + \beta\varepsilon} \pm 1} \tag{7.2.4}$$

系统的内能为

$$U = \int \varepsilon_l f D(\varepsilon)\,\mathrm{d}\varepsilon = g\,\frac{2\pi V}{h^3}(2m)^{3/2}\int_0^\infty \frac{\varepsilon^{3/2}\,\mathrm{d}\varepsilon}{\mathrm{e}^{\alpha+\beta\varepsilon}\pm 1} \tag{7.2.5}$$

为了计算方便,引入变量 $x = \beta\varepsilon$,可将式(7.2.4)和式(7.2.5)改写为

$$N = g\,\frac{2\pi V}{h^3}(2mkT)^{3/2}\int_0^\infty \frac{x^{1/2}\,\mathrm{d}x}{\mathrm{e}^{\alpha+x}\pm 1}$$

$$U = g\,\frac{2\pi V}{h^3}(2mkT)^{3/2}kT\int_0^\infty \frac{x^{3/2}\,\mathrm{d}x}{\mathrm{e}^{\alpha+x}\pm 1}$$

由于 $\mathrm{e}^{-\alpha}\ll 1$, $\mathrm{e}^{-\alpha-x}$ 是小量。所以可做弱简并近似处理,让

$$\frac{1}{\mathrm{e}^{\alpha+x}\pm 1} \approx \mathrm{e}^{-\alpha-x}(1\mp\mathrm{e}^{-\alpha-x})$$

对 N 和 U 积分并利用附录(第 2 部分)积分公式:

$$N = g\,\frac{2\pi V}{h^3}(2mkT)^{3/2}\int_0^\infty x^{1/2}\,\mathrm{e}^{-\alpha-x}(1\mp\mathrm{e}^{-\alpha-x})\,\mathrm{d}x$$

$$= g\left(\frac{2\pi mkT}{h^2}\right)^{3/2}V\mathrm{e}^{-\alpha}\left(1\mp\frac{1}{2^{3/2}}\mathrm{e}^{-\alpha}\right) \tag{7.2.6}$$

$$U = g\,\frac{2\pi V}{h^3}(2mkT)^{3/2}kT\int_0^\infty x^{3/2}\,\mathrm{e}^{-\alpha-x}(1\mp\mathrm{e}^{-\alpha-x})\,\mathrm{d}x$$

$$= \frac{3}{2}g\left(\frac{2\pi mkT}{h^2}\right)^{3/2}VkT\mathrm{e}^{-\alpha}\left(1\mp\frac{1}{2^{5/2}}\mathrm{e}^{-\alpha}\right) \tag{7.2.7}$$

式(7.2.6)和式(7.2.7)相除得

$$U = \frac{3}{2}NkT\left(1\pm\frac{1}{4\sqrt{2}}\mathrm{e}^{-\alpha}\right) \tag{7.2.8}$$

由于 $\mathrm{e}^{-\alpha}\ll 1$,可用 0 级近似将式(7.2.8)第二项中的 $\mathrm{e}^{-\alpha}$ 近似为玻耳兹曼分布的结果:

$$\mathrm{e}^{-\alpha} = \frac{N}{V}\left(\frac{h^2}{2\pi mkT}\right)^{3/2}\frac{1}{g}$$

代入式(7.2.8)得

$$U = \frac{3}{2}NkT\left[1\pm\frac{1}{4\sqrt{2}}\frac{1}{g}\frac{N}{V}\left(\frac{h^2}{2\pi mkT}\right)^{3/2}\right] \tag{7.2.9}$$

其中第一项是根据玻耳兹曼分布得到的内能,第二项是由微观粒子全同性原理引起的粒子统计关联所导致的附加内能。弱简并情形下的附加内能数值是小的。但费米气体的附加内能为正,玻色气体的附加内能为负。由此推论,粒子的统计关联使费米粒子之间出现等效的排斥作用,玻色粒子间则出现等效的吸引作用。

7.3　金属中的自由电子气体

前面讨论弱简并玻色气体和费米气体,即系统中 $e^{-\alpha}$ 很小且不可以忽略,本节讨论 $e^{-\alpha}$ 很大,讨论强简并费米气体问题。

金属最简单的模型是理想自由电子模型,这一模型认为组成金属的原子都分解为离子和价电子,离子形成一定的空间点阵结构,而价电子脱离原来所属的离子的束缚在空间点阵内自由运动。因此,假设离子形成均匀分布的正电荷背景,而价电子之间的库仑相互作用又可以忽略,这时金属中的自由电子气可看作在均匀正电荷背景上自由运动的近独立粒子组成的费米系统。由于电子质量很轻、密度很大,它们属于简并性气体,还需使用费米统计。该模型容易解释金属的导电性和导热性,特别能够解释低温下的比热容问题等。

根据理想自由电子气体模型,电子是自由运动的实体粒子,仅有平动能量:

$$\varepsilon = \frac{1}{2m}(p_x^2 + p_y^2 + p_z^2) \tag{7.3.1}$$

考虑到平动能量是连续的,数学计算可用积分,但系统仍遵循费米分布。温度为 T 时处在能量为 ε 的一个量子态的平均电子数为

$$f = \frac{1}{e^{\frac{\varepsilon-\mu}{kT}} + 1} \tag{7.3.2}$$

其中 ε 大于 μ 还是小于 μ,还是两者相等,这些因素条件都决定了分布变化特征。考虑到电子自旋有两个方向($g=2$),那么在体积 V 内,能量在 ε 到 $\varepsilon + d\varepsilon$ 范围内,电子的量子态数为

$$D(\varepsilon)d\varepsilon = 2 \times \frac{2\pi V}{h^3}(2m)^{3/2}\varepsilon^{1/2}d\varepsilon \tag{7.3.3}$$

所以在体积 V 内,能量在 ε 到 $\varepsilon + d\varepsilon$ 范围内,平均的电子数为

$$fD(\varepsilon)d\varepsilon = \frac{4\pi V}{h^3}(2m)^{3/2}\frac{\varepsilon^{1/2}d\varepsilon}{e^{\frac{\varepsilon-\mu}{kT}}+1} \tag{7.3.4}$$

在给定电子数 N、温度 T、体积 V 时,总电子数是

$$N = \int_0^\infty fD(\varepsilon)\,d\varepsilon = \frac{4\pi V}{h^3}(2m)^{3/2}\int_0^\infty \frac{\varepsilon^{1/2}d\varepsilon}{e^{\frac{\varepsilon-\mu}{kT}}+1} \tag{7.3.5}$$

由此式可以确定化学势 μ。

绝对零度情况　当 $T=0K$ 时,电子的分布是

$$f = \lim_{T\to 0}\frac{1}{e^{\frac{\varepsilon-\mu}{kT}}+1} = \begin{cases} 1, \varepsilon < \mu(0) \\ 0, \varepsilon > \mu(0) \end{cases} \tag{7.3.6}$$

其中 $\mu(0)$ 是 $0K$ 时的系统化学势,通常又称为**费米能级**。式(7.3.6)表示在绝对零度时小于 $\mu(0)$ 的量子态均被电子所填充,高于 $\mu(0)$ 的量子态均是空着的。其分布如图 7-1 所

示。这是因为费米子服从泡利原理,在绝对零度时,不是所有电子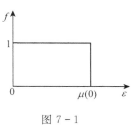
均能处于最低能级上,而是在泡利原理许可的情况下,系统中 N 个
自由电子从最低能级开始填充,一直填到费米能级 $\mu(0)$。从动量
空间中来看,能量等于费米能级 $\mu(0)$ 的等能面是一个球面,我们称
之为**费米面**。那么式(7.3.6)表示在绝对零度时,费米面以下的量
子态均被自由电子填充了,在费米面以上的状态均是空着的,就是

图 7 - 1

说 $T=0\mathrm{K}$ 时电子全部分布在费米面以下。这样由式(7.3.5)和式(7.3.6)得

$$\frac{4\pi V}{h^3}(2m)^{3/2}\int_0^{\mu(0)}1\times\varepsilon^{1/2}\mathrm{d}\varepsilon+\frac{4\pi V}{h^3}(2m)^{3/2}\int_{\mu(0)}^{\infty}0\times\varepsilon^{1/2}\mathrm{d}\varepsilon=N$$

　　将上式积分得到费米能级值:

$$\mu(0)=\frac{\hbar^2}{2m}\left(3\pi^2\frac{N}{V}\right)^{2/3} \tag{7.3.7}$$

例如,铜密度是 $8.9\mathrm{g/cm^3}$,相对原子质量是 63,$\mu(0)=1.12\times10^{-18}\mathrm{J}$,约 $7.0\mathrm{eV}$。

　　令 $\mu(0)=p_F^2/(2m)$,可得

$$p_F=\left(3\pi^2\frac{N}{V}\right)^{1/3}\hbar \tag{7.3.8}$$

其中 p_F 称为**费米动能**。利用式 $U=\int\varepsilon_l fD(\varepsilon)\mathrm{d}\varepsilon$ 等,0K 时电子气体的内能是

$$U(0)=\frac{4\pi V}{h^3}(2m)^{3/2}\int_0^{\mu(0)}\varepsilon^{3/2}\mathrm{d}\varepsilon=\frac{3N}{5}\mu(0) \tag{7.3.9}$$

0K 时电子气体的压强是

$$p(0)=-\left(\frac{\partial F}{\partial V}\right)_{T=0}=-\left[\frac{\partial}{\partial V}(U-TS)\right]_{T=0}=-\left(\frac{\partial U}{\partial V}\right)_{T=0}=\frac{2}{5}n\mu(0) \tag{7.3.10}$$

它大约是 $3.8\times10^{10}\mathrm{Pa}$,这个巨大的压强与电子和离子静电吸引力相平衡。可以看到绝对
零度时,自由电子气体具有很高的能量、压强,但系统的熵仍然是零,因为热力学微观状态
(量子态)数是 1,即 $S=k\ln\Omega=0$。在绝对零度时,$F=U=\dfrac{3N}{5}\mu(0)$,$G=H=U+pV=$

$\dfrac{3N}{5}\mu(0)+\dfrac{2}{5}Vn\mu(0)=N\mu(0)$。

　　定义**费米温度**为

$$T_F=\mu(0)/k \tag{7.3.11}$$

计算出铜的费米温度为 $8.2\times10^4\mathrm{K}$,远高于常温。也就是说常温下的金属铜可以看作低温
情况。

　　低温情况　分析低温金属中自由电子气的平衡性质。先粗略讨论 $T>0$ 的时候自由电
子的分布情况。由式(7.3.2)可以看到

$$f = \frac{1}{e^{\frac{\varepsilon-\mu}{kT}}+1}\begin{cases} > \frac{1}{2}, \varepsilon < \mu \\ = \frac{1}{2}, \varepsilon = \mu \\ < \frac{1}{2}, \varepsilon > \mu \end{cases} \qquad (7.3.12)$$

这里 μ 表示每一个量子态上平均电子数为 $1/2$ 时的能量。$T>0$ 的时候,在费米球边界处有些电子受热激发跑到球外。而在室温下 $T=300\mathrm{K}$ 时,受到热能 kT 激发后,只有在费米球面附近宽度为 kT 范围内的电子才能从球内跳到球外,因为 $kT \ll \mu(0) \approx \mu$,大部分电子仍然不参与热运动,总体呈现出 $kT/\mu \ll 1$。

$$f = \frac{1}{e^{\frac{\varepsilon-\mu}{kT}}+1} = \begin{cases} 1, \varepsilon < \mu - kT \\ \frac{1}{2}, \varepsilon = \mu \\ 0, \varepsilon > \mu + kT \end{cases} \qquad (7.3.12')$$

结合式 $(7.3.12)$ 和式 $(7.3.12')$ 作出粒子分布图 $7-2$,由图可见,随着温度的升高,大部分电子占据情况仅有很小变化,只有 μ 在 kT 能量范围内的电子才能激发到较高能级。因此只有它们才对系统热容有贡献,电子数大约是 $N(kT/\mu)$。按能量均分定理,金属中自由电子对热容的贡献约为

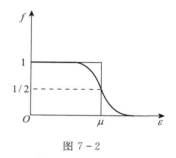

图 $7-2$

$$C_V = \frac{3}{2}Nk\left(\frac{kT}{\mu}\right) = \frac{3}{2}Nk\frac{T}{T_F} \qquad (7.3.13)$$

由于在常温下(如铜)$T/T_F \ll 1$,所以常温仍然是很好的低温近似系统。和固体中离子振动相比,自由电子对固体系统热容的贡献可以忽略不计。

下面较深入地讨论内能、热容、化学势和物态方程等。电子数 N 满足

$$\frac{4\pi V}{h^3}(2m)^{3/2}\int_0^\infty \frac{\varepsilon^{1/2}\mathrm{d}\varepsilon}{e^{\frac{\varepsilon-\mu}{kT}}+1} = N \qquad (7.3.14)$$

电子气体的内能 U 为

$$\frac{4\pi V}{h^3}(2m)^{3/2}\int_0^\infty \frac{\varepsilon^{3/2}\mathrm{d}\varepsilon}{e^{\frac{\varepsilon-\mu}{kT}}+1} = U \qquad (7.3.15)$$

以上两式的积分都可写成下列形式:

$$I = \int_0^\infty \frac{\eta(\varepsilon)}{e^{\frac{\varepsilon-\mu}{kT}}+1}\mathrm{d}\varepsilon$$

它可以由附录数学公式得到,其中分别有 $\eta(\varepsilon) = \varepsilon^{1/2}4\pi V(2m)^{3/2}/h^3$ 或 $\eta(\varepsilon) = \varepsilon^{3/2}4\pi V(2m)^{3/2}/h^3$,再取 $C = 4\pi V(2m)^{3/2}/h^3$。数学处理过程是,先做变换,取 $(\varepsilon - \mu)/(kT) = x$,所以有

$$I = \int_{-\eta/(kT)}^{\infty} \frac{\eta(\mu+kTx)}{e^x+1} kT \, dx = \int_0^{\mu/(kT)} \frac{\eta(\mu-kTx)}{e^{-x}+1} kT \, dx + \int_0^{\infty} \frac{\eta(\mu+kTx)}{e^x+1} kT \, dx$$

$$= \int_0^{\mu} \eta(\varepsilon) \, d\varepsilon + kT \int_0^{\infty} \frac{\eta(\mu+kTx)-\eta(\mu-kTx)}{e^x+1} \, dx$$

上式第二项已考虑到 $\mu/kT \gg 1$，所以积分中的上限取 $\mu/(kT) \to \infty$，这样还可以进一步做近似处理，取

$$\eta(\mu+kTx) - \eta(\mu-kTx) \approx 2(kT)^2 \eta'(\mu) x + \cdots$$

所以有

$$I = \int_0^{\mu} \eta(\varepsilon) \, d\varepsilon + 2(kT)^2 \eta'(\mu) \int_0^{\infty} \frac{x}{e^x+1} \, dx + \cdots$$

$$= \int_0^{\mu} \eta(\varepsilon) \, d\varepsilon + 2(kT)^2 \eta'(\mu) \frac{\pi^2}{12} + \cdots$$

因此，N 可以写成

$$N = \frac{2}{3} C \mu^{2/3} \left[1 + \frac{\pi^2}{8} \left(\frac{kT}{\mu} \right)^2 \right] \tag{7.3.16}$$

化学势 μ 确定为

$$\mu = \left(\frac{3N}{2C} \right)^{2/3} \left[1 + \frac{\pi^2}{8} \left(\frac{kT}{\mu} \right)^2 \right]^{-2/3} \tag{7.3.17}$$

当 $T \to 0$ 时，式（7.3.17）就是式（7.3.7）。式（7.3.17）中的第二项还可以近似处理为 $kT/\mu \approx kT/\mu(0)$，并用级数展开方法（仅取前两项），所以有

$$\mu = \mu(0) \left[1 + \frac{\pi^2}{8} \left(\frac{kT}{\mu(0)} \right)^2 \right]^{-2/3} \approx \mu(0) \left[1 - \frac{\pi^2}{12} \left(\frac{kT}{\mu(0)} \right)^2 \right] \tag{7.3.18}$$

类似地自由电子的内能 U 可以写成

$$U = \frac{2}{5} C \mu^{5/2} \left[1 + \frac{5\pi^2}{8} \left(\frac{kT}{\mu(0)} \right)^2 \right] \tag{7.3.19}$$

做相应的近似，可得

$$U = \frac{2}{5} C \mu^{5/2}(0) \left[1 - \frac{\pi^2}{12} \left(\frac{kT}{\mu(0)} \right)^2 \right]^{5/2} \left[1 + \frac{5\pi^2}{8} \left(\frac{kT}{\mu(0)} \right)^2 \right]$$

$$\approx \frac{3}{5} N \mu(0) \left[1 + \frac{5}{12} \pi^2 \left(\frac{kT}{\mu(0)} \right)^2 \right] \tag{7.3.20}$$

则电子气体的定容热容为

$$C_V = \left(\frac{\partial U}{\partial T} \right)_V = T \{ N k^2 \pi^2 / [2\mu(0)] \} \propto T \tag{7.3.21}$$

即电子热容和温度成正比。而在低温时，固体热容和温度 T^3 成正比，所以在低温时，电子热容变化比较缓慢，在足够低的温度下，固体热容主要是电子所贡献的。而低温系统熵是

$$S = \int_0^T \frac{C_V}{T} dT = N k^2 \pi^2 T / 2\mu(0)$$

就电子气体的压强而言,非相对论气体压强与内能之间的关系为

$$p = \frac{2}{3}\frac{U}{V} \tag{7.3.22}$$

所以电子气体的压强为

$$p = \frac{2}{5}\frac{N\mu(0)}{V}\left[1 + \frac{5\pi^2}{12}\left(\frac{kT}{\mu(0)}\right)^2\right] \tag{7.3.23}$$

7.4　光子气体量子统计理论

玻耳兹曼统计分布经典理论难以解决平衡辐射总能量发散问题。本节根据量子统计理论,从玻色子粒子观点研究平衡辐射问题。因此,可以把空窖内的辐射场看作光子气体。具有一定的波矢量 $\vec{k}$ 和圆频率 ω 的单色平面波与具有一定的动量 $\vec{p}$ 和能量 ε 的光子对应:波有左旋与右旋两个偏振态($g=2$),对应光子自旋在动量方向的投影有两个可能值($\pm\hbar$),自旋量子数为 1。因此光子气体可看成理想玻色气体。由于动量 $\vec{p}$ 与波矢量 $\vec{k}$ 的关系是 $\vec{p} = \hbar\vec{k}$,能量 ε 与圆频率 ω 的关系是 $\varepsilon = \hbar\omega$。并利用 $\omega = ck$ 得到能量表达式为

$$\varepsilon = cp \tag{7.4.1}$$

由于空窖内的辐射场光子不断激发与消失,所以光子数不守恒。问题解决方法是利用 5.6 节推导玻色分布方法,在推导光子分布时,只引入拉氏乘子 β,即

$$\delta\ln\Omega - \beta\delta E = \sum_l \left[\ln(\omega_l + a_l) - \ln a_l - \beta\varepsilon_l\right]\delta a_l = 0$$

这样系统达到平衡后,光子气体的统计分布为

$$a_l = \frac{\omega_l}{e^{\beta\varepsilon_l} - 1} \tag{7.4.2}$$

相当于玻色分布中的 $\alpha = 0$,$\mu = 0$,这意味着平衡时光子气体的化学势为零。

在体积 V 空窖内,动量在 p 到 $p+\mathrm{d}p$ 区域内,或者能量在 ε 到 $\varepsilon+\mathrm{d}\varepsilon$ 范围内,光子的量子态数为

$$g\frac{4\pi V}{h^3}p^2\mathrm{d}p = \frac{8\pi V}{h^3c^3}\varepsilon^2\mathrm{d}\varepsilon \tag{7.4.3}$$

或在体积 V 空窖内,在 ω 到 $\omega+\mathrm{d}\omega$ 的范围内,光子的量子态数为

$$\frac{V}{\pi^2c^3}\omega^2\mathrm{d}\omega \tag{7.4.4}$$

所以在体积 V 空窖内,在 ω 到 $\omega+\mathrm{d}\omega$ 的范围内,平衡时的光子数为

$$\frac{V}{\pi^2c^3}\frac{\omega^2\mathrm{d}\omega}{e^{\hbar\omega/(kT)} - 1} \tag{7.4.5}$$

比较式(7.4.2),相当于有 $\omega_l \sim \dfrac{V}{\pi^2c^3}\omega^2\mathrm{d}\omega$ 变换。在体积 V 空窖内,在 ω 到 $\omega+\mathrm{d}\omega$ 的范围内,

辐射场的内能为

$$U(\omega, T)\mathrm{d}\omega = \frac{V}{\pi^2 c^3}\frac{\hbar\omega^3}{\mathrm{e}^{\hbar\omega/kT}-1}\mathrm{d}\omega \tag{7.4.6}$$

它与实验结果完全符合,如图 7-3 所示,该式称为**普朗克公式**(1990 年得到)。该公式标志量子物理学始建。

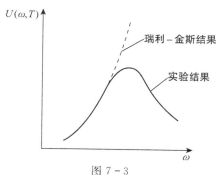

图 7-3

低频近似   有 $\hbar\omega \ll kT$ 近似,则有

$$U(\omega, T)\mathrm{d}\omega = \frac{VkT}{\pi^2 c^3}\omega^2 \mathrm{d}\omega$$

它就是**瑞利—金斯**公式。

高频近似   有 $\hbar\omega \gg kT$ 近似,则有

$$U(\omega, T)\mathrm{d}\omega = \frac{V}{\pi^2 c^3}\hbar\omega^3 \mathrm{e}^{-\hbar\omega/(kT)}\mathrm{d}\omega$$

它符合**维恩公式**(1896 年得到)。如当 $\hbar\omega \gg kT$ 时,$U(\omega, T)$ 快速地趋向零,这意味着总高频光子是非常少的。

斯特藩常数 σ 确定   对普朗克公式积分,可求得空窖辐射的内能:

$$U = \frac{V}{\pi^2 c^3}\int_0^\infty \frac{\hbar\omega^3}{\mathrm{e}^{\hbar\omega/(kT)}-1}\mathrm{d}\omega \tag{7.4.7}$$

由附录数学公式得

$$U = \frac{\pi^2 k^4}{15 c^3 \hbar^3}VT^4 = \sigma VT^4 \tag{7.4.8}$$

式(7.4.8)表明平衡辐射的内能密度与温度 T 的 4 次方成正比,这就是热力学得到的斯特藩—玻耳兹曼定律,其中斯特藩常数 $\sigma = \pi^2 k^4/(15 c^3 \hbar^3)$,$\sigma$ 在统计物理中被求出。

下面讨论系统的熵、物态方程等。光子气体的巨配分函数对数是

$$\ln Z = -\sum_l \omega_l \ln(1 - \mathrm{e}^{-\beta\varepsilon_l})$$

$$= -\frac{V}{\pi^2 c^3}\int_0^\infty \omega^2 \ln(1 - \mathrm{e}^{-\beta\hbar\omega})\mathrm{d}\omega \tag{7.4.9}$$

令 $x = \beta\hbar\omega$,将式(7.4.9)化为

$$\ln Z = -\frac{V}{\pi^2(\beta\hbar c)^3}\int_0^\infty x^2 \ln(1-\mathrm{e}^{-x})\mathrm{d}x$$

$$= -\frac{V}{\pi^2(\beta\hbar c)^3}\left(-\frac{1}{3}\right)\int_0^\infty x^3(\mathrm{e}^x-1)^{-1}\mathrm{d}x$$

$$= \frac{V}{(\beta\hbar c)^3}\frac{\pi^2}{45} \tag{7.4.10}$$

光子气体内能和热容分别是

$$U = -\frac{\partial}{\partial\beta}\ln Z = \frac{\pi^2 k^4}{15c^3 \hbar^3}VT^4 = \sigma VT^4 \tag{7.4.11}$$

$$C_V = \frac{\partial U}{\partial T} = 4\sigma VT^3 \tag{7.4.12}$$

当 $T \to 0$ 时,$C_V \to 0$,符合热力学第三定律。

光子气体辐射场压强为

$$p = \frac{1}{\beta}\frac{\partial}{\partial V}\ln Z = \frac{\pi^2 k^4}{45c^3 \hbar^3}T^4 = \frac{1}{3}\sigma T^4 = \frac{U}{3V} \tag{7.4.13}$$

比较式(7.4.11)和式(7.4.13),我们得到 2.5 节中电磁学理论才能得到的压强 p 与辐射能量密度 u 之间的关系式:

$$p = \frac{1}{3}\frac{U}{V} = \frac{u}{3} \tag{7.4.14}$$

利用辐射通量密度公式:$J_u = cU/(4V)$,求出光辐射通量密度为

$$J_u = \frac{\pi^2 k^4}{60c^2 \hbar^3}T^4 = \frac{c}{4}\sigma T^4 \tag{7.4.15}$$

光子气体熵为

$$S = k\left(\ln Z - \beta\frac{\partial}{\partial\beta}\ln Z\right) = k(\ln Z + \beta U)$$

$$= \frac{4\pi^2 k^4 V}{45c^3 \hbar^3}T^3 = \frac{4}{3}\sigma VT^3 \tag{7.4.16}$$

当 $T \to 0$ 时,$S \to 0$,符合热力学第三定律。

亥姆霍兹自由能、焓以及吉布斯函数分别是

$$F = U - TS = \frac{\pi^2 k^4}{15c^3 \hbar^3}VT^4 - \frac{4\pi^2 k^4 V}{45c^3 \hbar^3}T^3 T = -\frac{1}{3}\sigma VT^4 \tag{7.4.17}$$

$$H = U + pV = \frac{4}{3}U = \frac{4}{3}\sigma VT^4 \tag{7.4.18}$$

$$G = F + pV = -\frac{\pi^2 k^4}{45c^3 \hbar^3}VT^4 + \frac{U}{3V}V = 0 \tag{7.4.19}$$

上式和热力学平衡辐射理论关于吉布斯函数等于零的结论是一致的。$G=0$ 是因为平衡时光子气体的化学势为零。

7.5　玻色—爱因斯坦凝聚现象

玻色气体与费米气体有很大不同,费米气体服从泡利不相容原理,玻色气体不服从泡利不相容原理。在 $T \to 0\text{K}$ 时,玻色子可以都处在最低能级 ε_0,当温度比较高时,能级 ε_0 上没有粒子,温度降到某一温度 T_c 时,零能级上开始有粒子,通常把玻色子向能级 ε_0 上跑的过程称为**玻色—爱因斯坦凝聚**,称 T_c 为凝聚温度,这种现象是爱因斯坦于 1925 年在理论上首先预言到的。

设玻色系统体积为 V、温度是 T、有 N 个全同近独立粒子,为了简明,进一步设粒子的自旋为零。根据玻色分布,处在能级 ε_l 的粒子数为

$$a_l = \frac{\omega_l}{\text{e}^{\frac{\varepsilon_l - \mu}{kT}} - 1} \tag{7.5.1}$$

由于处在任一能级的粒子数都不能取负值,这就要求 $\text{e}^{(\varepsilon_l - \mu)/(kT)} > 1$,即 $\varepsilon_0 > \mu$,并以 $\varepsilon_0 = 0$ 表示粒子的最低能级,那么就有化学势 $\mu < 0$。μ 利用下面公式确定:

$$N = \sum \frac{\omega_l}{\text{e}^{\frac{\varepsilon_l - \mu}{kT}} - 1} \tag{7.5.2}$$

如果仅考虑平动,系统能量可以认为是连续的,代换 $\omega_l \sim 2\pi V (2mh^2)^{3/2} \varepsilon^{1/2} \text{d}\varepsilon$,上式的求和用积分代替,近似表示为(能级 $\varepsilon_0 = 0$ 上粒子数是相对非常小的)

$$N = \frac{2\pi V}{h^3} (2m)^{3/2} \int_0^\infty \frac{\varepsilon^{1/2} \text{d}\varepsilon}{\text{e}^{\frac{\varepsilon - \mu}{kT}} - 1} \tag{7.5.3}$$

降温至临界温度情况　我们分析问题是从较高温度向较低温度变化的,由于化学势是随着温度的降低而升高的,当温度降到某一临界温度 T_c 时,$\mu(T_c) \to -0$,$\text{e}^{-\mu/(kT_c)} \to 1$,所以有

$$N = \frac{2\pi V}{h^3} (2m)^{3/2} \int_0^\infty \frac{\varepsilon^{1/2} \text{d}\varepsilon}{\text{e}^{\frac{\varepsilon}{kT_c}} - 1} \tag{7.5.4}$$

令 $x = \varepsilon/(kT_c)$,式(7.5.4)可以表示为

$$N = \frac{2\pi V}{h^3} (2mkT_c)^{3/2} \int_0^\infty \frac{x^{1/2} \text{d}x}{\text{e}^x - 1}$$

积分得

$$\int_0^\infty \frac{x^{1/2} \text{d}x}{\text{e}^x - 1} = \frac{\sqrt{\pi}}{2} \times 2.612$$

$$N = 2.612 \frac{\pi^{3/2} V}{h^3} (2mkT_c)^{3/2} \tag{7.5.5}$$

得到临界温度:

$$T_c = \frac{2\pi}{(2.612)^{2/3}} \frac{\hbar^2}{mk} (n)^{2/3} \tag{7.5.6}$$

式中，$n = N/V$ 是粒子数密度。通常氦原子是玻色子，式(7.5.6)可计算氦的凝聚温度，已知氦的 1 容积是 $27.6\,\mathrm{cm^3/mol}$，相对分子质量是 4，凝聚温度 $T_C \approx 3.13\mathrm{K}$。

$T < T_C$ **情况**　当温度继续下降时，在 $T < T_C$ 时，将有一部分粒子凝聚在能级 $\varepsilon_0 = 0$ 上，设这一部分粒子数是 $N_0(T)$，还有一部分粒子处在激发能级 $\varepsilon > 0$ 上，设这一部分粒子数是 $N_{\varepsilon>0}(T)$，可以将式(7.5.4)分写为两部分：

$$N = N_0(T) + N_{\varepsilon>0}(T)$$
$$= N_0(T) + \frac{2\pi V}{h^3}(2m)^{3/2} \int_0^\infty \frac{\varepsilon^{1/2}\,\mathrm{d}\varepsilon}{\mathrm{e}^{\frac{\varepsilon}{kT}} - 1} \qquad (7.5.7)$$

其中第二项就是处在激发能级 $\varepsilon > 0$ 的粒子数。令 $x = \varepsilon/(kT)$，得

$$N_{\varepsilon>0} = \frac{2\pi V}{h^3}(2m)^{3/2} \int_0^\infty \frac{\varepsilon^{1/2}\,\mathrm{d}\varepsilon}{\mathrm{e}^{\frac{\varepsilon}{kT}} - 1} = \frac{2\pi V}{h^3}(2m)^{3/2} \int_0^\infty \frac{x^{1/2}\,\mathrm{d}x}{\mathrm{e}^x - 1} = N\left(\frac{T}{T_C}\right)^{3/2} \quad (7.5.8)$$

温度为 T 时处在最低能量 $\varepsilon_0 = 0$ 的粒子数为

$$N_0(T) = N\left[1 - \left(\frac{T}{T_C}\right)^{3/2}\right] \qquad (7.5.9)$$

式(7.5.9)表明，在 $T < T_C$ 时玻色粒子将在能级 $\varepsilon_0 = 0$ 凝聚，当 $T \to 0$ 时，全部粒子转移到最低能级上。这一现象就称为玻色—爱因斯坦凝聚，T_C 称为凝聚温度。注意到式(7.5.9)，$T \to T_C$ 时，$\varepsilon_0 = 0$ 上粒子数几乎为零，式(7.5.3)近似成立。与此同时，$T \to T_C$ 时，$\alpha \to 0$，$\mu \to 0$。而且，$T < T_C$ 时，必须有 $\alpha = 0$，$\mu = 0$。

热力学函数与量　下面研究凝聚发生以后，系统其他热力学量的性质。

方法一：巨配分函数表达式　巨配分函数对数为［参照式(7.5.7)、式(7.5.8)］：

$$\ln Z = -\sum_l \omega_l \ln(1 - \mathrm{e}^{-\alpha - \beta\varepsilon_l})$$
$$= -\ln(1 - \mathrm{e}^{-\alpha}) - \frac{2\pi V}{h^3}(2m)^{3/2} \int_0^\infty \varepsilon^{1/2} \ln(1 - \mathrm{e}^{-\alpha - \beta\varepsilon})\,\mathrm{d}\varepsilon$$
$$= -\ln(1 - \mathrm{e}^{-\alpha}) + V\gamma^3 \sum_{l=1}^\infty \frac{\mathrm{e}^{-n\alpha}}{n^{5/2}}$$
$$= -\ln(1 - \mathrm{e}^{-\alpha}) + V\gamma^3 g_+(\alpha) \qquad (7.5.10)$$

其中 $\gamma = (2\pi mkT)^{1/2}/h$，$g_+(\alpha) = \sum_{l=1}^\infty \frac{\mathrm{e}^{-n\alpha}}{n^{5/2}}$。式(7.5.10)中第一项对应于能级 $\varepsilon = 0$，第二项对应于激发态项。式(7.5.10)还利用了下面公式：

$$g_\pm(\alpha) = \pm\frac{2}{\sqrt{\pi}} \int_0^\infty \sqrt{x} \ln(1 \pm \mathrm{e}^{-\alpha-x})\,\mathrm{d}x$$
$$= \mp\frac{2}{\sqrt{\pi}} \sum_{n=1}^\infty \frac{(\mp 1)^n}{n} \int_0^\infty \sqrt{x}\,\mathrm{e}^{-n\alpha - nx}\,\mathrm{d}x$$
$$= \mp\sum_{n=1}^\infty (\mp 1)^n \frac{\mathrm{e}^{-n\alpha}}{n^{5/2}}$$

注意其中：$x = \beta\varepsilon$ 。当 $e^{-\alpha} \ll 1$ 时,对数函数项被展开为 $e^{-\alpha-x}$ 的幂级数。则有

$$U = -\frac{\partial \ln Z}{\partial \beta} = \frac{3}{2}kTV\gamma^3 g_+(\alpha) \tag{7.5.11}$$

$$p = \frac{1}{\beta}\frac{\partial \ln Z}{\partial V} = kT\gamma^3 g_+(\alpha) = \frac{2}{3}\frac{U}{V} \tag{7.5.12}$$

此时,凝聚体内能量为零,凝聚体内粒子动量对压强没有贡献。能量有

$$U = -\frac{\partial \ln Z}{\partial \beta} = \frac{3}{2}kTV\gamma^3 g_+(\alpha) \mid_{\alpha=+0} = 0.770NkT\left(\frac{T}{T_c}\right)^{3/2} \tag{7.5.13}$$

压强有

$$p = \frac{1}{\beta}\frac{\partial \ln Z}{\partial V} = kT\gamma^3 g_+(\alpha) \mid_{\alpha=+0} = \frac{2}{3}\frac{N}{V}0.770kT\left(\frac{T}{T_c}\right)^{3/2}$$

$$= \frac{2}{3}2.612\left(\frac{mk}{2\pi \hbar^2}\right)^{3/2}0.770kT^{5/2} \propto T^{5/2} \tag{7.5.14}$$

其中利用了式 $T_c = \frac{2\pi}{2.612^{2/3}}\frac{\hbar^2}{mk}n^{2/3}$ 。可见压强仅仅是温度的函数,和粒子数没有关系,并随温度 $T \to 0$ 而趋于零。

方法二:统计平均　在凝聚发生以后($T < T_c$ 时, $\varepsilon_0 = 0$, $\mu = 0$),这个系统能量由能级 $\varepsilon > 0$ 的粒子决定,所以理想玻色气体系统的内能就是处在能级 $\varepsilon > 0$ 的粒子的能量之和:

$$U = \frac{2\pi V}{h^3}(2m)^{3/2}\int_0^\infty \frac{\varepsilon^{3/2}\,\mathrm{d}\varepsilon}{e^{\frac{\varepsilon}{kT}} - 1}$$

$$= \frac{2\pi V}{h^3}(2m)^{3/2}(kT)^{5/2}\int_0^\infty \frac{x^{3/2}\,\mathrm{d}x}{e^x - 1}$$

其中 $x = \varepsilon/(kT)$,得到

$$U = 0.770NkT\left(\frac{T}{T_c}\right)^{3/2} \tag{7.5.13'}$$

定容热容为

$$C_v = \left(\frac{\partial U}{\partial T}\right)_v = \frac{5}{2}\frac{U}{T} = 1.925Nk\left(\frac{T}{T_c}\right)^{3/2} \tag{7.5.15}$$

即在 $T < T_c$ 时,定容热容 C_v 与 $T^{3/2}$ 成正比并随温度增加。在 $T = T_c$ 时, C_v 增加到极大值 $1.925Nk$,高于高温时的经典值 $3Nk/2$ 。即玻色气体在温度 T_c 发生了相变,称为 λ 相变。实验测量到液体氦这个结果,只是最大尖端不在 $3.13K$,而是在 $2.19K$ 。其中主要原因是,氦不是理想玻色系统,原子间有比较强的相互作用,后来弱作用玻色气体凝聚研究受到人们重视。20 世纪 80 年代,激光冷却、磁光陷阱技术又有了重大突破,玻色凝聚被发现,开创了新的物理研究方向。

第 8 章 系综理论

8.1 统计系综 Γ 相空间 刘维尔定律

当热力学系统涉及粒子相互作用不能忽略,近独立粒子理论就难以适用,此时单粒子态已不能由它自身的坐标和动量来确定,它还和其他粒子的坐标或者势能、动量有关,任何一个粒子状态发生变化都会影响其余粒子运动状态。再用单粒子态的某种分布来代表系统的状态是不适合的,讨论时需从整个系统的状态出发。对相空间描述时,需用整个系统的广义坐标和广义动量所有构成的 Γ 相空间来描述系统的状态。本章讲述平衡态统计物理的普遍理论——系综理论。

统计系综 吉布斯提出用研究大量的、完全一样的、互相独立的系统的集合在某一时刻的行为去代替研究一个系统的统计分布函数,这种"大量的完全一样的互相独立的系统的集合"称为统计系综。"完全一样"一词的意思是这些系统是由同种物质构成的,有相同的自由度数目、相同的哈密顿量以及相同的外界环境。

Γ 相空间 先说明系统的微观运动状态的描述。当粒子间的相互作用不能忽略时,应把系统当作一个整体考虑。以 f 表示整个系统的自由度。假设系统由 N 个全同粒子组成,粒子的自由度为 r,则系统的自由度为 $f = Nr$ 。如果系统包含多种粒子,则系统的自由度为:$f = \sum_i N_i r_i$ 。根据经典力学,系统在任一时刻的微观运动状态由 f 个广义坐标以及与其共轭的 f 个广义动量在该时刻的数值确定。那么由 f 个广义坐标 $(q_1, q_2, \cdots, q_f)$ 和 f 个广义动量 $(p_1, p_2, \cdots, p_f)$ 构成一个 $2f$ 维的直角坐标空间,称为 Γ 相空间。相空间上一个点代表系统在某一时刻的运动状态。当系统的微观运动状态随时间变化时,代表点将沿着 Γ 相空间一定的相轨道运动。当系统的运动状态随时间变化时,遵从哈密顿正则方程:

$$\dot{q}_i = \frac{\partial H}{\partial p_i}, \dot{p}_i = -\frac{\partial H}{\partial q_i}, i = 0, 1, 2, 3, \cdots, f \tag{8.1.1}$$

由于系统的能量 E 不随时间改变,系统的广义坐标和广义动量必须满足条件:

$$H(q_1, \cdots, q_f; p_1, \cdots, p_f) = E \tag{8.1.2}$$

由此确定一个曲面,称为能量曲面。以

$$d\Omega = dq_1 dq_2 \cdots dq_f dp_1 dp_2 \cdots dp_f \tag{8.1.3}$$

表示相空间中的一个体积元。以

$$\rho(q_1, \cdots, q_f; p_1, \cdots, p_f; t) d\Omega \tag{8.1.4}$$

表示在 t 时刻运动状态在 $d\Omega$ 内的代表点数,则 ρ 表示代表点密度。

对整个相空间积分,则

$$\int \rho(q_1, \cdots, q_f; p_1, \cdots, p_f; t) d\Omega = N \tag{8.1.5}$$

它就是系统的代表点总数,是不随时间变化的。

当时间由 t 时刻变化到 $t + dt$ 时,系统的代表点又随着发生变化,代表点将从 (q_i, p_i) 运动到 $(q_i + dq_i, p_i + dp_i)$,所以有:

$$\rho(q_1 + \dot{q}_1 dt, \cdots, q_f + \dot{q}_f dt; p_1 + dp_1, \cdots, p_f + \dot{p}_f dt; t + dt) = \rho + \dot{\rho} dt$$

其中

$$\frac{d\rho}{dt} = \frac{\partial \rho}{\partial t} + \sum_i \left[\frac{\partial \rho}{\partial q_i} \dot{q}_i + \frac{\partial \rho}{\partial p_i} \dot{p}_i \right] \tag{8.1.6}$$

如果随着一个代表点在相空间中运动,其领域的代表点密度是不随时间改变的常数,称为**刘维尔定律**,即

$$\frac{d\rho}{dt} = 0 \tag{8.1.7}$$

现在来简单证明刘维尔定律。随着时间的变化,系综中 N 个系统的状态都在发生变化,它们在相空间中的 N 个代表点将沿着各自的相轨迹运动,这 N 个代表点的运动可看成是相空间中的"流体"运动。由于流体运动的过程中,物质是守恒的,则守恒定律以如下的连续性方程表达出来:

$$\frac{\partial \rho}{\partial t} + \mathrm{div}(\rho, \vec{v}) = 0$$

式中,ρ 是流体密度,$\vec{v}$ 是流体速度。让 $v_{q_i} = \dot{q}_i$ 和 $v_{p_i} = \dot{p}_i$,仿照流体力学,则有

$$\frac{d\rho}{dt} = \frac{\partial \rho}{\partial t} + \sum_i \left[\frac{\partial(\rho \dot{q}_i)}{\partial q_i} + \frac{\partial(\rho \dot{p}_i)}{\partial p_i} \right] = 0$$

将正则方程代入,得

$$\frac{\partial \rho}{\partial t} = -\sum_i \left(\frac{\partial \rho}{\partial q_i} \frac{\partial H}{\partial p_i} - \frac{\partial \rho}{\partial p_i} \frac{\partial H}{\partial q_i} \right) \tag{8.1.8}$$

这是刘维尔定律的另一个数学表达式。如果 ρ 只是哈密顿 H 的函数,则式(8.1.8)的右方等于零,因而

$$\frac{\partial \rho}{\partial t} = 0 \tag{8.1.9}$$

8.2 微正则分布

分布函数与宏观物理量 经典理论认为粒子微观运动状态在相空间构成一个连续分布。相空间的体积元以 $\mathrm{d}\Omega = \mathrm{d}q_1\mathrm{d}q_2\cdots\mathrm{d}q_f\,\mathrm{d}p_1\mathrm{d}p_2\cdots\mathrm{d}p_f$ 表示,系统的微观状态代表点出现在相体元 $\mathrm{d}\Omega$ 内的概率可以表示为

$$\rho(q,p,t)\mathrm{d}\Omega \tag{8.2.1}$$

$\rho(q,p,t)$ 称为**分布函数**,具有概率密度含义,满足归一化条件:

$$\int \rho(q,p,t)\mathrm{d}\Omega = 1 \tag{8.2.2}$$

表示微观状态处在相空间各区域的概率和为 1。

微观量 D 的函数为 $D(q,p)$,微观量 D 在一切可能的微观状态上的平均值是(对应于微观量 D 的宏观物理量):

$$\overline{D(t)} = \int D(q,p)\rho(q,p,t)\mathrm{d}\Omega \tag{8.2.3}$$

在量子理论中,用 $\rho_s(t)$ 表示在时刻 t 系统处在状态 s 的概率,或称 $\rho_s(t)$ 为分布函数,满足归一化条件:

$$\sum_s \rho_s(t) = 1 \tag{8.2.4}$$

微观量 D 在一切可能的微观状态上的平均值为

$$\overline{D(t)} = \sum_s \rho_s D_s \tag{8.2.5}$$

微正则分布 孤立系统处于统计平衡时,其代表点密度将不显含时间 $\partial\rho/\partial t = 0$,或 $\rho(t) = $ 常数。这表明在代表点密度不随时间变化的情况下,沿着一条相轨迹代表点密度应保持不变,该系统称为**微正则系综**。对于保守力学系统(哈密顿 H 量不显含时间),所有的相轨迹,自然应在与系统的能量值相应的等能面上,玻耳兹曼假设系统的代表点从等能面上任一初始状态出发,沿一条相轨迹可遍及等能面上所有的相点,这称为**各态历经假说**。这样便可得出结论"保守力学系统处在统计平衡时,系综的代表点密度(或者称为统计分布函数)在与系统的能量相应的等能面上是恒量,在这等能面之外等于零。"这是孤立系统在统计平衡时的统计分布函数,这种统计分布规律称为**微正则分布**。

微正则分布数学形式 给定的宏观系统应具有确定的粒子数 N、体积 V 和能量 E,由于不可能真正有能量严格固定的孤立系统,对于孤立系统的理解应认为当能量在 E 到 $E+\Delta E$ 间隔内,且应满足条件 $\Delta E \ll E$,此时孤立系统处于统计平衡时的统计分布规律——微正则分布,表述为:"**在相空间能量层 E 到 $E+\Delta E$ 中,统计分布率数为一常数,在这能层之外则为零。**"考虑到量子效应,对于有 Nr 个自由度的体系系统的一个微观运动状态在相

空间中应占有大小为 h^{Nr} 的相体积。把能量层 E 到 $E+\Delta E$ 包围的相体积分成 h^{Nr} 大小的相格且代表每个微观运动状态。因为在这能量层中,统计分布函数为常数,所以微正则分布又可表述为孤立系统在统计平衡时,系统在这能量层中的各微观态有相同的出现概率,与玻耳兹曼关于孤立系统在统计平衡时各微观态等概率假设是一样的。微正则分布(等概率的经典表达式)数学形式表达为

$$\rho(q,p) = 常数, E \leqslant H(q,p) \leqslant E+\Delta E$$
$$\rho(q,p) = 0, H(q,p) < E, E+\Delta E < H(q,p) \tag{8.2.6}$$

等概率的量子表达式为

$$\rho_s = \frac{1}{\Omega} \tag{8.2.7}$$

式中,Ω 表示在 E 到 $E+\Delta E$ 的能量范围内系统可能的微观状态数。由于 Ω 个状态出现的概率都相等,所以每个状态出现的概率是 $1/\Omega$。当然经典统计可以理解为量子统计的经典极限。

对于含有 N 个自由度为 r 的全同粒子的系统,在能量 E 到 $E+\Delta E$ 范围内系统的微观状态数为

$$\Omega = \frac{1}{N!h^{Nr}} \int_{E \leqslant H(p,q) \leqslant E+\Delta E} \mathrm{d}\Omega \tag{8.2.8}$$

其中考虑到 N 个全同粒子的交换并不产生新的微观态,所以式(8.2.8)中除以 $N!$ 以修正。如果系统含有多种粒子,第 i 种粒子的自由度为 r_i,粒子数为 N_i,则将式(8.2.8)推广为

$$\Omega = \frac{1}{\prod\limits_i N_i! h^{N_i r_i}} \int_{E \leqslant H(p,q) \leqslant E+\Delta E} \mathrm{d}\Omega \tag{8.2.9}$$

前面讨论的宏观参量是玻耳兹曼分布处在最概然分布下的数值,这里则认为宏观参量是微观态的平均值。由于系统粒子数巨大,所以相对涨落是非常小的,两者统计结论应是相同的。

8.3 热力学函数的微正则分布表达公式及简单应用

本节利用微正则系综理论讨论系统具有确定的粒子数 N、体积 V 和能量 E 条件下可能出现的微观状态数 $\Omega(N,E,V)$ 与概率、宏观物理量关系,推导微正则分布的热力学公式等。

热力学公式 考虑一个孤立的系统 $A^{(0)}$。它由微弱相互作用的两个子系统 A_1 和 A_2 构成。A_1 和 A_2 的粒子数、能量和体积分别用(N_1, E_1, V_1)和(N_2, E_2, V_2)表示,A_1 和 A_2 的微观状态数分别用 $\Omega_1(N_1, E_1, V_1)$ 和 $\Omega_2(N_2, E_2, V_2)$ 表示。

先假定 A_1 和 A_2 仅有热接触(没有粒子的改变和体积变化),这时复合系统 $A^{(0)}$ 的微观

状态数 $\Omega^{(0)}(E_1, E_2)$ 为

$$\Omega^{(0)}(E_1, E_2) = \Omega_1(E_1)\Omega_2(E_2) \tag{8.3.1}$$

孤立的系统 $A^{(0)}$ 总能量是常量：

$$E_1 + E_2 = E^{(0)} \tag{8.3.2}$$

代入得

$$\Omega^{(0)}(E_1, E^{(0)} - E_1) = \Omega_1(E_1)\Omega_2(E^{(0)} - E_1) \tag{8.3.3}$$

式(8.3.3)表明,对于给定的 $E^{(0)}$, $\Omega^{(0)}$ 取决于 E_1,即取决于能量 $E^{(0)}$ 在 A_1 和 A_2 之间的分配。系统达到热平衡后, $\Omega^{(0)}$ 应具有极大值, $\Omega^{(0)}$ 的极大值应满足条件：

$$\frac{\partial \ln \Omega^{(0)}}{\partial E_1} = 0$$

将式(8.3.1)代入上式得

$$\frac{1}{\Omega_1(E_1)}\frac{\partial \Omega_1(E_1)}{\partial E_1} + \frac{1}{\Omega_2(E_2)}\frac{\partial \Omega_2(E_2)}{\partial E_2}\frac{\partial E_2}{\partial E_1} = 0$$

由于 $\partial E_2/\partial E_1 = -1$,则热平衡时有

$$\left(\frac{\partial \ln \Omega_1(E_1)}{\partial E_1}\right)_{N_1, V_1} = \left(\frac{\partial \ln \Omega_2(E_2)}{\partial E_2}\right)_{N_2, V_2} \tag{8.3.4}$$

这就确定了达到热平衡时,子系统 A_1 和 A_2 对应的值 $(\partial \ln \Omega(N,E,V)/\partial E)_{N,V}$ 必须相等。以 β 表示这个量值：

$$\beta = \left(\frac{\partial \ln \Omega(N,E,V)}{\partial E}\right)_{N,E} \tag{8.3.5}$$

即热平衡条件是

$$\beta_1 = \beta_2$$

利用热力学热平衡条件：

$$\left(\frac{\partial S}{\partial U_1}\right)_{N_1, V_1} = \left(\frac{\partial S}{\partial U_2}\right)_{N_2, V_2}$$

和公式 $\frac{1}{T} = \left(\frac{\partial S}{\partial U}\right)$,由此确定量 $\beta = \frac{1}{kT}$。进一步得到玻耳兹曼关系式：

$$S = k\ln\Omega \tag{8.3.6}$$

如果 A_1 和 A_2 之间不仅可以交换热量,而且可以改变体积或交换粒子,根据类似讨论,可得平衡条件：

$$\left(\frac{\partial \ln \Omega_1(V_1)}{\partial V_1}\right)_{N_1, E_1} = \left(\frac{\partial \ln \Omega_2(V_2)}{\partial V_2}\right)_{N_2, E_2} \tag{8.3.7}$$

$$\left(\frac{\partial \ln \Omega_1(N_1)}{\partial N_1}\right)_{E_1, V_1} = \left(\frac{\partial \ln \Omega_2(N_2)}{\partial N_2}\right)_{E_2, V_2} \tag{8.3.8}$$

定义：

$$\gamma = \left(\frac{\partial \ln\Omega(N,E,V)}{\partial V} \right)_{N,E} \tag{8.3.9}$$

$$\alpha = \left(\frac{\partial \ln\Omega(N,E,V)}{\partial N} \right)_{V,E} \tag{8.3.10}$$

可得它的平衡条件表示为

$$\beta_1 = \beta_2, \gamma_1 = \gamma_2, \alpha_1 = \alpha_2 \tag{8.3.11}$$

为了确定 α 和 γ 的物理意义,将对 $\ln\Omega$ 全微分:

$$\mathrm{d}\ln\Omega = \beta\mathrm{d}E + \gamma\mathrm{d}V + \alpha\mathrm{d}N$$

与开系的热力学基本方程:

$$\mathrm{d}S = \frac{\mathrm{d}U}{T} + \frac{p}{T}\mathrm{d}V - \frac{\mu}{T}\mathrm{d}N$$

加以比较,并利用 $S = k\ln\Omega$,则有

$$\gamma = \frac{p}{kT}, \alpha = -\frac{\mu}{kT} \tag{8.3.12}$$

因此得到热力学的三个平衡条件:

$$T_1 = T_2, p_1 = p_2, \mu_1 = \mu_2 \tag{8.3.13}$$

由微正则分布求出热力学函数的一般过程是:先求出微观状态数 $\Omega(N,E,V)$,然后得系统的熵:

$$S(N,E,V) = k\ln\Omega(N,E,V) \tag{8.3.14}$$

再解得 $E = E(N,S,V)$;再由

$$\left(\frac{\partial S}{\partial E} \right)_{N,V} = \frac{1}{T}, \left(\frac{\partial S}{\partial V} \right)_{N,E} = \frac{p}{T}, \left(\frac{\partial S}{\partial N} \right)_{E,V} = -\frac{\mu}{T} \tag{8.3.15}$$

可得温度、压强、化学势,从而确定系统的全部热力学函数,但比较烦琐。

应用实例　下面以微正则分布方法,讨论单原子理想气体性质。设气体体积 V 内含有 N 个单原子分子(仅考虑平动),其哈密顿函数为

$$H = \sum_{i=1}^{3N} \frac{p_i^2}{2m}$$

则在 Γ 相空间中,E 到 $E + \triangle E$ 层内的微观状态数为

$$\Omega(E) = \frac{1}{N!h^{3N}} \int_{E \leqslant H(q,p) \leqslant E+\triangle E} \mathrm{d}q_1 \cdots \mathrm{d}q_{3N}\, \mathrm{d}p_1 \cdots \mathrm{d}p_{3N}$$

为了求 $\Omega(E)$,首先计算能量数值 E 以内的全部微观状态数 $\Theta(E)$,然后再计算 ΔE 层内的微观状态数。通过计算得到

$$\Theta(E) = \frac{1}{N!h^{3N}} \int_{H(q,p) \leqslant E} \mathrm{d}q_1 \cdots \mathrm{d}q_{3N}\, \mathrm{d}p_1 \cdots \mathrm{d}p_{3N}$$

$$= \frac{V^N}{N!h^{3N}} \int_{H(q,p) \leqslant E} \mathrm{d}p_1 \cdots \mathrm{d}p_{3N}$$

其中 $V^N = \int \mathrm{d}q_1 \cdots \mathrm{d}q_{3N}$ ，再取 $p_i = \sqrt{2mE}\,x_i$ ，代换得到

$$\Theta(E) = C\left(\frac{V}{h^3}\right)^N \frac{(2mE)^{3N/2}}{N!}$$

其中 $3N$ 维球体积是

$$C = \int \underset{\sum_i x_i^2 \leqslant 1}{\cdots} \int \mathrm{d}x_1 \cdots \mathrm{d}x_{3N} = \frac{\pi^{\frac{3N}{2}}}{\left(\dfrac{3N}{2}\right)!}$$

所以有

$$\Theta(E) = \left(\frac{V}{h^3}\right)^N \frac{(2\pi mE)^{3N/2}}{N!\left(\dfrac{3N}{2}\right)!}$$

则 $\triangle E$ 层内的微观状态数为

$$\Omega(E) = \frac{\partial \Theta}{\partial E}\Delta E = \frac{3N}{2}\frac{1}{E}\Theta(E)\Delta E$$

利用 $\ln m! \approx m(\ln m - 1)$ ，从而得到理想气体的熵为

$$S = k\ln\Omega = Nk\ln\left[\frac{V}{h^3 N}\left(\frac{4\pi mE}{3N}\right)^{3/2}\right] + \frac{5}{2}Nk + k\left[\ln\left(\frac{3N}{2}\right) + \ln\left(\frac{\Delta E}{E}\right)\right]$$

由于 $\lim\limits_{N\to\infty}(\ln N)/N = 0$ ，$\Delta E/E \ll 1$ ，代入得到理想气体熵

$$S = k\ln\Omega = Nk\ln\left[\frac{V}{h^3 N}\left(\frac{4\pi mE}{3N}\right)^{3/2}\right] + \frac{5}{2}Nk$$

当然 $\Delta E/E \to 0$ 时，将得到负无穷大熵，所以严格的孤立系统是不存在的。这个结果表明，对于宏观系统，能壳的厚度对熵值实际上并无影响。

由上式可解得

$$E(N,S,V) = \frac{3h^2 N^{5/3}}{4\pi m V^{2/3}}\mathrm{e}^{\left(\frac{2S}{3Nk} - \frac{5}{3}\right)}$$

得

$$T = \left(\frac{\partial E}{\partial S}\right)_{N,V} = \frac{2}{3}\frac{E}{Nk}$$

得

$$E = \frac{3}{2}NkT$$

及由式(8.3.15)和 $\left(\dfrac{\partial V}{\partial S}\right)_{N,E}\left(\dfrac{\partial S}{\partial E}\right)_{N,V}\left(\dfrac{\partial E}{\partial V}\right)_{N,S} = -1$ ，得到

$$p = \frac{\left(\dfrac{\partial S}{\partial V}\right)_{N,E}}{\left(\dfrac{\partial S}{\partial E}\right)_{N,V}} = -\left(\frac{\partial E}{\partial V}\right)_{N,S} = \frac{2}{3}\frac{E}{V} = \frac{2}{3}u$$

其中能量密度 $u = E/V$，所以得到

$$pV = NkT$$

或有

$$\Omega(E) = \frac{\partial \Theta}{\partial E} \Delta E = \frac{3N}{2} \frac{1}{E} \Theta(E) \Delta E \propto V^N$$

求出物态方程：

$$\frac{p}{kT} = \frac{\partial \ln\Omega}{\partial V} = \frac{\partial \ln V^N}{\partial V} = \frac{N}{V}$$

8.4　吉布斯正则分布及其热力学量的统计表达式

吉布斯正则分布　把所讨论的系统当作孤立系统，以微正则分布来进行实际问题的计算，在数学上很难，但是微正则分布通常用来进行一般性的讨论。实际的系统与媒质的相互作用不一定满足前面所述的孤立系统条件。如果研究的是在定温定压条件下的系统，能量和体积都可以发生涨落。要了解这种系统的各个物理量的平均值以及它们的涨落，问题就变为求解既要按不同能量又要按不同体积的概率分布。而实际应用中常采用恒温系统服从的正则分布。可把所讨论的恒温系统看成孤立系统的一部分，即把系统与周围的大热源整体看成一个孤立系统。下面从孤立系统处于统计平衡时服从的微正则分布来导出与大热源保持热平衡的恒温系统的统计分布规律——**吉布斯正则分布**。本节所讨论的系统是具有确定 N、V、T 值的分布函数，即具有确定的 N、V、T 值的系统可设想为与大热源接触而达到平衡的系统。这样系统的总能量可表示为系统的能量和热源的能量之和：

$$E + E_r = E^{(0)} \tag{8.4.1}$$

当系统处在能量为 E_s 的量子态 s 上时，热源处在能量为 $E^{(0)} - E_s$ 上的可能的微观状态数可表示为 $\Omega_r(E^{(0)} - E_s)$，在平衡的条件下，根据等概率原理，即

$$\rho_s = \frac{1}{\Omega_s} = \frac{\Omega_r}{\Omega} \propto \Omega_r(E^{(0)} - E_s) \tag{8.4.2}$$

由于热源巨大，必然有 $E_s/E^{(0)} \ll 1$。可将 $\ln\Omega_r$ 展开为 E_s 的幂指数，得

$$\ln\Omega_r(E^{(0)} - E_s) = \ln\Omega_r(E^{(0)}) + \left(\frac{\partial \ln\Omega_r}{\partial E_r}\right)_{E_r = E^{(0)}} (-E_s) \tag{8.4.3}$$

$$= \ln\Omega_r(E^{(0)}) - \beta E_s$$

因为系统和热源平衡后，系统的温度等于热源的温度。利用式（8.4.2）以及式（8.3.4）和式（8.3.5），确定

$$\beta = \left(\frac{\partial \ln\Omega_r}{\partial E_r}\right)_{E_r = E^{(0)}} = \frac{1}{kT}$$

利用式(8.4.2),则式(8.4.3)可以改写为

$$\rho_s \propto e^{-\beta E_s}$$

概率归一化：$\sum_s \rho_s = 1$。可引入配分函数 Z,得到系统在量子态 s 上的分布函数：

$$\rho_s = \frac{1}{Z} e^{-\beta E_s} \qquad\qquad (8.4.4)$$

获得配分函数表达式：

$$Z = \sum_s e^{-\beta E_s} \qquad\qquad (8.4.5)$$

如果以 $E_l(l = 1,2,3\cdots)$ 表示系统的各个能级,ω_l 表示能级 E_l 的简并度,则系统处在能级 E_l 上的概率即分布函数是

$$\rho_l = \frac{1}{Z}\omega_l e^{-\beta E_l} \qquad\qquad (8.4.6)$$

其中

$$Z = \sum_l \omega_l e^{-\beta E_l} \qquad\qquad (8.4.7)$$

式(8.4.4)和式(8.4.6)是具有确定的 N、V、T 值的系统的正则分布的量子表达式。正则分布的经典表达式为

$$\rho(q,p)\mathrm{d}\Omega = \frac{1}{N!h^{Nr}} \frac{e^{-\beta E(q,p)}}{Z}\mathrm{d}\Omega \qquad\qquad (8.4.8)$$

其中配分函数 Z 为

$$Z = \frac{1}{N!h^{Nr}} \int e^{-\beta E(q,p)} \, \mathrm{d}\Omega \qquad\qquad (8.4.9)$$

下面讨论正则分布中热力学量的统计表达式以及能量的涨落问题。

热力学量的统计表达式　正则分布讨论系统具有确定的 N、V、T 值的量值,相当于与大热源接触而达到平衡的系统。由于系统和热源可以交换能量,系统可能的微观状态可具有不同的能量值。内能是在给定 N、V、T 值的条件下,系统的能量在一切可能的微观状态上的平均值。因此,系统的能量公式是

$$U = \overline{E} = \frac{1}{Z}\sum_s E_s e^{-\beta E_s} = \frac{1}{Z}\left(-\frac{\partial}{\partial \beta}\right)\sum_s e^{-\beta E_s}$$

$$= -\frac{\partial}{\partial \beta}\ln Z \qquad\qquad (8.4.10)$$

由于广义 Y 是 $\partial E_s/\partial y$ 的统计平均值,它的公式是

$$Y = \frac{1}{Z}\sum_s \frac{\partial E_s}{\partial y} e^{-\beta E_s} = \frac{1}{Z}\left(-\frac{1}{\beta}\frac{\partial}{\partial y}\right)\sum_s e^{-\beta E_s}$$

$$= -\frac{1}{\beta}\frac{\partial}{\partial y}\ln Z \qquad\qquad (8.4.11)$$

由它可以得到系统的物态方程或压强的统计表达式:

$$p = \frac{1}{\beta} \frac{\partial}{\partial V} \ln Z \qquad (8.4.12)$$

由于有

$$dQ = dU - Y dy = -d\left(\frac{\partial \ln Z}{\partial \beta}\right) + \frac{1}{\beta} \frac{\partial \ln Z}{\partial y} dy$$

或

$$\beta(dU - Y dy) = -\beta d\left(\frac{\partial \ln Z}{\partial \beta} - \frac{\partial \ln Z}{\partial y} dy\right)$$

和

$$d\ln Z = \frac{\partial \ln Z}{\partial \beta} d\beta + \frac{\partial \ln Z}{\partial y} dy$$

所以有

$$\beta(dU - Y dy) = d\left(\ln Z - \beta \frac{\partial}{\partial \beta} \ln Z\right)$$

与热力学公式 $\frac{1}{T}(dU - Y dy) = dS$ 比较后,利用 $\beta = \frac{1}{kT}$ 可确定熵的统计表达式:

$$S = k\left(\ln Z - \beta \frac{\partial}{\partial \beta} \ln Z\right) \qquad (8.4.13)$$

可以看出,由概率分布可以求出给定的系统 (N, V, T) 的宏观参量平均值。或者通过配分函数 Z,求得基本的热力学函数。如按亥姆霍兹自由能的定义 $F = U - TS$,得到亥姆霍兹自由能的统计表达式:

$$F = -kT \ln Z \qquad (8.4.14)$$

它是正则系统的特性函数。知道了亥姆霍兹自由能,系统的其他热力学函数均可计算出来,例如由它也可以得到系统的物态方程或压强:

$$p = -\frac{\partial F}{\partial V} = \frac{1}{\beta} \frac{\partial}{\partial V} \ln Z$$

G 函数和 H 函数的统计表达式分别是

$$G = U - TS + pV = -kT \ln Z + kTV \frac{\partial}{\partial V} \ln Z \qquad (8.4.15)$$

$$H = U + pV = kT^2 \frac{\partial}{\partial T} \ln Z + kTV \frac{\partial}{\partial V} \ln Z \qquad (8.4.16)$$

能量的涨落　正则分布所处的条件是定温定容,它的能量、压强都是可以变化的,但它们的平均值不变。而实际存在的涨落正是在热力学中的平衡态邻域发生变动的物理原因。平均值在多大程度上可代表真实值,还需要看每一时刻系统的这些量在平均值附近的涨落大小。当系统能量为 E_s,处在状态 s 时,E_s 与 $\overline{E}$ 的偏差为 $(E_s - \overline{E})$。将 $(E_s - \overline{E})^2$ 的平均

值 $\overline{(E-\overline{E})^2}$ 的偏差称为能量涨落：

$$\overline{(E-\overline{E})^2} = \sum_s \rho_s (E_s - \overline{E})^2 = \sum_s \rho_s (E_s^2 - 2\overline{E}E_s + \overline{E}^2) = \overline{E^2} - (\overline{E})^2 \tag{8.4.17}$$

对式(8.4.10)，用 β 对 $\overline{E}$ 求导，先用 β 对分子求导，再对分母求导，即

$$\frac{\partial \overline{E}}{\partial \beta} = \frac{\partial}{\partial \beta} \frac{\sum_s E_s e^{-\beta E_s}}{\sum_s e^{-\beta E_l}} = -\frac{\sum_s E_s^2 e^{-\beta E_s}}{\sum_s e^{-\beta E_l}} + \frac{\left(\sum_s E_s e^{-\beta E_s}\right)^2}{\left(\sum_s e^{-\beta E_s}\right)^2} \tag{8.4.18}$$

$$= -\left[\overline{E^2} - (\overline{E})^2\right]$$

得到

$$\overline{(E-\overline{E})^2} = -\frac{\partial \overline{E}}{\partial \beta} = kT^2 \frac{\partial \overline{E}}{\partial T} = kT^2 C_V \tag{8.4.19}$$

式(8.4.19)将能量的自发涨落与系统内能随温度的变化率联系起来。能量的相对涨落由下式给出：

$$\frac{\overline{(E-\overline{E})^2}}{(\overline{E})^2} = \frac{kT^2 C_V}{(\overline{E})^2} \tag{8.4.20}$$

由于 C_V 是广延量，有 $C_V \propto N, C_V T \propto \overline{E}$，所以有 $\overline{(E-\overline{E})^2} \propto 1/N$。对于宏观系统，能量的相对涨落是极小的。正则分布和微正则分布的差别趋于消失。事实上，影响概率的有两个因素：一个因素 $e^{-\beta E}$ 随系统的能量 E 的增大而按指数减小，另一个因素是态密度 $\Omega(E)$ 随能量增大而迅速增大，可看出它们使正则系统有一个最可几的能量 E_p，在能量 E_p 处，概率分布密度有很尖锐的极大值，如图 8-1 所示［其中 $\Delta E = \sqrt{\overline{(E-\overline{E})^2}}$］。这说明恒温系统绝大部分时间是处于最可几能量分布状态的，当然也可以有少量时间处于其他能量状态中（即恒温系统所发生的能量涨落）。

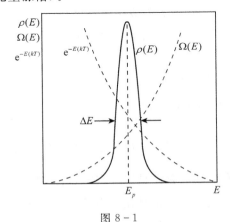

图 8-1

例 1：讨论 N 个单原子理想气体物态方程及函数 S、F 和 G 形式。

解：对于 Γ 相空间，理想气体的能量（仅有平动）为

$$E = \sum_{i=1}^{3N} \frac{p_i^2}{2m}$$

则系统的配分函数为

$$Z = \frac{1}{N!h^{3N}} \int \cdots \int e^{-\beta E} \, dq_1 \cdots dq_{3N} \, dp_1 \cdots dp_{3N}$$

$$= \frac{V^N}{N!h^{3N}} \int \cdots \int e^{-\beta E} \, dp_1 \cdots dp_{3N}$$

其中动量的积分可分解为 $3N$ 个积分的乘积：

$$\prod_i \int_{-\infty}^{+\infty} e^{-\beta \frac{p_i^2}{2m}} \, dp_i = \left(\frac{2\pi m}{\beta} \right)^{\frac{3N}{2}}$$

所以有

$$Z = \frac{V^N}{N!h^{3N}} \left(\frac{2\pi m}{\beta} \right)^{\frac{3N}{2}}$$

由此获得压强或物态方程：

$$p = \frac{1}{\beta} \frac{\partial}{\partial V} \ln Z = \frac{NkT}{V}$$

熵：

$$S = k \left(\ln Z - \beta \frac{\partial}{\partial \beta} \ln Z \right)$$

$$= \frac{3}{2} Nk \ln T + Nk \ln \frac{V}{N} + \frac{3}{2} Nk \left[\frac{5}{3} + \ln \left(\frac{2\pi mk}{h^2} \right) \right]$$

利用式 $\ln N! = N(\ln N - 1)$，得到亥姆霍兹自由能 F 和吉布斯函数 G 分别是

$$F = -kT \ln Z = -NkT \ln \frac{eV}{N} \left(\frac{2\pi mkT}{h^2} \right)^{3/2}$$

$$G = F + pV = -NkT \ln \frac{eV}{N} \left(\frac{2\pi mkT}{h^2} \right)^{3/2} + NkT$$

8.5　非理想气体的物态方程

　　只有在温度比较高、气体密度不太大，且可忽略分子之间的相互作用时，才可看成理想气体。但随着气体粒子密度的增加，还需考虑分子之间的相互作用及间距，这时候就需用系综理论。为了能够描述真实气体的特性，需要找出该气体的态式，以分析气体的特性与分子相互作用力的关系。

　　为了简单起见，这里讨论 N 个单原子分子的经典粒子非理想气体，气体的哈密顿函数能量为动能和势能之和：

$$E = \sum_{i=1}^{3N} \frac{p_i^2}{2m} + \sum_{i<j} \varphi(r_{ij}) \tag{8.5.1}$$

其中 $\varphi(r_{ij})$ 代表任意两个(第 i 个与第 j 个)分子之间的相互作用的势能，r_{ij} 与每个分子的位置及第 i 个与第 j 个分子的间距有关。

用正则分布热力学公式 $p = kT(\partial \ln Z/\partial V)$ 求物态方程。先求配分函数：

$$Z = \frac{1}{N! h^{3N}} \int \cdots \int e^{-\beta E} dq_1 \cdots dq_{3N} dp_1 \cdots dp_{3N}$$

$$= \frac{1}{N! h^{3N}} \int \cdots \int e^{-\beta \sum\limits_{i<j} \varphi(r_{ij})} dq_1 \cdots dq_{3N} \int \cdots \int e^{-\beta \sum\limits_{i=1}^{3N} \frac{p_i^2}{2m}} dp_1 \cdots dp_{3N} \tag{8.5.2}$$

其中动量的积分可分解为 $3N$ 个积分的乘积：

$$\prod_i \int_{-\infty}^{+\infty} e^{-\beta \frac{p_i^2}{2m}} dp_i = \left(\frac{2\pi m}{\beta}\right)^{\frac{3N}{2}} \tag{8.5.3}$$

配分函数 Z 可表示为

$$Z = \frac{1}{N! h^{3N}} \left(\frac{2\pi m}{\beta}\right)^{\frac{3N}{2}} Q \tag{8.5.4}$$

其中

$$Q = \int \cdots \int e^{-\beta \sum\limits_{i<j} \varphi(r_{ij})} dq_1 \cdots dq_{3N} \tag{8.5.5}$$

称为**位形积分**。形式上，气体的压强为

$$p = \frac{1}{\beta} \frac{\partial}{\partial V} \ln Z = \frac{1}{\beta} \frac{\partial}{\partial V} \ln Q \tag{8.5.6}$$

所以只要求出 Q，就可以解出物态方程。

下面先分析位形积分。位形积分中的函数可表示为 $N(N-1)/2 \approx N^2/2$ 个项的乘积，但每一项都包含两个分子的坐标，为了计算出位形积分，引进**梅逸函数**：

$$f_{ij} = e^{-\beta \varphi(r_{ij})} - 1 \tag{8.5.7}$$

当 r_{ij} 大于分子相互作用力程时，$\varphi(r_{ij}) = 0$，$f_{ij} = 0$。由于分子是短程作用，所以 f_{ij} 仅在极小空间范围内不等于零。这样位形积分形式变为

$$Q = \int \cdots \int \prod_{i<j} (1 + f_{ij}) dq_1 \cdots dq_{3N}$$

$$= \int \cdots \int \left(1 + \sum_{i<j} f_{ij} + \sum_{i<j} \sum_{i'<j'} f_{ij} f_{i'j'} + \cdots\right) dq_1 \cdots dq_{3N} \tag{8.5.8}$$

由梅逸函数的性质可知：式(8.5.8)中第二项只有 i 与 j 一对分子靠得很近时，f_{ij} 才不等于零，而第三项中有两种可能：一种是 $f_{12} f_{34}$ 这样的项，需要分子对 1 与 2 及分子对 3 与 4 分别同时靠得很近时才不等于零；另一种是 $f_{12} f_{13} f_{23}$，这样的项需要三个分子 1、2、3 同时靠近才不等于零。第四项以上的意义可以类推。因此当非理想气体的密度不太大时，显然式(8.5.8)第三项以上的情形可以忽略，仅需要考虑头两项就够了。显然有

$$Q = \int \cdots \int \left(1 + \sum_{i<j} f_{ij} \right) dq_1 \cdots dq_N$$

$$= \int \cdots \int dq_1 \cdots dq_{3N} + \int \cdots \int \sum_{i<j} f_{ij} dq_1 \cdots dq_{3N}$$

$$= V^N + \int \cdots \int \sum_{i<j} f_{ij} dq_1 \cdots dq_{3N} \tag{8.5.9}$$

一般来说积分 $\iint f_{12} dq_1 \cdots dq_{3N}$ 与分子 2 的位置有关。如果考虑的系统的体积足够大，以至于有：“分子力的作用区域≪容器的大小”，这时可认为这积分与分子 2 的位置无关，当然还忽略分子 2 位于容器壁的附近时情况，尽管这一点计算不正确。式（8.5.9）第二项中由于由不同的 i 和 j 构成 $N(N-1)/2 \approx N^2/2$ 个积分都相等，则有

$$\int \cdots \int \sum_{i<j} f_{ij} dq_1 \cdots dq_{3N} = \iint \frac{N(N-1)}{2} f_{12} dq_1 \cdots dq_{3N}$$

$$= \frac{N^2}{2} \iint f_{12} dq_1 \cdots dq_{3N}$$

$$= \frac{N^2}{2} V^{N-2} \iint f_{12} dx_1 dy_1 dz_1 dx_2 dy_2 dz_2 \tag{8.5.10}$$

若以分子 2 为坐标原点，用 $d\vec{r}$ 表示分子 1 和 2 间距，则有

$$\iint f_{12} dx_1 dy_1 dz_1 dx_2 dy_2 dz_2 = V \int f_{12} d\vec{r} \tag{8.5.11}$$

事实上，上式已把直角坐标系转换成为球坐标系。所以 Q 的积分为

$$Q = V^N + \frac{N^2}{2} V^{N-1} \int f_{12} d\vec{r}$$

$$= V^N \left(1 + \frac{N^2}{2V} \int f_{12} d\vec{r} \right) \tag{8.5.12}$$

取其对数为

$$\ln Q = N \ln V + \ln \left(1 + \frac{N^2}{2V} \int f_{12} d\vec{r} \right)$$

则得到

$$p = \frac{1}{\beta} \frac{N}{V} \left(1 - \frac{N}{2V} \int f_{12} d\vec{r} \right) \tag{8.5.13}$$

式（8.5.13）中取积分相关项为 B 且称为第二位力系数：

$$B = -\frac{N}{2} \int f_{12} d\vec{r} \tag{8.5.14}$$

由此有

$$pV = NkT \left(1 + \frac{B}{V} \right) \tag{8.5.15}$$

例 2：取气体为刚球模型：

$$\phi(r) = +\infty, r < r_0$$

$$\phi(r) = -\phi_0 \left(\frac{r_0}{r}\right)^6, r \geqslant r_0$$

如图 8－2 所示。

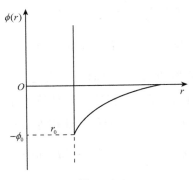

图 8－2

解:用球坐标系,有

$$B = -\frac{N}{2} \int f_{12} \, d\vec{r}$$

$$= -\frac{N}{2} \int_0^\infty (e^{-\beta\phi(r)} - 1) 4\pi r^2 \, dr$$

$$= 2\pi N \int_0^{r_0} r^2 \, dr - 2\pi N \int_{r_0}^\infty (e^{-\beta\phi(r)} - 1) r^2 \, dr$$

假设气体的温度足够高,分子的平均动能将大于其相互作用的势能,即 $\beta\phi_0 \ll 1$,并有 $(e^{-\beta\phi_0} - 1) \approx -\beta\phi_0$。则

$$B = 2\pi N \left(\frac{r_0^3}{3} - \frac{\phi_0 r_0^3}{3kT}\right)$$

令

$$b = \frac{2\pi}{3} N r_0^3, \quad a = \frac{2\pi}{3} N^2 \phi_0 r_0^3$$

则:

$$B = b - \frac{a}{NkT}$$

得

$$pV = NkT \left(1 + \frac{b}{V}\right) - \frac{a}{V}$$

取近似 $\left(1 + \frac{b}{V}\right) \approx 1 / \left(1 - \frac{b}{V}\right)$,得

$$p = \frac{NkT}{V - b} - \frac{a}{V^2}$$

或

$$\left(p + \frac{a}{V^2}\right)(V - b) = NkT$$

上式就是范氏方程。可以发现参量 a 和 b 与分子体积和相互作用量值有关。

8.6 固体的德拜模型 声子

固体难以压缩和拉伸,是由于相邻原子的距离很小,原子间存在强烈的相互作用。事实上,固体中各个原子有一定的平衡位置,且在其平衡位置附近做微振动。设固体有 N 个原子,每个原子有 3 个自由度,则整个固体的自由度为 $3N$ 个。

爱因斯坦模型是将固体中的原子微振动变换为具有特征频率 ω 的近独立的 $3N$ 个振子的简正振动。但爱因斯坦模型认为所有振子取同一频率值是过于简化了,导致极低温度时热容的值在定量上与实验值不符。然而实际上,固体中原子的振动频率是各式各样的,即使在低温度情况下,仍有相当多的低频振动可能被激发,会对热容有贡献。

首先分析:一个由 N 个粒子组成的固体,可以看成由 $3N$ 个线性谐振子组成的系统,每个谐振子可以处于不同的能级,这 $3N$ 个线性谐振子可以相互交换能量,这种振动具有能量的波具有波粒二象性,称为能量子。利用既有 $\vec{p} = \hbar\vec{k}$ 和 $\varepsilon = \hbar\omega$ 的观点,所以固体的振动问题可以看成是机械波在固体中形成驻波或者称为能量子。因此用两种观点来进行探讨,一种是看成由 $3N$ 种不同类型能量子的称为**声子**的准粒子(与光子类似)所组成的,每一类声子的数目不确定,可多可少,因为固体可以吸收热辐射声子,声子也是一种特殊的玻色子,即同类的声子可以有任意多个,如是同频率振动的就是爱因斯坦模型。另一种是,对固体爱因斯坦模型进行补充和修正的德拜模型。1912 年,德拜将固体看成连续弹性媒质,$3N$ 个简正振动是弹性媒质的基本波动,固体上任意的弹性波都可分解为 $3N$ 个简正振动的叠加。本节主要讨论德拜模型。

德拜模型 固体上传播的弹性波有纵波和横波两种。德拜假定 $3N$ 个振子是处于低频区域。设 c_l、c_t 分别为弹性波横波与纵波的速度,波矢量是 $\vec{k}_{l,t}$,并有 $k_{l,t} = \omega/c_{l,t}$。而纵波有两种偏振态,取 $g = 2$。故体积为 V 内总简正数就是波矢量在 $\vec{k}_{l,t}$ 到 $\vec{k}_{l,t} + \mathrm{d}\vec{k}_{l,t}$ 或频率在 ω 到 $\omega + \mathrm{d}\omega$ 之间的总波矢量数,等于横波与纵波的波矢数总和:

$$D(\omega)\mathrm{d}\omega = V \times 4\pi k_l^2 \mathrm{d}k_l + Vg \times 4\pi k_t^2 \mathrm{d}k_t = \frac{V}{2\pi^2}\left(\frac{1}{c_l^3} + \frac{2}{c_t^3}\right)\omega^2\mathrm{d}\omega$$

$$(8.6.1)$$

式中 $B = \dfrac{V}{2\pi^2}\left(\dfrac{1}{c_l^3} + \dfrac{2}{c_t^3}\right)$。如系统存在一个最大的频率 $\omega_{\max}$,则有

$$\int_0^{\omega_{\max}} B\omega^2 \mathrm{d}\omega = 3N \qquad (8.6.2)$$

即有

$$\omega_{max}^3 = \frac{9N}{B} \tag{8.6.3}$$

它被称为德拜圆频率。这样问题便被简化,如振动的能量是量子化的,则有

$$E = \phi_0 + \sum_{i=1}^{3N} \hbar\omega_i \left(n_i + \frac{1}{2} \right), n_i = 0, 1, 2, \cdots \tag{8.6.4}$$

$$Z = \sum_s e^{-\beta E_s} = \sum_{(i)} e^{-\beta\phi_0 - \beta\sum_{n_i=1}^{3N} \hbar\omega \left(n_i + \frac{1}{2} \right)} = e^{-\beta\phi_0} \prod_i \frac{e^{-\frac{\beta\hbar\omega_i}{2}}}{1 - e^{-\beta\hbar\omega_i}}$$

$$\ln Z = -\beta\phi_0 - \frac{\beta}{2} \sum_i^{3N} \hbar\omega_i - \sum_i^{3N} \ln(1 - e^{-\beta\hbar\omega_i}) = -\beta U_0 - \sum_i^{3N} \ln(1 - e^{-\beta\hbar\omega_i})$$

$$\tag{8.6.4'}$$

其中 $U_0 = \phi_0 + \frac{1}{2} \sum_i^{3N} \hbar\omega_i$,$U_0$ 是系统的零点振动能,也是固体的结合能,其是第一项 ϕ_0 是所有原子都位于平衡位置时的相互作用能,第二项是温度为 T 时的热运动能。则系统的内能为

$$U = -\frac{\partial}{\partial\beta}\ln Z = U_0 + \sum_i^{3N} \frac{\hbar\omega_i}{e^{\beta\hbar\omega_i} - 1} \tag{8.6.5}$$

式(8.6.5)也可以看成是按声子观念根据玻色分布得到的结论。利用德拜波矢量数,可得

$$U = U_0 + \int_0^{\omega_{max}} \frac{\hbar\omega}{e^{\beta\hbar\omega} - 1} D(\omega) \, d\omega$$

$$= U_0 + B \int_0^{\omega_{max}} \frac{\hbar\omega^3}{e^{\beta\hbar\omega} - 1} \, d\omega \tag{8.6.6}$$

引入德拜特征温度,取 $\phi_{max} = \hbar\omega_{max}/k$,令 $y = \beta\hbar\omega$,$x = \hbar\omega_{max}/(kT) = \phi_{max}/T$。再利用以下积分函数:

$$D(x) = \frac{3}{x^3} \int_0^x \frac{y^3}{e^y - 1} \, dy$$

得到能量:

$$U = U_0 + 3NkTD(x) \tag{8.6.7}$$

下面讨论高温 $T \gg \phi_{max}$ 和低温 $T \ll \phi_{max}$ 极限中的内能和热容。

高温情况:$x \ll 1$,$e^y - 1 \approx y$,则有

$$D(x) = \frac{3}{x^3} \int_0^x \frac{y^3}{e^y - 1} \, dy \approx \frac{3}{x^3} \int_0^x y^2 \, dy = 1$$

内能和热容表达形式符合经典理论结果

$$U = U_0 + 3NkT \tag{8.6.8}$$

$$C_V = 3Nk \tag{8.6.9}$$

低温情况:$x \gg 1$,即 $x \to \infty$。利用附录积分公式,则有

$$D(x) \approx \frac{3}{x^3} \int_0^\infty \frac{y^3}{\mathrm{e}^y - 1} \mathrm{d}y = \frac{\pi^4}{5x^3}$$

即有内能：

$$U = U_0 + 3Nk \frac{\pi^4}{5} \frac{T^4}{\phi_{\max}^3} \tag{8.6.10}$$

式(8.6.10)第二项是热运动能,当 $T \to 0$ 时, $U \to U_0$ 。热容有

$$C_V = 3Nk \frac{4\pi^4}{5} \frac{T^3}{\phi_{\max}^3} \tag{8.6.11}$$

式(8.6.11)称为**德拜** T^3 **律**,对非金属,理论和实验符合非常好,如图 8-3 所示。金属 3K 以上,理论和实验符合也非常好,3K 以下,必须考虑电子对热容的贡献。

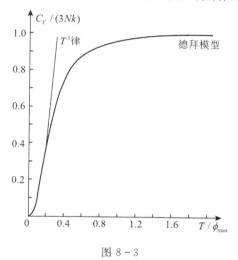

图 8-3

利用式(8.6.4′),获得低温情况下的亥姆霍兹自由能是

$$
\begin{aligned}
F &= -kT\ln Z = U_0 + kT \sum_i \ln(1 - \mathrm{e}^{-\beta\hbar\omega_i}) \\
&= U_0 + kT \int_0^{\omega_{\max}} D(\omega)\mathrm{d}\omega \ln(1 - \mathrm{e}^{-\beta\hbar\omega}) \\
&\approx U_0 + \frac{B}{\beta} \int_0^\infty \omega^2 \ln(1 - \mathrm{e}^{-\beta\hbar\omega}) \, \mathrm{d}\omega \\
&= U_0 + \frac{B}{\beta^4 \hbar^3} \int_0^\infty y^2 \ln(1 - \mathrm{e}^{-y}) \, \mathrm{d}y = U_0 - \frac{B}{\beta^4 \hbar^3} \frac{3}{x^3} \int_0^\infty \frac{y^3}{\mathrm{e}^y - 1} \, \mathrm{d}y \\
&= U_0 - \frac{B}{\beta^4 \hbar^3} \frac{\pi^4}{5x^3} = U_0 - \frac{N\pi^4}{5} kT \left(\frac{T}{\phi_{\max}}\right)^3
\end{aligned}
$$

低温情况下的熵是

$$S = -\left(\frac{\partial F}{\partial T}\right)_V = \frac{4}{5} N\pi^4 k \left(\frac{T}{\phi_{\max}}\right)^3$$

当 $T \to 0$ 时, $S \to 0$,符合热力学第三定律。

取 $\dfrac{3}{c^3} = \dfrac{1}{c_l^3} + \dfrac{2}{c_t^3}$，低温情况下的物态方程：

$$p = -\left(\frac{\partial F}{\partial V}\right)_T = -\left(\frac{\partial U_0}{\partial V}\right)_T + \frac{4\pi^2}{15c^3 \hbar^3}(kT)^4 = -\left(\frac{\partial}{\partial V}\sum_i^{3N} \frac{\hbar\omega_i}{2}\right)_T + \frac{4\pi^2}{15c^3 \hbar^3}(kT)^4$$

$$= -\left(\frac{\partial}{\partial V}\int_0^{\omega_{max}} \frac{\hbar\omega}{2} D(\omega)d\omega\right)_T + \frac{4\pi^2}{15c^3 \hbar^3}(kT)^4$$

$$= -\left(\frac{\partial}{\partial V}\int_0^{\omega_{max}} \frac{\hbar\omega}{2} B\omega^2 d\omega\right)_T + \frac{4\pi^2}{15c^3 \hbar^3}(kT)^4$$

$$= -\left(\frac{\partial}{\partial V} \frac{9}{8} N\hbar\omega_{max}\right)_T + \frac{4\pi^2}{15c^3 \hbar^3}(kT)^4$$

$$= -\left(\frac{\partial}{\partial V} \frac{9N}{B} \frac{\hbar\omega_{max}}{8}\right)_T + \frac{4\pi^2}{15c^3 \hbar^3}(kT)^4 = \frac{3}{2}N\hbar\omega_{max}/V + \frac{4\pi^2}{15c^3 \hbar^3}(kT)^4$$

低温情况下的吉布斯函数是

$$G = F + pV = \phi_0 + \frac{3}{2}N\hbar\omega_{max}$$

8.7 巨正则分布及其热力学量的统计表达式

巨正则系综 若我们研究的是开放系统，不但与热源接触，而且与粒子源接触。为了描述系统的统计性质，想象许多具有相同宏观条件与微观结构的系统，这些系统的集合就是巨正则系综。本节讨论具有确定的体积 V、温度 T 和化学势 μ 的系统的分布函数——巨正则分布。

分布函数 系统和源合起来构成一个孤立复合系统，相当于一个与热源、粒子源接触而达到平衡的系统。假设源系统的体积和粒子数都远大于我们所要研究的系统，尽管有能量和粒子交换，但源系统的温度和化学势都不会变化。假设系统和源（用角标 r 表示）的相互作用很弱，有

$$E + E_r = E^{(0)}$$
$$N + N_r = N^{(0)} \tag{8.7.1}$$

如系统具有能量为 E_s、粒子数为 N，那么复合系统总的微观状态数则是 $\Omega^{(0)} = \Omega_s(N, E_s)\Omega_r(N^{(0)} - N, E^{(0)} - E_s)$。所以系统处在微观状态 s 的概率 ρ_{N_s} 与 Ω_r 成正比，即

$$\rho_{N_s} = \frac{1}{\Omega_s} = \frac{\Omega_r}{\Omega^{(0)}} \propto \Omega_r(N^{(0)} - N, E^{(0)} - E_s) \tag{8.7.2}$$

由于源巨大，必有 $E \ll E^{(0)}$，$N \ll N^{(0)}$。对 Ω_r 取对数，按 N_r 和 E_r 展开，仅取前两项，得

$$\ln\Omega_r(N^{(0)} - N, E^{(0)} - E_s) = \ln\Omega_r(N, E^{(0)}) +$$

$$\left(\frac{\partial\ln\Omega_r}{\partial N_r}\right)_{N_r = N^{(0)}} (-N) + \left(\frac{\partial\ln\Omega_r}{\partial E_r}\right)_{E_r = E^{(0)}} (-E_s)$$

$$= \ln\Omega_r(N^{(0)}, E^{(0)}) - \alpha N - \beta E_s \tag{8.7.3}$$

由微正则分布知道

$$\alpha = \left(\frac{\partial\ln\Omega_r}{\partial N_r}\right)_{N_r=N^{(0)}} = -\frac{\mu}{kT} \tag{8.7.4}$$

$$\beta = \left(\frac{\partial\ln\Omega_r}{\partial E_r}\right)_{E=E^{(0)}} = \frac{1}{kT} \tag{8.7.5}$$

式中,T 和 μ 是源的温度和化学势。当系统和源平衡后,系统的温度和化学势分别等于源的温度 T 和化学势 μ 。考虑到源是巨大、不变的,对系统来说项 $\ln\Omega_r(N^{(0)}, E^{(0)})$ 是一个常量,所以有

$$\rho_{N_s} \propto e^{-\alpha N - \beta E_s} \tag{8.7.6}$$

归一化后,可以得到分布函数:

$$\rho_{N_s} = \frac{1}{Z} e^{-\alpha N - \beta E_s} \tag{8.7.7}$$

其中 Z 称为**巨配分函数**,有

$$Z = \sum_{N=0}^{\infty} \sum_s e^{-\alpha N - \beta E_s} \tag{8.7.8}$$

式中,ρ_{N_s} 就是确定系统 (V, T, μ) 处在微观态 (N, E_s) 上的概率。式(8.7.8)求和是对所有的粒子数以及它们所对应的可能的微观态的双求和。

参照正则分布的经典表达式,巨正则分布的经典表达式为

$$\rho_N dq dp = \frac{1}{N! h^{N_s}} \frac{e^{-\alpha N - \beta E(q,p)}}{Z} d\Omega \tag{8.7.9}$$

其中 $d\Omega$ 代表相体元,巨配分函数是

$$Z = \sum_N \frac{e^{-\alpha N}}{N! h^{N_s}} \int e^{-\beta E(q,p)} d\Omega \tag{8.7.10}$$

热力学量的统计表达式　巨正则分布所讨论的系统具有确定的 (V, T, μ) 值,由于系统和源之间可以交换粒子和能量,系统的粒子数和能量值是变化不确定的。从概率角度看,系统的宏观量是在给定 (V, T, μ) 条件下一切可能的微观状态上的统计平均值,所以系统的平均粒子数 $\overline{N}$ 是粒子数 N 对给定 (V, T, μ) 条件下一切可能的微观状态上的平均值:

$$\overline{N} = \frac{1}{Z} \sum_N \sum_s N e^{-\alpha N - \beta E_s} = \frac{1}{Z}\left(-\frac{\partial}{\partial\alpha}\right) \sum_N \sum_s e^{-\alpha N - \beta E_s}$$

$$= \frac{1}{Z}\left(-\frac{\partial}{\partial\alpha}\right)Z = -\frac{\partial}{\partial\alpha}\ln Z \tag{8.7.11}$$

内能的统计表达式为

$$U = \overline{E} = \frac{1}{Z} \sum_N \sum_s E_s e^{-\alpha N - \beta E_s} = \frac{1}{Z}\left(-\frac{\partial}{\partial\beta}\right) \sum_E \sum_s e^{-\alpha N - \beta E_s}$$

$$= -\frac{1}{Z}\frac{\partial Z}{\partial\beta} = -\frac{\partial}{\partial\beta}\ln Z \tag{8.7.12}$$

广义力 Y 是 $\partial E_s / \partial y$ 的统计平均值：

$$Y = \frac{1}{Z} \sum_N \sum_s \frac{\partial E_s}{\partial y} \mathrm{e}^{-\alpha N - \beta E_s} = \frac{1}{Z} \left(\frac{1}{-\beta} \frac{\partial}{\partial y} \right) \sum_N \sum_s \mathrm{e}^{-\alpha N - \beta E_s}$$

$$= -\frac{1}{\beta} \frac{1}{Z} \frac{\partial Z}{\partial y} = -\frac{1}{\beta} \frac{\partial}{\partial y} \ln Z \tag{8.7.13}$$

由此获得压强公式或系统的物态方程：

$$p = \frac{1}{\beta} \frac{\partial}{\partial V} \ln Z \tag{8.7.14}$$

由于有

$$\beta \left(\mathrm{d}U - Y \mathrm{d}y + \frac{\alpha}{\beta} \mathrm{d}\overline{N} \right) = -\beta \mathrm{d} \left(\frac{\partial \ln Z}{\partial \beta} \right) + \frac{\partial \ln Z}{\partial y} \mathrm{d}y - \alpha \mathrm{d} \left(\frac{\partial \ln Z}{\partial \alpha} \right) \tag{8.7.15}$$

和

$$\mathrm{d}\ln Z = \frac{\partial \ln Z}{\partial \beta} \mathrm{d}\beta + \frac{\partial \ln Z}{\partial y} \mathrm{d}y + \frac{\partial \ln Z}{\partial \alpha} \mathrm{d}\alpha$$

所以有

$$\beta \left(\mathrm{d}U - Y \mathrm{d}y + \frac{\alpha}{\beta} \mathrm{d}\overline{N} \right) = \mathrm{d} \left(\ln Z - \alpha \frac{\partial}{\partial \alpha} \ln Z - \beta \frac{\partial}{\partial \beta} \ln Z \right) \tag{8.7.16}$$

再与开系的热力学基本方程 $\frac{1}{T} (\mathrm{d}U - Y\mathrm{d}y - \mu \mathrm{d}N) = \mathrm{d}S$ 比较后，可以确定

$$\beta = \frac{1}{kT}, \alpha = -\frac{\mu}{kT}$$

熵：

$$S = k \left(\ln Z - \frac{\partial \ln Z}{\partial \alpha} - \beta \frac{\partial \ln Z}{\partial \beta} \right) \tag{8.7.17}$$

或

$$S = k \left(\ln Z - \frac{U - \mu \overline{N}}{T} \right)$$

按定义式 $G = U - TS + pV$ 和 $G = \overline{N}\mu$，得到物态方程以及巨热力势的表达式：

$$pV = kT\ln Z \tag{8.7.18}$$

$$J = -kT\ln Z \tag{8.7.19}$$

巨热力势是巨正则系统的特性函数。系统其他热力学函数可由 J 计算出来，如下：

$$\overline{N} = -\frac{\partial J}{\partial \mu}, Y = -\frac{\partial J}{\partial y}, S = -\frac{\partial J}{\partial T}$$

涨落　下面讨论粒子的涨落问题，粒子的涨落为

$$\overline{(N - \overline{N})^2} = \overline{N^2} - (\overline{N})^2$$

由于

$$\overline{N} = \frac{1}{Z} \sum_N \sum_s N e^{-aN-\beta E_s} = \sum_N \sum_s N e^{-aN-\beta E_s} \Big/ \sum_N \sum_s N e^{-aN-\beta E_s}$$

则

$$\frac{\partial \overline{N}}{\partial a} = \frac{\partial}{\partial a} \frac{1}{Z} \sum_N \sum_s N e^{-aN-\beta E_s}$$

$$= \frac{\partial}{\partial a} \frac{\sum_N \sum_s N e^{-aN-\beta E_s}}{\sum_N \sum_s e^{-aN-\beta E_s}} = - \frac{\sum_N \sum_s N^2 e^{-aN-\beta E_s}}{\sum_N \sum_s e^{-aN-\beta E_s}} + \frac{\left(\sum_N \sum_s N e^{-aN-\beta E_s} \right)^2}{\left(\sum_N \sum_s e^{-aN-\beta E_s} \right)^2}$$

$$= - \frac{\sum_N \sum_s N^2 e^{-aN-\beta E_s}}{Z} + \left(\frac{\sum_N \sum_s N e^{-aN-\beta E_s}}{Z} \right)^2 = - \left[\overline{N^2} - (\overline{N})^2 \right]$$

所以粒子数的涨落和相对涨落分别为

$$\overline{(N-\overline{N})^2} = - \left(\frac{\partial \overline{N}}{\partial a} \right)_{\beta,y} = kT \left(\frac{\partial \overline{N}}{\partial \mu} \right)_{T,V}$$

$$\frac{\overline{(N-\overline{N})^2}}{(\overline{N})^2} = \frac{kT}{(\overline{N})^2} \left(\frac{\partial \overline{N}}{\partial \mu} \right)_{T,V}$$

例 3：讨论单原子理想气体巨正则系统的内能和物态方程。

解：巨配分函数是

$$Z = \sum_{N=0}^{\infty} \frac{e^{-aN}}{N!} \int \frac{1}{h^{3N}} e^{-\beta E(q,p)} \, d\Omega = \sum_N \frac{e^{-aN}}{N!} z_i^N = \exp(z_1 e^{-a})$$

其中，$z_i = \int_V dx_i dy_i dz_i \int_{-\infty}^{\infty} e^{-\beta p_i^2/(2m)} dp_i \Big/ h^3 = V \left(\frac{2\pi m}{\beta h^2} \right)^{3/2}$。再利用 $\overline{N} = -\frac{\partial}{\partial a} \ln Z = z_i e^{-a}$，

可导出内能和物态方程分别是

$$U = -\frac{\partial}{\partial \beta} \ln Z = \frac{3}{2\beta} z_i e^{-a} = \frac{3}{2} \overline{N} kT$$

$$pV = kT \ln Z = kT z_i e^{-a} = \overline{N} kT$$

例 4：由巨正则系综理论推导费米分布。

解：我们把式(8.7.8)中对量子态 s 求和改为对分布 $\{a_l\}$ 求和，则

$$Z = \sum_N \sum_s e^{-aN-\beta E_s} = \sum_{\{a_l\}} e^{-\sum_l (a+\beta \varepsilon_l) a_l} = \sum_{\{a_l\}} \prod_l e^{-(a+\beta \varepsilon_l) a_l} = \prod_l \sum_{\{a_l\}} e^{-(a+\beta \varepsilon_l) a_l} = \prod_l z_l$$

其中，$z_l = \sum_{\{a_l\}} e^{-(a+\beta \varepsilon_l) a_l}$。对费米子，有：$z_l = \sum_{a_l=1,0} e^{-(a+\beta \varepsilon_l) a_l} = 1 + e^{-(a+\beta \varepsilon_l)}$。则

$$\overline{N} = -\frac{\partial}{\partial a} \ln Z = -\sum_{a_l} \frac{\partial}{\partial a} \ln z_l = \sum_l \frac{1}{e^{a+\beta \varepsilon_l} + 1}$$

如 ε_l 级上有 ω_l 个量子态，则上式可以写为

$$\overline{N} = \sum_l \frac{\omega_l}{e^{a+\beta \varepsilon_l} + 1} = \sum_l a_l$$

即有

$$a_l = \frac{\omega_l}{\mathrm{e}^{\alpha+\beta\varepsilon_l} + 1}$$

再回顾一下三个系综的区别与联系：我们把微正则分布看成是平衡态统计物理的基本假设，由它出发可以导出各种外界条件下的系统的概率分布规律：如与大热源达到平衡的封闭系统服从的正则分布；如与大热源和粒子源达到平衡的开放系统服从的巨正则分布。虽然这三种分布描述的是三种不同系统的统计分布规律，但实际上，只要系统本身足够大，则系统的能量涨落及粒子数的涨落相对来说是很小的，一般涨落不显现出宏观效应，因此在实际计算中把一个系统看成服从哪个分布差别是不大的。

第 9 章　涨落理论

9.1　涨落的准热力学方法理论

统计物理学认为,宏观量是微观量在满足给定宏观条件下的系统所有可能的微观状态的统计平均值。实际上,系统的热力学量围绕着平均值存在涨落,这种涨落虽然很小,但有时却有显著的效应。研究涨落能进一步地认识到热力学量的统计特性。对于大数量的微观粒子组成的系统处于统计平衡时,物理量的统计平均值与最可几值实际上是一致的。因此,相对于统计平均值的涨落与相对于最可几的涨落也是一致的。下面的方法是通过一些可以测量的热力学量来计算涨落的,因而又称**准热力学方法**。

涨落的表达式　如我们把所研究的系统称为系统 1,其周围媒质(热源、粒子源)称为系统 2,两者组成一个孤立系统。当整个孤立系统处于统计平衡时,出现某个宏观态的热力学概率与该态的熵之间满足玻耳兹曼关系:

$$S = k\ln\Omega \tag{9.1.1}$$

对热力学平衡态应有

$$S_0 = k\ln\Omega_0 \tag{9.1.2}$$

整个孤立系统出现某个宏观态的概率 $W \propto \Omega$,有

$$W = W_0 e^{(S-S_0)/k} = W_0 e^{\Delta S/k}$$

对应于系统的概率为

$$W_1 = \frac{W}{W_2} \propto e^{\Delta S/k} \tag{9.1.3}$$

由于整个孤立系统的熵为

$$S = S_1 + S_2$$

则

$$\Delta S = \Delta S_1 + \Delta S_2$$

考虑到系统 1 和 2 处在平衡时它们的温度、压强和化学势分别相等,如用 T、p 和 μ 表示整个孤立系统处在平衡态时的温度、压强和化学势,则有

$$\Delta S_1 = \frac{\Delta E_1 + p\Delta V_1 - \mu\Delta N_1}{T}$$

$$\Delta S_2 = \frac{\Delta E_2 + p\Delta V_2 - \mu\Delta N_2}{T}$$

则

$$\Delta S = \frac{\Delta E + p\Delta V - \mu\Delta N}{T}$$

所以得到涨落的基本表达式：

$$W_1 \propto e^{-\frac{\Delta E_1 - T\Delta S_1 + p\Delta V_1 - \mu\,\Delta N_1}{kT}} \tag{9.1.4}$$

表达公式的简化　平衡态时的温度、压强和化学势均等，并考虑到一般性，可不用角标。将 E 看成是 S、V 和 N 的函数，在其平衡位置展开，取二级近似：

$$E = \overline{E} + \left(\frac{\partial E}{\partial S}\right)_0 \Delta S + \left(\frac{\partial E}{\partial V}\right)_0 \Delta V + \left(\frac{\partial E}{\partial N}\right)_0 \Delta N +$$

$$\frac{1}{2}\left[\left(\frac{\partial^2 E}{\partial S^2}\right)_0 (\Delta S)^2 + \left(\frac{\partial^2 E}{\partial V^2}\right)_0 (\Delta V)^2 + \left(\frac{\partial^2 E}{\partial N^2}\right)_0 (\Delta N)^2\right] +$$

$$\frac{1}{2}\left[2\left(\frac{\partial^2 E}{\partial S\partial V}\right)_0 (\Delta S\Delta V) + 2\left(\frac{\partial^2 E}{\partial S\partial N}\right)_0 \Delta S\Delta N + 2\left(\frac{\partial^2 E}{\partial V\partial N}\right)_0 (\Delta V\Delta N)\right]$$

式中角标"0"表示取 $S = \overline{S}, V = \overline{V}, N = \overline{N}$ 时的值。由于

$$\left(\frac{\partial E}{\partial S}\right)_0 = T, \left(\frac{\partial E}{\partial V}\right)_0 = -p, \left(\frac{\partial E}{\partial N}\right)_0 = \mu$$

以及

$$\Delta T = \frac{\partial T}{\partial S}(\Delta S) + \frac{\partial T}{\partial V}(\Delta V) + \frac{\partial T}{\partial N}(\Delta N)$$

$$\Delta p = \frac{\partial p}{\partial S}(\Delta S) + \frac{\partial p}{\partial V}(\Delta V) + \frac{\partial p}{\partial N}(\Delta N)$$

$$\Delta \mu = \frac{\partial \mu}{\partial S}(\Delta S) + \frac{\partial \mu}{\partial V}(\Delta V) + \frac{\partial \mu}{\partial N}(\Delta N)$$

所以有

$$\Delta E - T\Delta S + p\Delta V - \mu\Delta N = \frac{1}{2}\Delta S\left[\frac{\partial}{\partial S}\left(\frac{\partial E}{\partial S}\right)_0 (\Delta S) + \frac{\partial}{\partial V}\left(\frac{\partial E}{\partial S}\right)_0 (\Delta V) + \frac{\partial}{\partial N}\left(\frac{\partial E}{\partial S}\right)_0 (\Delta N)\right] +$$

$$\frac{1}{2}\Delta V\left[\frac{\partial}{\partial S}\left(\frac{\partial E}{\partial V}\right)_0 (\Delta S) + \frac{\partial}{\partial V}\left(\frac{\partial E}{\partial V}\right)_0 (\Delta V) + \frac{\partial}{\partial N}\left(\frac{\partial E}{\partial V}\right)_0 (\Delta N)\right] +$$

$$\frac{1}{2}\Delta N\left[\frac{\partial}{\partial S}\left(\frac{\partial E}{\partial N}\right)_0 (\Delta S) + \frac{\partial}{\partial V}\left(\frac{\partial E}{\partial N}\right)_0 (\Delta V) + \frac{\partial}{\partial N}\left(\frac{\partial E}{\partial N}\right)_0 (\Delta N)\right]$$

$$= \frac{1}{2}(\Delta S\Delta T - \Delta V\Delta p + \Delta N\Delta \mu)$$

即有

$$W \propto \mathrm{e}^{-\frac{\Delta T \Delta S - \Delta p \Delta V + \Delta \mu \Delta N}{2kT}}$$

$$(9.1.5)$$

物理量涨落的计算　下面讨论周围介质对系统的影响作用问题。

（1）如果系统与周围介质没有物质粒子交换，如选用（T,V）作为系统函数变量，由于

$$\Delta p = \left(\frac{\partial p}{\partial V}\right)_T (\Delta V) + \left(\frac{\partial p}{\partial T}\right)_V (\Delta T)$$

$$\Delta S = \left(\frac{\partial S}{\partial V}\right)_T (\Delta V) + \left(\frac{\partial S}{\partial T}\right)_V (\Delta T)$$

并利用下面的麦克斯韦关系式：

$$\left(\frac{\partial S}{\partial V}\right)_T = \left(\frac{\partial p}{\partial T}\right)_V, \text{以及} \ C_V = T\left(\frac{\partial S}{\partial T}\right)_V$$

则有

$$W(\Delta V, \Delta T) = W_0 \exp\left[\frac{1}{2kT}\left(\frac{\partial p}{\partial V}\right)_T (\Delta V)^2 - \frac{C_V}{2kT^2}(\Delta T)^2\right]$$

$$(9.1.6)$$

式（9.1.6）叫（$\Delta V, \Delta T$）的随机变量的联合分布。它说明随机变量（$\Delta V, \Delta T$）是相互独立的。由以上联合分布式可找出体积 V 及温度 T 的均方涨落为

$$\overline{(\Delta V)^2} = \frac{\int_{-\infty}^{\infty}\int_{-\infty}^{\infty}(\Delta V)^2 W(\Delta V, \Delta T)\mathrm{d}(\Delta V)\mathrm{d}(\Delta T)}{\int_{-\infty}^{\infty}\int_{-\infty}^{\infty}W(\Delta V, \Delta T)\mathrm{d}(\Delta V)\mathrm{d}(\Delta T)} = kTV\kappa_T$$

$$(9.1.7)$$

式（9.1.7）已利用式（9.1.6）归一化，其中 $\kappa_T = -\frac{1}{V}\left(\frac{\partial V}{\partial p}\right)_T$，为等温压缩率。同理可得

$$\overline{(\Delta T \Delta V)} = 0$$

$$\overline{(\Delta T)^2} = kT^2/C_V$$

$$(9.1.8)$$

由于 $\overline{(\Delta T)^2}$ 和 $\overline{(\Delta V)^2}$ 是正值，所以有

$$\kappa_T > 0, C_V > 0$$

$$(9.1.9)$$

（2）如果系统与周围介质还是没有物质粒子交换，但选用（p,S）作为系统函数变量。由于

$$\Delta V = \left(\frac{\partial V}{\partial p}\right)_T (\Delta p) + \left(\frac{\partial V}{\partial S}\right)_p (\Delta S)$$

$$\Delta T = \left(\frac{\partial T}{\partial p}\right)_S (\Delta p) + \left(\frac{\partial T}{\partial S}\right)_p (\Delta S)$$

并利用下面的麦克斯韦关系式：

$$\left(\frac{\partial V}{\partial S}\right)_p = \left(\frac{\partial T}{\partial p}\right)_S, \text{以及} \ C_p = T\left(\frac{\partial S}{\partial T}\right)_p$$

得到

$$W(\Delta S, \Delta p) = W_0 \exp\left[\frac{1}{2kT}\left(\frac{\partial V}{\partial p}\right)_S (\Delta p)^2 - \frac{1}{2kC_p}(\Delta S)^2\right]$$

$$(9.1.10)$$

这是随机变量($\Delta S, \Delta p$)的联合分布。它说明随机变量($\Delta S, \Delta p$)是相互独立的。利用这联合分布可找出

$$\overline{(\Delta S \Delta p)} = 0$$

$$\overline{(\Delta S)^2} = k C_p$$

$$\overline{(\Delta p)^2} = -kT \left(\frac{\partial p}{\partial V}\right)_S = \frac{kT}{V \kappa_S} \tag{9.1.11}$$

式中，$\kappa_S = -\frac{1}{V}\left(\frac{\partial V}{\partial p}\right)_S$ 是绝热压缩率。由于 $\overline{(\Delta S)^2}$ 和 $\overline{(\Delta p)^2}$ 是正值，所以有

$$\kappa_S > 0, C_p > 0$$

下面利用式(9.1.6)及相关结论再讨论能量的涨落，由

$$\Delta E = \left(\frac{\partial E}{\partial T}\right)_V (\Delta T) + \left(\frac{\partial E}{\partial V}\right)_T (\Delta V)$$

并利用 $\overline{(\Delta V)^2} = -kT\left(\frac{\partial V}{\partial p}\right)_T$，上式平方的平均值是

$$\overline{(\Delta E)^2} = C_V^2 \overline{(\Delta T)^2} + 2\left(\frac{\partial E}{\partial T}\right)_V \left(\frac{\partial E}{\partial V}\right)_T \overline{\Delta T \Delta V} + \left(\frac{\partial E}{\partial V}\right)_T^2 \overline{(\Delta V)^2}$$

$$= kT^2 C_V - kT \left(\frac{\partial E}{\partial p}\right)_T \left(\frac{\partial E}{\partial V}\right)_T \tag{9.1.12}$$

(3)对于开放系统，我们主要讨论粒子数和能量的涨落。如让系统处于等温等容的条件下，由于 $\Delta \mu = \frac{\partial \mu}{\partial N}(\Delta N)$，则有

$$W \propto e^{-\frac{(\Delta N)^2 \left(\frac{\partial \mu}{\partial N}\right)_{T,V}}{2kT}} \tag{9.1.13}$$

粒子数的涨落 对于是系统粒子数的均方涨落为

$$\overline{(\Delta N)^2} = -kT \left(\frac{\partial N}{\partial \mu}\right)_{T,V}$$

由于比体积 $v = \left(\frac{\partial \mu}{\partial p}\right)_T$，即 $\frac{V}{N} = \left(\frac{\partial \mu}{\partial p}\right)_T$，则

$$N = V / \left(\frac{\partial \mu}{\partial p}\right)_T = V\left(\frac{\partial p}{\partial \mu}\right)_T$$

所以有

$$\left(\frac{\partial N}{\partial \mu}\right)_{T,V} = V\left(\frac{\partial^2 p}{\partial \mu^2}\right)_{T,V} = V\left(\frac{\partial}{\partial \mu}\left(\frac{1}{v}\right)\right)_T = -\frac{V}{v^2}\left(\frac{\partial v}{\partial \mu}\right)_T$$

$$= -\frac{V}{v^2}\left(\frac{\partial v}{\partial p}\right)_T \left(\frac{\partial p}{\partial \mu}\right)_T = -\frac{V}{v}\left(\frac{\partial v}{\partial p}\right)_T = -\frac{N^2}{V^2}\left(\frac{\partial V}{\partial p}\right)_T$$

得

$$\overline{(\Delta N)^2} = -kT \frac{N^2}{V^2}\left(\frac{\partial V}{\partial p}\right)_T \tag{9.1.14}$$

因而粒子数的相对涨落为

$$\overline{(\Delta N)^2 / N^2} = \kappa_T \frac{kT}{V} \tag{9.1.15}$$

其中 κ_T 是等温压缩率。如果系统是理想气体,则有

$$\left(\frac{\partial V}{\partial p}\right)_T = -NkT/p^2$$

所以有

$$\overline{(\Delta N)^2 / N^2} = \frac{1}{N} \tag{9.1.15'}$$

能量涨落 对于能量涨落,因为

$$\Delta \frac{V}{N} = -\frac{V}{N^2} \Delta N$$

$$\left(\frac{\partial E}{\partial V}\right)_T = \left(\frac{\partial E}{\partial N}\right)_T \left(\frac{\partial N}{\partial V}\right)_T = \frac{N}{V}\left(\frac{\partial E}{\partial N}\right)_T$$

所以有

$$\overline{(\Delta E)^2} = kT^2 C_V + \overline{(\Delta N)^2}\left(\frac{\partial E}{\partial N}\right)_T^2 \tag{9.1.16}$$

式(9.1.16)说明系统总能量的涨落是由于系统与外界交换能量和交换粒子而引起的。

9.2 光的散射

光能够在透明介质中传输,具有反射、折射和散射等现象。在完全均匀的气体或液体里,波长比原子尺寸大得多的光波不发生任何散射,光只沿光的反射和折射的方向传播。但由于气体和液体的密度涨落作用,光在物质中的次级光波的干涉条件被破坏了,因而出现了光的散射。本节将应用涨落理论来解释光的散射现象,如天空的蓝色就是太阳光被大气所散射的结果。散射光的强度可用如下的**瑞利公式**来表达:

$$I = I_0 \frac{(2\pi)^2}{\lambda^4 R^2}(1 + \cos^2\theta)V^2(\overline{\mu} - 1)^2 \left(\frac{\overline{\Delta\varrho}}{\varrho}\right)^2 \tag{9.2.1}$$

式中,I_0 是入射光的强度,V 是散射物质体积,$\overline{\mu}$ 是折射指数,ϱ 是物质密度,R 是由散射体到观察点的距离,θ 是入射光的方向与观测方向之间的夹角,λ 为入射光的波长。由式(9.1.15)得到

$$\left(\frac{\overline{\Delta\varrho}}{\varrho}\right)^2 = -\frac{kT}{V^2}\left(\frac{\partial V}{\partial p}\right)_T \tag{9.2.2}$$

如把大气作为理想气体简单处理,则

$$\left(\frac{\overline{\Delta\varrho}}{\varrho}\right)^2 = \frac{1}{N} \tag{9.2.3}$$

代入式(9.2.1),得到

$$I = I_0 \frac{(2\pi)^2}{\lambda^4 R^2}(1+\cos^2\theta)V(\bar{\mu}-1)^2\left(\frac{1}{n}\right) \tag{9.2.4}$$

式中,n 是分子数密度,$n = N/V$。

电动力学中对于非极性分子,其折射指数与分子极化率 a 之间有下列关系:

$$\frac{\bar{\mu}^2-1}{\bar{\mu}^2+2} = \frac{4\pi}{3}na \tag{9.2.5}$$

其中,折射指数 $\bar{\mu} \approx 1$,对式(9.2.5)近似处理,得到 $(\bar{\mu}-1) \approx 2\pi na$,则有

$$I = I_0 \frac{(2\pi)^2}{\lambda^4 R^2}(1+\cos^2\theta)Vna^2 \tag{9.2.6}$$

可以看出,散射光的强度与波长的 4 次方成反比,波长越短,它被散射得越强。如紫光波长比红光波长短,所以紫光的散射强度要比红光大约 10 倍,这就解释了天空的浅蓝色。从式(9.2.6)尚可看出,当逐渐增加观测的高度时,分子数密度 n 逐渐减小,光的散射强度越来越弱,但同时由于短波散射较强,于是天空的颜色开始变成暗蓝色,继而变成紫色。

早霞红日与夕阳红是日出与日落时太阳光透过大气呈现出的映红现象,是散射理论一个直观的证明。日出或日落时,太阳仅位于水平线以上且高度较低,太阳光要通过更厚的大气层即超过处于天顶时大气厚度才能看到它。由于太阳发射来的光线中,较短波长的蓝光比红光更多地被大气散射了,所以当通过很厚的大气层后,太阳光呈强烈的红色。

9.3 布朗运动理论 朗之万方程

布朗运动 1827 年,植物学家布朗用显微镜观察悬浮于液体中的植物花粉的微粒(宏观尺度体分子团),发现这些微粒在做连续不断的、无规则的运动。微粒越小,其运动越激烈。后来把这种微粒称为布朗微粒。这种运动称为布朗运动。布朗运动是布朗微粒周围的液体分子做不停的无规则运动而引起的。液体分子与布朗微粒相碰是随机的,布朗微粒运动的方向也随机变化。

朗之万方程 这里介绍朗之万的布朗运动理论。液体温度为 T,布朗微粒质量为 m。布朗微粒受到两个部分力的作用:一部分为液体分子做不规则运动施加在布朗微粒上的随机作用力 $\vec{F}(t)$,另一部分为布朗微粒运动受到液体的黏滞阻力 $\zeta'\vec{v}$(ζ' 为黏滞系数,$\vec{v}$ 为布朗粒子的速度)。因此,布朗粒子的运动方程为

$$m\frac{\mathrm{d}\vec{v}}{\mathrm{d}t} = -\zeta'\vec{v} + \vec{F}(t) \tag{9.3.1}$$

或

$$\frac{\mathrm{d}\vec{v}}{\mathrm{d}t} = -\zeta\vec{v} + \vec{A}(t) \tag{9.3.2}$$

其中 $\zeta = \zeta'/m$, $A = F/m$, 式(9.3.2)称为**朗之万方程**。用瞬时位矢 $\vec{r}$ 点乘式(9.3.2)，并利用下面的数学关系式：

$$\vec{r} \cdot \frac{\mathrm{d}\vec{v}}{\mathrm{d}t} = \frac{\mathrm{d}}{\mathrm{d}t}(\vec{r} \cdot \vec{v}) - \vec{v}^2 \ , \ \vec{r} \cdot \vec{v} = \frac{1}{2}\left(\frac{\mathrm{d}\vec{r}^2}{\mathrm{d}t}\right)$$

将式(9.3.2)变换为

$$\frac{\mathrm{d}^2}{\mathrm{d}t^2}(\vec{r}^2) + \zeta \frac{\mathrm{d}}{\mathrm{d}t}(\vec{r}^2) = 2\vec{v}^2 + 2\vec{r} \cdot \vec{A}(t) \tag{9.3.3}$$

将式(9.3.3)对大量粒子求平均，即把大量粒子的方程相加，然后用粒子数去除，用一横加在上面表示平均，并认为布朗微粒的瞬间位矢 $\vec{r}$ 与 $\vec{F}(t)$ 无关，则有

$$\overline{\vec{r} \cdot \vec{A}(t)} = 0 \tag{9.3.4}$$

即 $\vec{r} \cdot \vec{F}(t)$ 的正负数值毫无律性，平均值应当为零。这样就有

$$\frac{\mathrm{d}^2}{\mathrm{d}t^2}\overline{\vec{r}^2} + \zeta \frac{\mathrm{d}}{\mathrm{d}t}\overline{\vec{r}^2} = 2\overline{\vec{v}^2} \tag{9.3.5}$$

按能量均分定理取 $\overline{\vec{v}^2} = 3kT/m$ ，所以有

$$\frac{\mathrm{d}^2}{\mathrm{d}t^2}\overline{\vec{r}^2} + \zeta \frac{\mathrm{d}}{\mathrm{d}t}\overline{\vec{r}^2} = 6kT/m \tag{9.3.6}$$

该方程通解是

$$\overline{\vec{r}^2} = \frac{6kT}{m\zeta}t + c_1 \mathrm{e}^{-\zeta t} + c_2$$

积分常数 c_1 和 c_2 的确定：由于是瞬间作用，认为 $t=0$ 时，$|\vec{r}|=0$、$|\vec{v}|=0$，所以取 $c_1=c_2=0$。则有

$$\overline{\vec{r}^2} = \frac{6kT}{m\zeta}t \tag{9.3.7}$$

式(9.3.7)表明粒子位移的均方值与时间成正比。这于 1908 年被皮兰实验所证实。

　　扩散方程　用扩散的观点来研究布朗运动。液体中的布朗微粒用 $\rho(\vec{r},t)$ 表示密度，$\vec{j}(\vec{r},t)$ 表示流密度，D 是布朗粒子的扩散系数。按照斐克定律：

$$\vec{j}(\vec{r},t) = -D\nabla\rho(\vec{r},t)$$

以及流体的连续性方程：

$$\nabla \cdot \vec{j}(\vec{r},t) = -\partial\rho(\vec{r},t)/\partial t$$

得到扩散方程：

$$\nabla^2\rho(\vec{r},t) = \frac{1}{D}\frac{\partial\rho(\vec{r},t)}{\partial t} \tag{9.3.8}$$

其解为（认为 $t=0$ 时，$|\vec{r}|=0$）

$$\rho(\vec{r},t) = \frac{N}{(4\pi Dt)^{3/2}}\mathrm{e}^{-\frac{\vec{r}^2}{4Dt}} \tag{9.3.9}$$

即服从高斯分布，所以有

$$\overline{\vec{r}} = 0$$

$$\overline{\vec{r}^2} = \frac{4\pi}{N}\int_0^\infty \rho(\vec{r},t)r^4\,\mathrm{d}r = 6Dt$$

其中 D 是扩散系数

$$D = \frac{kT}{m\zeta} = \frac{kT}{\zeta'} \tag{9.3.10}$$

这称为**爱因斯坦关系**，该式给出了扩散系数和黏滞系数关系。

9.4　电路中的电涨落　热噪声

热噪声是电子在导体内做无规则热运动而引起的。导体中涨落现象由于电路放大作用表现得特别显著。热噪声是电子线路中特别是集成电路微电子器件等的重要问题。考虑一个简单的仅有电阻电感的电路。设电阻为 R，电感为 L，热噪声电流为 I，电子热运动导致热噪声引起的电压涨落为 $V(t)$ 是随机量。则有

$$L\frac{\mathrm{d}I}{\mathrm{d}t} + RI = V(t)$$

让 $R' = R/L$，$V' = V/L$，得到朗之万方程式：

$$\frac{\mathrm{d}I}{\mathrm{d}t} + R'I = V' \tag{9.4.1}$$

注意 I 和 V' 类似于式(9.3.2)中的 $\vec{v}$ 和 $\vec{A}$。假定

$$当 \ t>0 \ 时，\overline{V'(t)} = 0$$

$$\overline{V'(t)V'(t')} = 2R'A\delta(t-t')$$

其中，$\delta(t-t')$ 是 δ 函数，A 是待定常数。式(9.4.1)的解是

$$I(t) = I_0\mathrm{e}^{-R't} + \mathrm{e}^{-R't}\int_0^t V'(\chi)\mathrm{e}^{R'\chi}\,\mathrm{d}\chi \tag{9.4.2}$$

其中 I_0 是电流 I 初值。对式(9.4.2)取统计平均，得出

$$\overline{I(t)} = I_0\mathrm{e}^{-t/\tau_r} \tag{9.4.3}$$

其中 $\tau_r = L/R = 1/R'$ 是迟延时间。由式(9.4.2)得到电流的时间关联函数为

$$\overline{I'(t)I'(t')} = A\mathrm{e}^{-|t-t'|/\tau_r} + (I_0^2 - A)\mathrm{e}^{-|t+t'|/\tau_r} \tag{9.4.4}$$

在 $t = t'$ 时，有

$$\overline{I^2} = A + (I_0^2 - A)\mathrm{e}^{-2t/\tau_r}$$

长时间之后有

$$\lim_{t\to\infty}\overline{I^2(t)} = A$$

按能量均分定理有

$$\frac{1}{2}L\,\overline{I^2} = \frac{1}{2}kT$$

所以有 $A = kT/L$,代入得到

$$\overline{V'(t)V'(t')} = 2R'kT\delta(t-t')/L^2 \tag{9.4.5}$$

或

$$\overline{V'(t)V'(t')} = 2RkT\delta(t-t') \tag{9.4.5'}$$

涨落电量的均方值

$$\overline{(\Delta q)^2} = \left[\overline{(V/R)^2} - \overline{(V/R)}^2\right]t = \overline{(V/R)^2}\,t = \frac{2kT}{R}t \tag{9.4.6}$$

通过对式(9.4.5′)傅里叶变换得到电压涨落:

$$\overline{V^2(\omega)} = kTR/\pi \tag{9.4.7}$$

它称为**尼奎斯公式**。显然,电压涨落与温度和电阻成正比,与电路的结构无关。

习题及答案

第1章

1.1 试求理想气体的体胀系数 α，压力系数 β 和等温压缩率 κ_T。

[答案：$\alpha = \beta = \dfrac{1}{T}, \kappa_T = \dfrac{1}{p}$]

1.2 证明任何一种具有两个独立参量 (T,p) 的物质，其物态方程可由实验测得的体胀系数 α 及等温压缩率 κ_T 根据积分求得：$\ln V = \int (\alpha dT - \kappa_T dp)$，如果 $\alpha = \dfrac{1}{T}, \kappa_T = \dfrac{1}{p}$，试求物态方程。

1.3 描述金属丝的几何参量是长度 L，力学参量是 J，物态方程是 $f = (J, L, T) = 0$，实验通常在大气压下进行，其体积变化可以忽略。

线胀系数定义为

$$\alpha = \frac{1}{L}\left(\frac{\partial L}{\partial T}\right)_V$$

等温杨氏模量定义为

$$Y = \frac{L}{A}\left(\frac{\partial J}{\partial L}\right)_T$$

式中，A 是金属丝的截面面积。一般说来，α 和 Y 是 T 的函数，对 J 仅有微弱的依赖关系。如果温度变化范围不大，可以看作常数。假设金属丝两端固定。试证明，当温度由 T_1 降至 T_2 时，其张力的增加为 $\Delta J = -YA\alpha(T_2 - T_1)$。

1.4 利用公式 $\left(\dfrac{\partial z}{\partial x}\right)_y \left(\dfrac{\partial x}{\partial y}\right)_z \left(\dfrac{\partial y}{\partial z}\right)_x = -1$，证明 $\alpha = \kappa_T \beta p$。

1.5 证明：对任意均匀系，它的绝热压缩率与等温压缩率间的关系是 $\left(\dfrac{\partial V}{\partial p}\right)_{绝热} = \dfrac{1}{\gamma}\left(\dfrac{\partial V}{\partial p}\right)_T$，其中 $\gamma = \dfrac{C_p}{C_V}$。

1.6 1mol 理想气体，在 27℃ 的恒温下体积发生膨胀，其压强由 $20\,p_n$ 准静态地降到 $1\,p_n$，求气体所做的功和所吸收的热量。

[答案：气体做功 $W = 7.45 \times 10^3 /\text{J} \cdot \text{mol}$，吸热 $Q = 7.45 \times 10^3 \text{J} \cdot \text{mol}$]

1.7 理想气体分别经过等压过程和等容过程，温度由 T_1 升至 T_2。假设 γ 是常数，试证明前者的熵为后者的 γ 倍。

    1.8 一物体其初始温度高于某热源的温度 T_2，有一热机在此物体及热源之间工作，直到物体的温度降到 T_2 为止，若热机从物体中吸收的热量为 Q，试用熵增加原理证明此热机所能输出的最大功为：$W_{\max} = Q - T_2(S_1 - S_2)$，其中 $S_1 - S_2$ 为物体熵减少量。

    1.9 均匀杆的温度一端为 T_1，另一端为 T_2。试计算达到均匀温度 $\frac{1}{2}(T_1 + T_2)$ 后的熵增加量。

$$\left[\text{答案}：\Delta S = C_p\left(\ln\frac{T_1 + T_2}{2} - \frac{T_1\ln T_1 - T_2\ln T_2}{T_1 - T_2} + 1\right)\right]$$

    1.10 有两个相同的物体，热容为常数，初始温度为 T_i。今令一制冷机在此两物体间工作，使其中一物体的温度降低到 T_2 为止。假设物体维持在一定压下，并且不发生相变。试根据熵增加原理证明，此过程所需最小功为

$$W_{\text{最小}} = C_p\left(\frac{T_i^2}{T_2} + T_2 - 2T_i\right)$$

    1.11 一固体的密度为 ρ，质量为 M，线胀系数为 α，证明在压强 p 时，热容 C_V 与 C_p 之间有如下关系：

$$C_p - C_V = 3\alpha\frac{M}{\rho}p$$

    1.12 对一个室温下的双原子分子理想气体，在等压膨胀及等温膨胀的情况下，分别计算出系统对外所做的功与从外界吸收的热量之比。

    [答案：等压：$W/Q = 2/7$，等温：$W/Q = 1$]

    1.13 在 1atm(标准大气压)下，10L 气体被等温压缩至 1L，然后再绝热膨胀至 10L。(1)对单原子分子气体，在 $p-V$ 图上画出此过程。(2)对双原子分子作同样的图。(3)是外界对系统做功还是系统对外界做功？(4)对于单原子及双原子分子气体，此功值哪个大？

    1.14 证明服从居里定律 $M = \chi H = \dfrac{C}{T}H$ 的顺磁介质，在准静态等温过程中所做的功可表示成 $W = \dfrac{T}{2C}(M_1^2 - M_2^2) = \dfrac{a}{2T}(H_1^2 - H_2^2)$（$a$ 为居里常数）。

    1.15 大气温度随高度降低的主要原因是在对流层中的低处与高处之间空气不断发生对流。由于气压随高度而降低，空气上升时膨胀，下降时收缩。注意到空气的热导率很小，可把这一膨胀和收缩的过程近似看作绝热过程。试证明大气的温度 T 随高度的变化为

$$\frac{\mathrm{d}T}{\mathrm{d}z} = \frac{1 - \gamma}{\gamma}\frac{mg}{R}$$

    1.16 今已知一低密度气体的物态方程是

$$p = \left(\frac{nRT}{V}\right)\left[1 + \frac{n}{V}B(T)\right]$$

其热容相对于理想气体的热容有一修正，关系式是

$$C_V = \frac{3}{2}nR - \frac{n^2R}{V}F(T)$$

(1)求出 $F(T)$ 的形式；

(2)求出内能 U 的形式。

［答案：$F(T) = 2nB' + T^2 B''$，$U = \frac{3}{2}nRT - \frac{n^2RT^2}{V}B'(T) + U_0$］

1.17   小振幅纵波在理想气体中的速度为

$$c = \sqrt{\frac{\mathrm{d}p}{\mathrm{d}\rho}}$$

式中，p 为周围气压，ρ 为相应气体的密度，试推导：(1)等温压缩及膨胀时气体中的声速；
(2)绝热压缩及膨胀时气体中的声速。

［答案：等温：$c = \sqrt{RT/M}$，绝热：$c = \sqrt{\gamma RT/M}$］

1.18   一理想气体热机按习题图 1.18 循环进行，由状态 1 出发又回到状态 1。证明热
机效率为

$$\eta = 1 - \gamma\left(\frac{V_2}{V_1} - 1\right) \Big/ \left(\frac{p_2}{p_1} - 1\right)$$

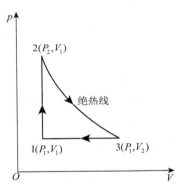

习题图 1.18

1.19   一个由两独立变量 (V, T) 描述的系统，如果由实验观测已经得到体胀系数 α 和
压力系数 β，试证明该系统的物态方程可由下列积分求得

$$\ln p = \int \beta\left(\mathrm{d}T - \frac{1}{Va}\mathrm{d}V\right)$$

1.20   已知某一气体有如下关系（其中 a 为常数）：

$$\left(\frac{\partial v}{\partial T}\right)_p = \frac{R}{p} + \frac{ap}{T^2} - \frac{2a}{T^3}p \ , \ \left(\frac{\partial v}{\partial p}\right)_T = \frac{a}{T^2} - \frac{RT}{p^2}$$

(1)求证这一气体的物态方程是

$$pv = RT - \frac{ap}{T} + \frac{a}{T^2}p^2$$

(2)写出第二和第三位力系数。

1.21 处在真空中的两块平行板，间距远小于板的线度，两板的温度分别为 T_1 和 T_2 ($T_1 > T_2$)。

(1)如果板对辐射不透明，辐射本领各为 ε_1 和 ε_2，试证在单位时间内，单位面积上两板间净传递能量为

$$W = \frac{E_1 - E_2}{\dfrac{E_1}{\varepsilon_1} + \dfrac{E_2}{\varepsilon_2} - 1}$$

式中，E_1 和 E_2 分别为黑体在 T_1 和 T_2 下的发射率。

(2)如果 $T_1 = 300\text{K}$，$T_2 = 4.2\text{K}$，板为黑体，求 W。

第 2 章

2.1 求证 $\left(\dfrac{\partial T}{\partial S}\right)_H = \dfrac{T}{C_p} - \dfrac{T^2}{V}\left(\dfrac{\partial V}{\partial H}\right)_p$ ，$\left(\dfrac{\partial U}{\partial S}\right)_H = T\left(\dfrac{\partial U}{\partial H}\right)_p - ST\left(\dfrac{\partial V}{\partial H}\right)_S\left(\dfrac{\partial T}{\partial V}\right)_F$ 。

［提示：可引入自变量 S 和 p，并依次利用 dU，dH，dF 的微分式］

2.2 设 (x, y) 是两个任意的独立变量，求证 $\dfrac{\partial(T, S)}{\partial(x, y)} = \dfrac{\partial(p, V)}{\partial(x, y)}$，由此导出麦氏关系式。

［提示：从热力学基本方程出发来证明，x，y 是独立的变量，可取 $U(x, y)$ 的微分式］

2.3 设某热力学系统的物态方程是 $p = f(V)T$，证明其内能与体积无关。

2.4 证明范氏气体的定容热容和定压热容仅是温度的函数。

2.5 实验证明某气体具有形式 $pV = f(T)$，$u = u(T)$，请求证出气体物态方程。

2.6 昂尼斯气体方程 $pV = A + Bp + Cp^2 + \cdots$ 气体向抽空的小匣内充去。若充入的部分已经和匣外气体的压强相同，但还来不及与外界交换热量，问充入的气体的温度改变多少？

［答案：略］

2.7 原长为 l_0 的弹性弦，其弹性系数为 $K(T)$，线胀系数为 α，长度恒定时热容为 C_l，试求弦的热力学基本方程；求当将弦可逆等温地拉伸到 l' 时的 ΔF，ΔS，ΔU，Q。

［答案：$TdS = C_l dT - T\left[(l' - l_0)\dfrac{dK}{dT} - K\alpha l_0\right]dl$ ，$\Delta F = \dfrac{1}{2}K(l' - l_0)^2$

$\Delta S = Kl_0(l' - l_0)\alpha - \dfrac{1}{2}T(l' - l_0)^2\dfrac{dK}{dT}$ ，

$\Delta U = TK(l' - l_0)l_0\alpha + \dfrac{1}{2}(l' - l_0)^2\left(K - T\dfrac{dK}{dT}\right)$

$$Q = Tl_0 K\alpha(l'-l_0) - \frac{1}{2}T(l'-l_0)^2\frac{\mathrm{d}K}{\mathrm{d}T}\ ]$$

2.8　可逆电池的热力学基本方程为 $T\mathrm{d}S = \mathrm{d}U + p\mathrm{d}V - \varepsilon\mathrm{d}e$,试证明:

(1) $\mathrm{d}G = -S\mathrm{d}T + V\mathrm{d}p + \varepsilon\mathrm{d}e$, $\mathrm{d}H = T\mathrm{d}S + V\mathrm{d}p + \varepsilon\mathrm{d}e$, $\mathrm{d}F = -S\mathrm{d}T - p\mathrm{d}V + \varepsilon\mathrm{d}e$ 。

(2) $\left(\dfrac{\partial S}{\partial e}\right)_{p,T} = -\left(\dfrac{\partial \varepsilon}{\partial T}\right)_{p,e}$ 。

(3) $\left(\dfrac{\partial H}{\partial e}\right)_{p,T} = \varepsilon - T\left(\dfrac{\partial \varepsilon}{\partial T}\right)_{p,e}$ 。

(4) $\left(\dfrac{\partial U}{\partial e}\right)_{p,T} = \varepsilon - P\left(\dfrac{\partial \varepsilon}{\partial P}\right)_{p,e} - T\left(\dfrac{\partial \varepsilon}{\partial T}\right)_{p,e}$ 。

2.9　证明　$\left(\dfrac{\partial C_V}{\partial V}\right)_T = T\left(\dfrac{\partial^2 p}{\partial T^2}\right)_V$ 和 $\left(\dfrac{\partial C_p}{\partial p}\right)_T = T\left(\dfrac{\partial^2 V}{\partial T^2}\right)_p$ 。

2.10　求范氏气体的 $C_p - C_V$ 的值。

$\left[\text{答案}: R\Big/\left[1 - \dfrac{2a(V-b)^2}{V^3 RT}\right]\ \right]$

2.11　求范氏气体的特性函数,并导出其他热力学函数。

[提示: $V\to\infty$ 时,范氏气体趋向于理想气体]

2.12　试求温度为 T 的黑体辐射系统的 H,F,G,C_V,C_p ,说明此时的 G 能否作为特性函数。

$\left[\text{答案}: H = \dfrac{4}{3}aVT^4\ ,\ F = -\dfrac{1}{3}aVT^4\ ,\ C_V = 4aVT^4\ ,\ C_p = \lim\limits_{\Delta T\to 0}\left(\dfrac{\Delta Q}{\Delta T}\right)_p\ ,\ G = 0\ \right]$

2.13　计算热辐射在等温过程中体积由 V_1 到 V_2 时所吸收的热量。

$\left[\text{答案}: Q = \dfrac{4}{3}aT^4(V_2 - V_1)\ \right]$

2.14　试在 $p-V$ 图上画出以黑体平衡辐射为工质的可逆卡诺循环图和可逆卡诺循环的效率。证明该系统在此循环中的 $\Delta U = 0$ 。

[答案: $\eta = 1 - T_2/T_1$]

2.15　平行板电容器间充满着介电常数为 $\varepsilon(T)$ 的介质,平板的面积为 A ,板间距离为 L 。当板间电压差 ε_i 可逆等温地变为 ε_f 时,证明介质与外界交换的热量为

$$Q = \frac{TA}{L}(\varepsilon_f^2 - \varepsilon_i^2)\frac{\mathrm{d}\varepsilon}{\mathrm{d}T}$$

2.16　1mol SO_2 (视为范氏气体)的初态为 $T_1 = 300K$, $V = 10^{-3}\,\mathrm{m}^3$ 。分别求气体等温膨胀到 $V_2 = 20V_1$,可逆等压膨胀到 $V_3 = 5V_1$ 两个过程的 $\Delta T,\Delta U,\Delta H,\Delta S,\Delta F,\Delta G,W$, Q 。已知 $a = \dfrac{0.6794\mathrm{Pa}\cdot\mathrm{m}^6}{\mathrm{mol}^2}$, $b = \dfrac{5.639\times10^{-5}\,\mathrm{m}^3}{\mathrm{mol}}$, $C_V^0 = \dfrac{27.58\mathrm{J}}{\mathrm{mol}\cdot\mathrm{K}}$ 。

[答案:(1) $\Delta F = -6959J$，$W = -\Delta F$，$\Delta S = 25.3 \dfrac{J}{K}$，$Q = 7605J$，$\Delta U = 645.5J$，$\Delta H = 1149J$，$\Delta G = -6391J$。

(2) $\Delta T = 883.6K$，$\Delta S = 51.89 \dfrac{J}{K}$，$\Delta H = 3.38 \times 10^4 J$，$Q = \Delta H$，$\Delta U = 2.611 \times 10^4 J$，$W = 7.892J$，$\Delta F = -1.688 \times 10^5 J$，$\Delta G = -1.601 \times 10^5 J$]

2.17 平衡辐射突然从具有理想反射硬壁的空腔辐射到具有同样器壁的另一空腔,两腔的容积分别为 V_1 和 V_2。试证明:

(1) $\Delta T = T_1 \left[\left(\dfrac{V_1}{V_1 + V_2} \right)^{\frac{1}{4}} - 1 \right]$。

(2) $\Delta S = \dfrac{4}{3} a T_1^3 V_1 \left[\left(\dfrac{V_1 + V_2}{V_1} \right)^{\frac{1}{4}} - 1 \right]$。

[提示:这是不可逆绝热过程,用能量守恒并设计可逆过程算出(1)的结果]

2.18 什么是卡诺循环? 在 $p-V$ 图及 $S-T$ 图分别表示卡诺循环。推导卡诺循环热机的效率。

2.19 一个卡诺热机,其工作物质为 1mol 单原子理想经典气体,已知循环过程中等温膨胀开始时的温度为 $4T_0$,体积为 V_0;等温压缩过程开始时温度为 T_0,体积为 $64V_0$。记每循环对外做功为 W。现设同样的两个热机,但以 1 mol 双原子理想气体为工作物质,循环过程与前相同,此时热机每循环对外做功 W',求 W'/W。

[答案:略]

2.20 有两个全同的物体,其内能为 $U = nCT$,其中 C 为常数,初始时两物体的温度分别为 T_1 和 T_2。现在以两物体为高低温热源驱动一卡诺热机运行,最后两物体达到一共同温度 T。(1)求 T。(2)求卡诺热机所做的功。

[答案: $T = \sqrt{T_1 T_2}$，$nC(T_1 + T_2 - 2T)$]

2.21 有一建筑物,其内温度为 T,现用理想泵从温度为 T_0 的河水中吸取热量给建筑物供暖,如果泵的功率为 P,建筑物的散热量为 $\alpha(T - T_0)$,α 为常数。证明建筑物的平衡温度为

$$T_0 + \dfrac{P}{2\alpha} \left[1 + \left(\dfrac{4\alpha T_0}{P} \right)^{1/2} \right]$$

2.22 1mol 理想气体经历了体积从 V 到 $2V$ 的可逆等温膨胀过程,求

(1)气体的熵变。(2)整个体系的总熵变。

如假定同样的膨胀为自由膨胀,上述结果又如何?

[答案: $R\ln2$，0]

2.23 在宇宙大爆炸理论中,初始局限于小区域的辐射能量以球对称方式绝热膨胀,

随着膨胀,辐射冷却。仅仅基于热力学的考虑,推导出温度 T 和辐射球半径 R 的关系。

[答案:$RT=$ 常数]

2.24　有一热机从一有限质量的物体取出热量 Q,使其温度由 T_1 降低到 T_2,熵由 S_1 变为 S_2,同时热机对外做功 W,并把热量 $(Q-W)$ 传递给温度为 T_2 的热源来完成循环动作。试用熵增加原理证明:

$$W_{\max} = Q - T_2(S_1 - S_2)$$

2.25　顺磁物质磁化强度为 $M=\dfrac{a}{T}H$,求等温过程中磁场强度由 0 变化到 H 时的磁化热。

$$\left[答案:Q=-\frac{aV}{T}\frac{\mu_0 H^2}{2}\right]$$

第 3 章

3.1　如习题图 3.1 所示,范氏等温线上的 B 态与实验等温线上的 A 态比较,B 为亚稳态,试用亥姆霍兹自由能来说明。

3.2　在 $p-V$ 图上,范氏气体等温线上的极大点与极小点连成一条曲线 ACB(习题图 3.2),证明这条曲线的方程为:$pV^3=a(V-2b)$。并说明这条曲线分割出的区域Ⅰ、Ⅱ、Ⅲ的意义。

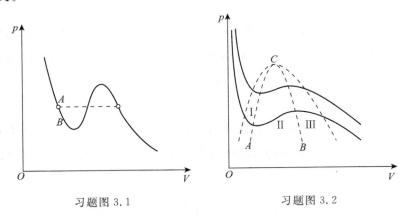

习题图 3.1　　　　　　　　　　习题图 3.2

3.3　证明:半径为 R 的肥皂泡的内外压强差是 $4/R$。

3.4　论述临界点为什么满足条件:

$$\left(\frac{\partial p}{\partial V}\right)_T = 0 , \left(\frac{\partial^2 p}{\partial V^2}\right)_T = 0 , \left(\frac{\partial^3 p}{\partial V^3}\right)_T = 0$$

3.5　证明在曲面分界面上相变潜热变化为

$$L = T(S^\beta - S^\alpha) = H^\beta - H^\alpha$$

3.6　从吉布斯函数判据出发,证明单元系的平衡稳定条件是

$$C_V > 0 , \left(\frac{\partial p}{\partial V}\right)_T < 0$$

$$\left[\text{提示}: 0 < \delta T - \delta p \delta V = \frac{C_V}{T}(\delta T)^2 + \frac{\partial p}{\partial T}\delta T \delta V - \frac{\partial p}{\partial T}\delta T \delta V - \frac{\partial p}{\partial v}(\delta V)^2\right]$$

3.7　已知 1 mol 物质的相变潜热 L 为常数,气相可视为理想气体,且比体积远大于凝聚相的比体积。试证明:

(1)饱和蒸汽压与温度的关系为 $p = A\mathrm{e}^{-\frac{L}{RT}}$（$A$ 为常数）。

(2)蒸汽的"两相平衡体胀系数"是 $\frac{1}{V}\frac{\mathrm{d}V}{\mathrm{d}T} = \frac{1}{V}\left(1 - \frac{L}{RT}\right)$,并说明在什么条件下 $\frac{\mathrm{d}V}{\mathrm{d}T} < 0$,为什么?

(3)蒸汽的"两相平衡摩尔热容"为 $C_\mathrm{m} = C_{\mathrm{m},p} - \frac{L}{T}$。

(4)相变时其内能的变化为 $L\left(1 - \frac{\mathrm{d}\ln T}{\mathrm{d}\ln p}\right)$。

［提示:这是单元复相的一级相变,常用克拉珀龙方程求解］

3.8　从熵判据出发,证明单元系的平衡稳定条件有

$$C_p > 0 , \frac{C_p}{T}\left(\frac{\partial V}{\partial p}\right)_T + \left(\frac{\partial V}{\partial T}\right)_p^2 < 0$$

3.9　证明:

(1)表面膜等温膨胀所吸收的热量 $Q = -T\frac{\mathrm{d}\sigma}{\mathrm{d}T}(A_2 - A_1)$。

(2)表面膜的绝热方程为 $A\frac{\mathrm{d}\sigma}{\mathrm{d}T} = $ 常数。

3.10　证明:在临界点附近,相变潜热 Q 可表示成

$$Q \approx T_C\left(\frac{\partial S}{\partial V}\right)_T(V_2 - V_1)$$

3.11　证明:物质在临界点附近的压强表达式为

$$p = -AtV - \frac{1}{3}BV^3 + f(t)$$

其中 $f(t)$ 只是 t 的函数,$t = T - T_C$,$V = V - V_C$,A 和 B 为系数。

3.12　证明:由一个半径为 R 的水滴和水汽所组成的孤立系统的总熵 S 只是 R 的函数且与 T、p 无关,并进而求出中肯半径。

［提示:从吉布斯函数 $G = U + pV - TS$ 出发,其中 $G = G_滴 + G_汽 + \sigma A$,并对 $S(p,T,R)$ 微分］

3.13　试用吉布斯函数出发分析讨论单轴磁体连续相变问题。

第 4 章

4.1　内能函数形式是 $U(T,V,n_1,n_2,\cdots,n_k)$,证明:

(1) $U = \sum_i n_i \dfrac{\partial U}{\partial n_i} + V \dfrac{\partial U}{\partial V}$。

(2) $u_i = \dfrac{\partial U}{\partial n_i} + v_i \dfrac{\partial U}{\partial V}$。

4.2　二元系在两相平衡时有 $x^\alpha = x^\beta$,则两个曲面 $x^\alpha(T,p)$ 和 $x^\beta(T,p)$ 在接触处必有一共同的切面 $(S^\alpha - S^\beta)(T - T_0) - (V^\alpha - V^\beta)(p - p_0) = 0$,其中 (T_0, p_0, x_0) 是公共切点,且 $x^\alpha = x^\beta = x_0$。

4.3　在星球间的气体中存在着很强的热电离金属蒸汽,并在进行着电离和复合反应。试用电子气、离子气、中性的原子气平衡的质量作用定律,求出一次电离度 ξ 与温度 T 及总压强 p 的关系。

〔答案:略〕

4.4　证明:

(1) $\left(\dfrac{\partial \mu}{\partial T}\right)_{V,n} = -\left(\dfrac{\partial S}{\partial \nu}\right)_{V,n}$。

(2) $\left(\dfrac{\partial U}{\partial n}\right)_{V,T} - \mu = -T\left(\dfrac{\partial S}{\partial T}\right)_{V,n}$。

4.5　试用吉布斯函数判据导出有固液面分界的两相的力学平衡条件。

〔答案: $p^\alpha - p^\beta = \dfrac{\sigma}{m_\alpha}\left(\dfrac{\partial A_\alpha}{\partial V_\alpha}\right)$ 〕

4.6　从计算下述循环的焓变和熵变出发,求

(1)相变潜热;(2)蒸汽压方程。

循环为

(1)1mol 凝聚相在 T_1, p_1 时完全蒸发。

(2)蒸汽做等温膨胀,压强由 p_1 降为 p_2。

(3)气体等压冷却到饱和状态 T_2, p_2。

(4)蒸汽在 T_2, p_2 时完全凝聚。

(5)凝聚相由 T_2, p_2 经加热回复到初态 T_1, p_1。

〔提示:先在 $p-T$ 图上画出该循环,以弄清题意,利于计算〕

4.7　证明:

(1) $\left(\dfrac{\partial T}{\partial p}\right)_V \left(\dfrac{\partial S}{\partial p}\right)_V > 0$。

（2）$\left(\dfrac{\partial T}{\partial V}\right)_p\left(\dfrac{\partial S}{\partial V}\right)_p>0$。

（3）$\left(\dfrac{\partial p}{\partial S}\right)_T\left(\dfrac{\partial V}{\partial S}\right)_T<0$。

（4）$\left(\dfrac{\partial p}{\partial T}\right)_S\left(\dfrac{\partial V}{\partial T}\right)_S<0$。

4.8　试求出变量 T,μ,V 表示的定容热容的表达式。

4.9　试求出当 $T\to0$ 时,表面张力系数 σ 与温度 T 无关。

4.10　试求出当 $T\to0$ 时,可逆电池电动势 E 与温度 T 无关。

4.11　分析讨论用绝热去磁法不可能达到绝对零度。

4.12　证明等温磁化率 χ_T 满足当 $T\to0$ 时,$\dfrac{\partial\chi_T}{\partial T}\to0$。

4.13　证明:在一级相变两相平衡曲线,当 $T\to0$ 时,$\dfrac{\partial p}{\partial T}\to0$。

第 5 章

5.1　证明:在体积 V 内,在 ε 到 $\varepsilon+\mathrm{d}\varepsilon$ 的能量范围内,三维自由粒子的量子态数为

$$D(\varepsilon)\mathrm{d}\varepsilon=\dfrac{2\pi V}{h^3}(2m)^{\frac{3}{2}}\varepsilon^{\frac{1}{2}}\mathrm{d}\varepsilon$$

5.2　证明:对于一维自由粒子数,在长度 L 内,在 ε 到 $\varepsilon+\mathrm{d}\varepsilon$ 的能量范围内,量子数为

$$D(\varepsilon)\mathrm{d}\varepsilon=\dfrac{2L}{h}\left[m/(2\varepsilon)\right]^{1/2}\mathrm{d}\varepsilon$$

5.3　极端相对论粒子动能有 $\varepsilon=cp$,试证明,在体积 V 内,能量在 ε 到 $\varepsilon+\mathrm{d}\varepsilon$ 的范围内,三维自由粒子的量子态数为

$$D(\varepsilon)\mathrm{d}\varepsilon=\dfrac{4\pi V}{(ch)^3}\varepsilon^2\mathrm{d}\varepsilon$$

5.4　试计算在面积 S 内,在 ε 到 $\varepsilon+\mathrm{d}\varepsilon$ 的能量范围内,二维自由粒子的量子态数为多少。

5.5　自旋为 $1/2$ 的粒子,数目 N 很大,处在均匀磁场中。体系的状态数是多少? 它的最大值是多少?

$\left[\text{答案:最大值为}\ \dfrac{N!}{\left(\dfrac{N}{2}!\right)^2}\right]$

第 6 章

6.1 气体以恒定速度 V_0 沿 z 方向做整体运动。求分子的平均平动能量。

[答案：$\bar{\varepsilon} = \dfrac{3}{2} kT + \dfrac{1}{2} mv_0{}^2$]

6.2 对非相对论粒子，有 $\varepsilon = \dfrac{p^2}{2m}$，由 $p = -\sum_l a_l \dfrac{\partial \varepsilon}{\partial V}$，证明：$p = \dfrac{1}{3} \dfrac{U}{V}$。

6.3 对极端相对论粒子，有 $\varepsilon = cp$，由 $p = -\sum_l a_l \dfrac{\partial \varepsilon}{\partial V}$，证明：$p = \dfrac{2}{3} \dfrac{U}{V}$。

6.4 试证明，单位时间内碰到单位面积器壁上，速率介于 v 与 $v+dv$ 之间的分子数为

$$\mathrm{d}\Gamma = \pi n (\frac{m}{2\pi kT})^{\frac{3}{2}} \mathrm{e}^{-\frac{m}{2kT}v^2} v^3 \mathrm{d}v 。$$

6.5 试求双原子分子理想气体的 α。

6.6 一边长为 20 cm 的立方容器内有温度为 300K 的氢气(双原子分子，两原子相距 10^{-8} cm，氢原子质量为 1.66×10^{-24} g)。假设氢气是理想气体并忽略振动自由度。

(1)求分子的平均速度。

(2)分子绕过质心且垂直于两原子连线的轴转动的平均角速度是多少？

(3)计算此气体分子的摩尔热容。

[答案：200×10^3 cm/s, 3.2×10^{13} /s, 2.1×10^6 erg❶/(mol·K)]

6.7 分子从器壁的小孔射出，求在射出的分子束中，分子的平均速率和方均根速率。

[答案：平均速率 $\overline{V} = \sqrt{\dfrac{9\pi kT}{8m}}$，方均根速率 $V_s = \sqrt{\dfrac{4kT}{m}}$]

6.8 一经典无相互作用单原子气体处于热平衡，求出能量概率密度 $\rho(E)$，其中 E 是单个原子的能量，并说明求解过程。

[答案：$\rho(E) = \dfrac{2}{\sqrt{\pi}(kT)^{3/2}} E^{1/2} \mathrm{e}^{-E/(kT)}$]

6.9 已知粒子遵从经典玻耳兹曼分布，其能量表达式为 $\varepsilon = \dfrac{1}{2m}(p_x{}^2 + p_y{}^2 + p_z{}^2) + ax^2 + bx$。其中 a, b 是常数，求粒子的平均能量。

[答案：$\bar{\varepsilon} = 2kT - \dfrac{b^2}{4a}$]

6.10 假定一粒子的能量可近似表为 $E(z) = az^2$，其中，z 为坐标或动量，其取值范围

---

❶ 1erg $= 10^{-7}$ J。

为 $(-\infty, +\infty)$。由玻耳兹曼统计证明,由这种粒子构成的系统,它的单个粒子的平均能量为 $\bar{E} = kT/2$,并由能量均分定理讨论其结论。

6.11 设有单原子分子气体内部自由度有两个能级:基态的简并度为 g_1,激发态能量比基态高 E,简并度为 g_2。求气体内能和比热容,并讨论 $T \to 0, \infty$ 的情况。

$$\left[\text{答案：} \frac{3}{2}kT + E_0 + \frac{3}{2}k\,\frac{g_2 E e^{-E/(kT)}}{g_1 + g_2 e^{-E/(kT)}} + \frac{\partial}{\partial T}\left(\frac{g_2 E}{g_1 + g_2 e^{E/(kT)}}\right)\right.$$

$$\frac{3}{2}k + \frac{\partial}{\partial T}\left(\frac{g_2 E}{g_1 + g_2 e^{E/(kT)}}\right)$$

$$\left.\frac{3}{2}k + k\,\frac{g_1 g_2 E^2 e^{E/(kT)^{-2}}}{[g_2 + g_1 e^{E/(kT)}]^2}\xxrightarrow[T \to 0 \; or \; T \to \infty]{} \frac{3}{2}k\right]$$

6.12 试求双原子分子理想气体的振动熵。

$$\left[\text{答案：} S^v = N^k(\theta_v/T)\,\frac{1}{e^{\frac{\theta_v}{T}} - 1} - N^k\ln(1 - e^{-\frac{\theta_v}{T}})\right].$$

6.13 对于双原子分子,常温下 kT 远大于转动的能级间距。试求双原子分子理想气体的转动熵。

$$\left[\text{答案：} S = N^k + N^k\ln\left(\frac{T}{\theta_r}\right)\right]$$

6.14 温度为 T 的一个二能级系统 E_0 和 E_1 被 N 个粒子占据,占据形式满足经典统计规律。

(1)推导单个粒子平均能量。

(2)计算 $T \to 0$ 和 $T \to \infty$ 时单个粒子的平均能量以及比热容。

(3)计算熵。

$$\left[\text{答案：} u = \frac{E_0 + E_1 e^{-\beta\Delta E}}{1 + e^{-\beta\Delta E}}\,,\text{其他略}\right]$$

6.15 气体分子具有固有的电偶极矩 d_0,在电场 E 下转动能量的经典表示为 $\varepsilon^r = \frac{1}{2I}\left(p_\theta^2 + \frac{1}{\sin^2\theta}p_\phi^2\right) - d_0 E\cos\theta$。证明在经典近似下转动配分函数 $Z_1 = \frac{I}{\beta\hbar^2}\,\frac{e^{\beta d_0\varepsilon} - e^{-\beta d_0\varepsilon}}{\beta d_0\varepsilon E}$。

6.16 同上题。试证明在高温($\beta d_0 E \ll 1$)极限下,单位体积的电偶极矩(电极化强度)为 $P = \frac{d_0^2}{3kT}E$。

6.17 计算重力场中理想气体的内能和比热容。

6.18 试计算二维理想气体的内能、比热容和物态方程。

6.19 转动惯量为 J 的三维刚性转子的能级为

$$E_{JM} = \frac{\hbar^2}{2I}J(J+1)$$

其中，$J=1,2,3,\cdots,M=-J,-J+1,\cdots,J$。考虑用玻耳兹曼统计求此系统热力学内能形式，并讨论高温极限下系统的比热容。

6.20 试根据麦氏速度分布律证明，速度和平动能量的涨落为

$$\overline{(v-\bar{v})^2}=\frac{kT}{m}\left(3-\frac{8}{\pi}\right)\ ,\ \overline{(\varepsilon-\bar{\varepsilon})^2}=\frac{3}{2}(kT)^2$$

6.21 考虑两个晶格格点组成的系统，每个格点上固定一个原子（自旋 $s=1$），其自旋可以取三个方向，原子能量分别为 $1,0,-1$，无简并，两原子无相互作用。求该系统的平均能量。

［答案：$-\dfrac{e^\beta-e^{-\beta}}{1+e^\beta+e^{-\beta}}$ ］

6.22 晶体含有 N 个原子。设原子的总角动量量子数为 1。在外磁场磁感应强度 B 下，原子磁矩 m 可以有三个不同的取向，即平行、垂直、反平行于外磁场。假设磁矩之间的相互作用可以忽略。试求在温度为 T 时晶体的磁化强度 M 及其在弱场高温极限和强场低温极限下的近似值，并作出函数图。

［答案：弱场高温极限 $M=\dfrac{2}{3}\dfrac{Nm^2}{kT}B$ ，强场低温极限 $M=Nm$ ］

第7章

7.1 证明：$S=k\ln\Omega$ 。

7.2 证明：对于玻色系统，熵可表示为：$S=-k\displaystyle\sum_s\left[f_s\ln f_s+(1-f_s)\ln(1-f_s)\right]$，其中 f_s 为量子态 s 上的平均数，$\displaystyle\sum_s$ 为对粒子的所有量子态求和。

7.3 导出弱简并理想玻色（费米）气体的压强公式。

［答案：$p=nkT\left[1\pm\dfrac{n}{4\sqrt{2}}\left(\dfrac{h^2}{2\pi mkT}\right)^{\frac{2}{3}}\right]$ ］

7.4 试求绝对零度电子气体中电子的平均速率 $\bar{v}$ 。

［答案：$\bar{v}=\dfrac{3}{4}\dfrac{p(0)}{m}$，$p(0)$ 是费米动量］

7.5 证明：费米面上的态密度是 $3N/[2\mu(0)]$ 。

7.6 证明：绝对零度电子气体等温压缩率和绝热压缩率是 $3/[2n\mu(0)]$ 。

7.7 试求低温下电子气体巨配分函数的对数，并由此求内能 U、辐射压强 p 和熵 S 。

［提示：积分 $\displaystyle\int_0^\infty\varepsilon^{1/2}\ln(1+e^{-\alpha-\beta\varepsilon})d\varepsilon=\left[\dfrac{2\varepsilon^{3/2}}{3}\ln(1-e^{-\alpha-\beta\varepsilon})\right]_0^\infty-\dfrac{2}{3}\int_0^\infty\dfrac{\varepsilon^{3/2}d\varepsilon}{(1+e^{\alpha+\beta\varepsilon})}$ ］

7.8 钠的相对原子质量为 23，密度为 $0.95\mathrm{g/cm^3}$，每个原子贡献一个自由电子，计算

在 0K 时自由电子气体的能量及压强,并计算电子的费米温度 $\mu(0)/k$ 。

7.9　试求极端相对论条件下,自由电子气体在 0K 时的费米能量、内能和简并压强。

[答案: $\mu(0) = [3n/(8\pi)]^{\frac{1}{3}} ch$, $U = \frac{3}{4} N\mu(0)$, $p = \frac{1}{4} n\mu(0)$]

7.10　试根据热力学公式 $S = \int \frac{C_V}{T} dT$ 及光子气体的热容 $C_V = \left(\frac{\partial U}{\partial T}\right)_V$,求光子气体的熵。

[答案: $S = \frac{4\pi^2 h^2}{45 c^3 \hbar^3} T^3 V$]

7.11　试计算光子气体的能量密度的涨落。

7.12　试求光子气体配分函数的对数,并由此求内能 U 、辐射压强 p 和熵 S 。

[提示: 积分

$$\int_0^\infty x^2 \ln(1 - e^{-x}) dx = \left[\frac{x^3}{3} \ln(1 - e^{-x})\right]_0^\infty - \frac{1}{3} \int_0^\infty \frac{x^3 dx}{(1 - e^{-x})} = -\frac{1}{3} \int_0^\infty \frac{x^3 dx}{(1 - e^{-x})}$$

答案: $\ln Z = \frac{\pi^2 V}{45 c^3} \left(\frac{1}{\beta \hbar}\right)^3$]

7.13　考虑由近独立无自旋玻色子组成的量子气体,每个粒子质量为 M ,并可在体积 V 中自由运动。

(1)在低温范围内,求能量和比热容,并讨论为什么可以把化学势当作 0。

(2)讨论光子的情况,证明能量正比于 T^4 。

7.14　证明理想玻色气体有 $\partial\mu/\partial T < 0$ 。

7.15　宇宙中充满着 $T = 3K$ 的黑体辐射光子,这可以看作是大爆炸的痕迹。

(1)求出光子数密度 n 与温度的关系式。

(2)近似计算出 $T = 3K$ 的光子数密度。

[答案: $n = 2.4 \frac{1}{\pi^2} \left(\frac{kT}{\hbar c}\right)^3$, $n = 550/\text{cm}^3$]

7.16　试计算平衡辐射中单位时间碰到单位面积器壁上的光子所携带的能量,由此即得平衡辐射的通量密度 J_u 。计算 6000 K 和 1000 K 时 J_u 的值。

[提示: $J_u = \frac{\pi^2 k^4 T^4}{60 \hbar c^2}$]

7.17　试证明一维和二维理想玻色气体不存在玻色凝聚现象。

[提示: 当 $\mu = 0$ 时,看 N 是否发散]

7.18　试计算理想玻色气体在 $T > T_C$ 时的比热容。

7.19　根据热力学公式 $S = \int \frac{C_V}{T} dT$ 及低温下热容,求金属中自由电子气体的熵。

$\Big[$答案：$S = Nk\,\dfrac{2\pi^2}{2}\,\dfrac{kT}{\mu(0)}\Big]$

7.20 白矮星是由温度远小于费米温度的强简并电子气组成的，只要电子是非相对论的，这体系就能抵抗引力塌缩而保持稳定。

(1)当费米动量为 $mc/10$ 时，求电子数密度。

(2)在此条件下求电子气的压力。

$\Big[$答案：$n = \dfrac{8\pi}{3}\Big(\dfrac{mc}{10h}\Big)^3 = 5.8 \times 10^{32}/\mathrm{m}^3$ ，$p = \dfrac{2\,\overline{E}}{3V}\Big]$

7.21 体积 V 内有 N 个自旋为 $1/2$ 的费米子构成的理想气体处在磁场强度 H 中。计算绝对零度极限下的

(1)化学势。

(2)单个粒子的平均能量。

(3)压强。

$\Big[$答案：当 $\mu(0) \gg \mu_B H$ 时：

$$\mu(0) = \dfrac{\hbar^2}{2m}\Big(3\pi^2\,\dfrac{N}{V}\Big)^{2/3}$$

$$\dfrac{E}{N} \approx \dfrac{3}{5}\big[1 - 5(\mu_B H/\mu_0)^2/2\big]$$

$$p = -\dfrac{\partial E}{\partial V} = \dfrac{2}{5}n\mu(0)\,\Big]$$

7.22 设想宇宙空间是一个球形腔，其半径为 $10^{25}\,\mathrm{cm}$，腔壁是不可以穿透的。

(1)如果腔内的温度为 3K，试估计宇宙中的光子数以及这些光子的总能量。

(2)如果温度为 0K，宇宙中有 10^{60} 个电子，求电子的费米动量。

$\Big[$答案：$\dfrac{\pi^2 k^4}{15[h/(2\pi)]^5}VT^4 \approx 2.6 \times 10^{72}\,\mathrm{erg}$ ，$p_F = \hbar\Big(3\pi^2\,\dfrac{N}{V}\Big)^{1/3} \approx 2.02 \times 10^{-26}\,\mathrm{g \cdot cm/s}\Big]$

第 8 章

8.1 证明正则分布中熵可以表示为 $S = -k\sum_s \rho_s \ln\rho_s$，其中 $\rho_s = \dfrac{1}{Z}\mathrm{e}^{-\beta E_s}$，是系统处在态 s 的概率。

8.2 试用正则分布求单原子分子理想气体的物态方程、内能和熵。

$\Big[$答案：$pV = NkT$

$$U = \dfrac{3}{2}NkT$$

$$S = \frac{3}{2}Nk\ln T + Nk\ln\frac{V}{N} + Nk\left[\ln\left(\frac{2\pi mk}{h^2}\right)^{\frac{3}{2}} + \frac{5}{2}\right]\,]$$

8.3 被吸附在液体表面的分子形成一种二维气体。考虑分子间的互相作用，试用正则分布证明，二维气体的物态方程可以表示为 $pS = NkT\left(1 + \frac{B}{S}\right)$，其中

$$B = -\frac{N}{2}\int\left(e^{-\frac{\phi}{kT}} - 1\right)2\pi r\mathrm{d}r\,。$$

8.4 利用德拜频谱求固体在高温和低温下配分函数的对数 $\ln Z$，从而求内能和熵。

［答案：低温：$\ln Z = -\beta U_0 + \frac{N\pi^4}{5}\left(\frac{1}{\beta\hbar\omega_D}\right)^2$，

$$S = \frac{4\pi^4}{5}Nk\left(\frac{T}{\theta_D}\right)^3,$$

$$U = U_0 + \frac{3\pi}{5}\frac{Nk}{\theta_D}T^4\,;$$

高温：$\ln Z = -\beta U_0 - 3N\ln(\beta\hbar\omega_D) + N$，

$$S = 3Nk\ln\left(\frac{T}{\theta_D}\right) + 4Nk\,,$$

$$U = U_0 + 3NkT\,]$$

8.5 仿德拜固体模型，求在高温和低温下二维晶体中的内能和熵。

8.6 试根据正则分布的涨落公式求单原子和双原子分子理想气体的能量相对涨落。

8.7 证明 $\overline{\left(\dfrac{\mathrm{d}\ln\Omega}{\mathrm{d}E}\right)}_{\text{正则}} = 1/(kT)$。

8.8 晶体内有 N 个近独立离子，每个离子自旋为 $1/2$，磁矩为 m_0，系统处于磁场强度为 B 的均匀磁场中，温度为 T。计算：

（1）配分函数。

（2）熵。

（3）平均能量。

（4）平均磁矩。

［答案：$Z = (e^\alpha + e^{-\alpha})^N$

$$S = Nk\left[\ln(e^\alpha + e^{-\alpha}) - \alpha\,\mathrm{th}\alpha\right]$$

$$u = -Nm_0 B\,\mathrm{th}\left(\frac{m_0 B}{kT}\right)$$

$$\overline{m} = Nm_0\,\mathrm{th}\left(\frac{m_0 B}{kT}\right)\,]$$

8.9 考虑处于热平衡、温度为 T 的 N 个两能级系统的集合，每个系统仅有两个能级：能量为 0 的基态和能量为 ε 的激发态。求下列各量并画出其对温度的依赖关系：

(1)给定系统处于激发态的概率。

(2)整个集合的熵。

$$\left[答案: \rho_{\epsilon} = \frac{\mathrm{e}^{-\epsilon/(kT)}}{1 + \mathrm{e}^{-\epsilon/(kT)}} S = -\left(\frac{\partial F}{\partial T}\right)_{v} = \frac{N\epsilon}{T}[1 + \mathrm{e}^{\epsilon/(kT)}]^{-1} + Nk\ln[1 + \mathrm{e}^{-\epsilon/(kT)}]\right]$$

8.10 用巨正则分布导出单原子理想气体的物态方程、内能、熵和化学势。

$$\left[答案: \ln Z = \mathrm{e}^{-\beta}\left(\frac{2\pi m}{\beta h^{2}}\right)^{\frac{3}{2}} V\right.$$

$$pV = \overline{N}kT$$

$$U = \frac{3}{2}\overline{N}kT$$

$$S = \frac{3}{2}\overline{N}kT + \overline{N}k\ln\frac{V}{N} + \overline{N}k\left[\ln\left(\frac{2\pi mk}{h^{2}}\right)^{\frac{3}{2}} + \frac{5}{2}\right]$$

$$\mu = -kT\ln\frac{V}{N}\left(\frac{2\pi m}{\beta h^{2}}\right)^{\frac{3}{2}}\Big]$$

8.11 质量为 m，N 个粒子组成的理想气体，体积为 V，温度为 T，设粒子是不可分辨的，求经典近似下的配分函数和化学势。

8.12 某种气体，其两个分子相互作用势是

$$u(r) = \begin{cases} \infty, & r < a \\ -u_{0}, & a \leqslant r \leqslant b \\ 0, & r > b \end{cases}$$

计算第二位力系数。

8.13 用巨正则分布导出单原子理想气体的粒子数和能量的相对涨落。

$$\left[答案: \overline{(N - \overline{N})^{2}}/\overline{N}^{2} = 1/\overline{N}\right.$$

$$\overline{(E - \overline{E})^{2}}/\overline{E}^{2} = kT^{2}C_{V}/\overline{E}^{2} + [\overline{(N - \overline{N}^{2})}/\overline{E}^{2}](\partial U/\partial N)_{T,v}^{2} = 5/3\,\overline{N}\Big]$$

8.14 体积 V 中含有 N 个单原子分子，试由巨正则分布证明，在一小体积 v 中有 n 个分子的概率为

$$p_{n} = \frac{1}{n!}\mathrm{e}^{-\overline{n}}(\overline{n})^{n}$$

其中 $\overline{n}$ 为体积 v 内的平均数 $\overline{n} = \frac{v}{V}N$，上述为泊松分布。

[提示:将体积 v 内的分子作为系统，体积 $V - v$ 内的分子看作热源和粒子源]

8.15 试由巨正则分布导出玻耳兹曼分布。

8.16 单原子理想气体被固体表面吸附做二维运动，动能是 $\frac{p^{2}}{2m} - \epsilon_{0}$，$\epsilon_{0}$ 是大于零的常数，由巨正则分布导出平衡时的面密度。

$$\left[答案：\overline{N}/A = \frac{p^2}{kT}\left(\frac{h^2}{2\pi mkT}\right)^{1/2}e^{\varepsilon_0/(kT)}\right]$$

8.17 求非理想气体的内能和熵的一级近似式。

$$\left[答案：U = \frac{3N}{2\beta} - N\frac{d}{d\beta}\ln Z + \frac{N}{V}\frac{dB}{d\beta},\right.$$

$$\left. S = k\left[\frac{3N}{2}\ln\left(\frac{2\pi m}{\beta h^2}\right) - \ln N! + N\ln Z + N\ln V - \frac{NB}{V} + \frac{3N}{2} - N\beta\frac{d}{d\beta}\ln Z + \frac{N\beta}{V}\frac{dB}{d\beta}\right]\right]$$

8.18 试证明对于只考虑第二位力系数 $B(T)$ 的非理想气体，其转换温度应满足 $\frac{d}{dT}\left[\frac{B(T)}{T}\right] = 0$，并证明范德瓦耳斯气体的转换温度为 $T_1 = \frac{2a}{Nkb}$。

8.19 一吸附表面有 N 个空位，每个空位可以吸附一个气体分子。吸附表面与化学势为 μ（由气体压力 p 和温度 T 决定）的理想气体接触。设被吸附的气体分子能量相对自由态而言为 $-\varepsilon_0$。

（1）求巨配分函数。

（2）求覆盖率。

$$\left[答案：\left[1 + e^{(\mu+\varepsilon_0)/(kT)}\right]^N\right.$$

$$\left. \theta = \frac{1}{1 + \frac{kT}{p}\left(\frac{2\pi mkT}{h^2}\right)^{3/2}e^{-\varepsilon_0/(kT)}}\right]$$

8.20 在长方形的导体空腔内，频率为 ω 的光子数的涨落的方均根是多少？它总比平均光子数少吗？

8.21 光子气体 $\alpha = 0$，证明

$$\overline{(a_l - \overline{a_l})^2} = -\frac{1}{\beta}\frac{\partial}{\partial\varepsilon_l}\ln z_l$$

以及

$$\overline{(a_l - \overline{a_l})^2} = \overline{a_l}(1 \pm \overline{a_l})$$

第 9 章

9.1 证明闭系的基本公式

$$W \propto e^{\frac{-\Delta T\Delta S - \Delta p\Delta V}{2kT}}$$

以及

$$\overline{(\Delta T)^2} = kT^2 C_V^{-1}$$

$$\overline{(\Delta T\Delta V)} = 0$$

9.2 利用已有的公式证明

$$\overline{(\Delta T \Delta S)} = kT$$

$$\overline{(\Delta p \Delta V)} = -kT$$

$$\overline{(\Delta V \Delta S)} = kT \left(\frac{\partial V}{\partial T} \right)_p$$

$$\overline{(\Delta p \Delta T)} = kT^2 C_V^{-1} \left(\frac{\partial p}{\partial T} \right)_V$$

9.3　用本章计算涨落的方法，找出

$$\overline{(\Delta E)^2} = kT^2 C_V + kT\kappa_T V \left[\left(\frac{\partial p}{\partial T} \right)_V \right]^2$$

$$\overline{(\Delta E \Delta V)} = kT \left[T \left(\frac{\partial V}{\partial T} \right)_p + p \left(\frac{\partial V}{\partial p} \right)_T \right]$$

9.4　等离子体放电管中的离子(电量为 e)在恒定电场 ε 的作用下沿电场方向发生漂移运动，而在浓度梯度的影响下又发生扩散运动，当漂移与扩散达到平衡时，证明存在如下的爱因斯坦关系：

$$\frac{\mu}{D} = \frac{e}{kT}$$

式中，μ 为离子迁移率，$\mu = \bar{v}/\varepsilon$ 是单位电场强度作用下的离子的平均漂移速度，D 为扩散系数，并设平衡时，放电管中的离子服从玻耳兹曼统计。

9.5　如布朗颗粒沿竖直方向运动(取为 z 轴)，写出朗之万方程，并证明在定常态布朗颗粒的平均速度。

〔答案：$m \dfrac{\mathrm{d}v_z}{\mathrm{d}t} = -\alpha v_z - mg + F_z(t)$

$\bar{v}_z = -mg/\alpha$〕

9.6　如达到定常态，布朗颗粒的流量为零，请分析公式

$$J_z = -D \frac{\mathrm{d}n}{\mathrm{d}z} + n\bar{v}_z = 0$$

式中，$n(z)$ 是布朗颗粒的密度，请导出定常态布朗颗粒按高度的分布。

〔答案：$n = n_0 \mathrm{e}^{-mgz/(kT)}$〕

附　录

第 1 部分　热力学常用的微分数学公式

1. 全微分和偏导数

设 x、y、z 三个变量之间有隐函数关系：

$$F(x,y,z) = 0 \tag{1.1}$$

也可以认为 z 是 x、y 两个变量的函数，即显函数形式：

$$z = z(x,y) \tag{1.2}$$

z 的全微分是

$$dz = \left(\frac{\partial z}{\partial x}\right)_y dx + \left(\frac{\partial z}{\partial y}\right)_x dy \tag{1.3}$$

其中偏导数的定义如下

$$\left(\frac{\partial z}{\partial x}\right)_y = \lim_{\Delta x \to 0} \frac{z(x+\Delta x,y) - z(x,y)}{\Delta x} \tag{1.4}$$

$$\left(\frac{\partial z}{\partial y}\right)_x = \lim_{\Delta y \to 0} \frac{z(x,y+\Delta y) - z(x,y)}{\Delta y} \tag{1.4'}$$

由式(1.1)得到

$$dF = \left(\frac{\partial F}{\partial x}\right)_{y,z} dx + \left(\frac{\partial F}{\partial y}\right)_{x,z} dy + \left(\frac{\partial F}{\partial z}\right)_{x,y} dz \tag{1.5}$$

如保证 y 不变，即令 $dy = 0$，由式(1.5)得

$$\left(\frac{\partial z}{\partial x}\right)_y = -\frac{\left(\frac{\partial F}{\partial x}\right)_{y,z}}{\left(\frac{\partial F}{\partial z}\right)_{y,x}}, \quad \left(\frac{\partial x}{\partial z}\right)_y = -\frac{\left(\frac{\partial F}{\partial z}\right)_{x,y}}{\left(\frac{\partial F}{\partial x}\right)_{z,y}} \tag{1.6}$$

即有

$$\left(\frac{\partial z}{\partial x}\right)_y = 1 \Big/ \left(\frac{\partial x}{\partial z}\right)_y \tag{1.7}$$

或

$$\left(\frac{\partial z}{\partial x}\right)_y \left(\frac{\partial x}{\partial z}\right)_y = 1 \tag{1.7'}$$

令 $dz = 0$，由式(1.5)得

$$\left(\frac{\partial y}{\partial x}\right)_z = -\frac{\left(\frac{\partial F}{\partial x}\right)_{y,z}}{\left(\frac{\partial F}{\partial y}\right)_{x,z}} \ , \quad \left(\frac{\partial x}{\partial y}\right)_z = -\frac{\left(\frac{\partial F}{\partial y}\right)_{x,z}}{\left(\frac{\partial F}{\partial x}\right)_{z,y}} \tag{1.8}$$

即有

$$\left(\frac{\partial y}{\partial x}\right)_z = 1 \Big/ \left(\frac{\partial x}{\partial y}\right)_z \tag{1.9}$$

或

$$\left(\frac{\partial y}{\partial x}\right)_z \left(\frac{\partial x}{\partial y}\right)_z = 1 \tag{1.9'}$$

令 $\mathrm{d}x = 0$ ，由式（1.5）得

$$\left(\frac{\partial x}{\partial z}\right)_y = -\frac{\left(\frac{\partial F}{\partial z}\right)_{x,y}}{\left(\frac{\partial F}{\partial x}\right)_{y,z}} \ , \quad \left(\frac{\partial z}{\partial x}\right)_y = -\frac{\left(\frac{\partial F}{\partial x}\right)_{x,z}}{\left(\frac{\partial F}{\partial y}\right)_{y,x}} \tag{1.10}$$

即有

$$\left(\frac{\partial x}{\partial z}\right)_y = 1 \Big/ \left(\frac{\partial z}{\partial x}\right)_y \tag{1.11}$$

或

$$\left(\frac{\partial x}{\partial z}\right)_y \left(\frac{\partial z}{\partial x}\right)_z = 1 \tag{1.11'}$$

由式（1.6）、式（1.8）、式（1.10）相乘有

$$\left(\frac{\partial x}{\partial y}\right)_z \left(\frac{\partial y}{\partial z}\right)_x \left(\frac{\partial z}{\partial x}\right)_y = -1 \tag{1.12}$$

2. 复合函数

设 z 是 x、y 的函数，$z = z(x,y)$，而 x、y 又都是 t 的显函数，导数有

$$\frac{\mathrm{d}z}{\mathrm{d}t} = \left(\frac{\partial z}{\partial x}\right)_y \frac{\mathrm{d}x}{\mathrm{d}t} + \left(\frac{\partial z}{\partial y}\right)_x \frac{\mathrm{d}x}{\mathrm{d}t} \tag{2.1}$$

如 z 是 x、y 的函数，$z = z(x,y)$，而 x、y 又分别是 u、v 的函数，$x = x(u,v)$，$y = y(u,v)$，则偏导数有

$$\frac{\partial z}{\partial u} = \frac{\partial z}{\partial x} \frac{\partial x}{\partial u} + \frac{\partial z}{\partial y} \frac{\partial y}{\partial u} \tag{2.2}$$

$$\frac{\partial z}{\partial v} = \frac{\partial z}{\partial x} \frac{\partial x}{\partial v} + \frac{\partial z}{\partial y} \frac{\partial y}{\partial v} \tag{2.3}$$

如 $x = u$，则偏导数有

$$\left(\frac{\partial z}{\partial x}\right)_v = \left(\frac{\partial z}{\partial y}\right)_v - \left(\frac{\partial z}{\partial y}\right)_x \left(\frac{\partial y}{\partial x}\right)_v \tag{2.4}$$

$$\left(\frac{\partial z}{\partial v}\right)_x = \left(\frac{\partial z}{\partial y}\right)_x \left(\frac{\partial y}{\partial v}\right)_x \tag{2.5}$$

3. 全微分条件和积分因子

如 z 是独立变量 x 和 y 的函数，$z = z(x, y)$，z 的全微分是

$$\mathrm{d}z = \left(\frac{\partial z}{\partial x}\right)_y \mathrm{d}x + \left(\frac{\partial z}{\partial y}\right)_x \mathrm{d}y$$

可以写成

$$\mathrm{d}z = X\mathrm{d}x + Y\mathrm{d}y \tag{3.1}$$

其中，$X = \left(\dfrac{\partial z}{\partial x}\right)_y$，$Y = \left(\dfrac{\partial z}{\partial y}\right)_x$，考虑到导数的交换性，显然有

$$\frac{\partial X}{\partial y} = \frac{\partial Y}{\partial x} \tag{3.2}$$

当然，如有全微分：

$$\mathrm{d}z = X\mathrm{d}x + Y\mathrm{d}y \tag{3.3}$$

满足条件(或称为全微分条件)：

$$\frac{\partial X}{\partial y} = \frac{\partial Y}{\partial x} \tag{3.4}$$

则式(3.3)是某一函数 $z = z(x, y)$ 的全微分。

4. 雅可比行列式

如 u、v 是独立变量 x、y 的函数，有 $u = u(x, y)$ 和 $v = v(x, y)$，则雅可比行列式定义为

$$\frac{\partial(u, v)}{\partial(x, y)} = \begin{vmatrix} \dfrac{\partial u}{\partial x}, & \dfrac{\partial u}{\partial y} \\[2mm] \dfrac{\partial v}{\partial x}, & \dfrac{\partial v}{\partial y} \end{vmatrix} = \left(\frac{\partial u}{\partial x}\right)_y \left(\frac{\partial v}{\partial y}\right)_x - \left(\frac{\partial u}{\partial y}\right)_x \left(\frac{\partial v}{\partial x}\right)_y \tag{4.1}$$

利用雅可比行列式的性质特点有

$$\left(\frac{\partial u}{\partial x}\right)_y = \frac{\partial(u, y)}{\partial(x, y)} \tag{4.2}$$

$$\frac{\partial(u, v)}{\partial(x, y)} = -\frac{\partial(v, u)}{\partial(x, y)} \tag{4.3}$$

$$\frac{\partial(u, v)}{\partial(x, y)} = \frac{\partial(u, v)}{\partial(x, s)} \frac{\partial(x, s)}{\partial(x, y)} \tag{4.4}$$

第 2 部分 统计物理学中常用的积分数学公式

$$I = \int_{-\infty}^{+\infty} \mathrm{e}^{-x^2} \mathrm{d}x = \sqrt{\pi} \tag{5.1}$$

证明：

$$I^2 = \int_{-\infty}^{+\infty} \mathrm{e}^{-x^2} \mathrm{d}x \int_{-\infty}^{+\infty} \mathrm{e}^{-y^2} \mathrm{d}y = \int_{-\infty}^{+\infty} \int_{-\infty}^{+\infty} \mathrm{e}^{-(x^2+y^2)} \mathrm{d}x \mathrm{d}y$$

将直角坐标系化为极坐标系，所以有

$$I^2 = \int_{-\infty}^{+\infty} \int_{-\infty}^{+\infty} \mathrm{e}^{-(x^2+y^2)} \mathrm{d}x \mathrm{d}y = \int_0^{2\pi} \int_0^{+\infty} \mathrm{e}^{-r^2} r \mathrm{d}r \mathrm{d}\theta = 2\pi \int_0^{+\infty} \mathrm{e}^{-r^2} r \mathrm{d}r = \pi$$

所以

$$I = \int_{-\infty}^{+\infty} \mathrm{e}^{-x^2} \mathrm{d}x = \sqrt{\pi}$$

考虑偶函数特点，则有

$$\int_0^{+\infty} \mathrm{e}^{-x^2} \mathrm{d}x = \frac{\sqrt{\pi}}{2} \tag{5.1'}$$

Γ 函数：$\Gamma(n) = \int_0^{+\infty} \mathrm{e}^{-x} x^{n-1} \mathrm{d}x$ 的性质有

$$\Gamma(n) = (n-1)\Gamma(n-1) = (n-1)(n-2)\cdots 2 \cdot \Gamma(1)$$

$$\Gamma\left(n+\frac{1}{2}\right) = \left(n-\frac{1}{2}\right)\left(n-\frac{3}{2}\right)\cdots \frac{3}{2} \cdot \frac{1}{2}\Gamma\left(\frac{1}{2}\right) \tag{6.1}$$

其中有

$$\Gamma(1) = 1, \Gamma(n-1) = (n-1)!$$

$$\Gamma\left(\frac{1}{2}\right) = \int_0^\infty \mathrm{e}^{-x} x^{-\frac{1}{2}} \mathrm{d}x = 2\int_0^\infty \mathrm{e}^{-y^2} \mathrm{d}y = \sqrt{\pi} \tag{6.2}$$

$$I_n = \int_0^\infty \mathrm{e}^{-ax^2} x^n \mathrm{d}x = \frac{\Gamma\left(\dfrac{n+1}{2}\right)}{2\alpha^{\frac{n+1}{2}}} \quad (n > -1) \tag{7.1}$$

令 $y = \alpha^{1/2} x$，则

$$I_n = \int_0^\infty \mathrm{e}^{-y} \left(\frac{y}{\alpha}\right) \frac{1}{2\alpha} \mathrm{d}y = \frac{1}{2\alpha^{\frac{n+1}{2}}} \int_0^\infty \mathrm{e}^{-y} y^{\frac{n-1}{2}} \mathrm{d}y$$

$$= \frac{1}{2\alpha^{\frac{n+1}{2}}} \Gamma\left(\frac{n+1}{2}\right)$$

明显有

$$I_{n+1} = \frac{\partial}{\partial \alpha}(I_n)$$

所以有下列公式

$$I_0 = \int_0^\infty e^{-ax^2}\, dx = \frac{1}{2}\left(\frac{\pi}{\alpha}\right)^{1/2}$$

$$I_1 = \int_0^\infty e^{-ax^2}\, x\, dx = \frac{1}{2\alpha}$$

$$I_2 = \int_0^\infty e^{-ax^2}\, x^2\, dx = \frac{1}{4}\left(\frac{\pi}{\alpha^3}\right)^{1/2}$$

$$I_3 = \int_0^\infty e^{-ax^2}\, x^3\, dx = \frac{1}{2\alpha^3}$$

$$I_4 = \int_0^\infty e^{-ax^2}\, x^4\, dx = \frac{3}{8}\left(\frac{\pi}{\alpha^5}\right)^{1/2}$$

$$I_5 = \int_0^\infty e^{-ax^2}\, x^5\, dx = \frac{1}{\alpha^3}$$

$$I_{n+1}(z) = \int_0^{+\infty} \frac{x^s}{z^{-1}e^x - 1}\, dx \quad 0 \leqslant z \leqslant 1$$

$$= \int_0^\infty x^s \sum_{n=1}^\infty (ze^{-x})^n\, dx = \sum_{n=1}^\infty \int_0^\infty x^s e^{-nx}\, dx\, z^n$$

$$= \Gamma(s+1) \sum_{n=1}^\infty \frac{z^n}{n^{s+1}} \tag{8.1}$$

当 $z=1$ 时，对于所有的 $s>0$，有

$$\sum_{n=1}^\infty \frac{1}{n^{s+1}} = \xi(s+1)$$

它是黎曼 zeta 函数，有

$$\xi(2) = \frac{\pi^2}{6}, \xi(4) = \frac{\pi^4}{90}, \xi(6) = \frac{\pi^6}{945}, \cdots$$

$$\xi\left(\frac{3}{2}\right) = 2.612, \xi\left(\frac{5}{2}\right) = 1.341, \cdots$$

则有

$$I_{s+1}(1) = \int_0^\infty \frac{x^s\, dx}{e^x - 1} = \Gamma(s+1)\xi(s+1)$$

和

$$I_2(1) = \int_0^\infty \frac{x\, dx}{e^x - 1} = \frac{\pi^2}{6} \tag{8.2}$$

$$I_4(1) = \int_0^\infty \frac{x^3\, dx}{e^x - 1} = \frac{\pi^4}{15} \tag{8.3}$$

$$I_{\frac{3}{2}}(1) = \int_0^\infty \frac{x^{\frac{1}{2}}\, dx}{e^x - 1} = \Gamma\left(\frac{1}{2}+1\right)\xi\left(\frac{3}{2}\right) \approx \frac{\sqrt{\pi}}{2} \times 2.612 \tag{8.4}$$

再计算积分有

$$\int_0^\infty \frac{x^4 \mathrm{e}^x \mathrm{d}x}{(\mathrm{e}^x - 1)^2} = -\int_0^\infty x^4 \frac{\mathrm{d}}{\mathrm{d}x}\left(\frac{1}{\mathrm{e}^x - 1}\right)\mathrm{d}x$$

$$= 4\int_0^\infty \left(\frac{x^{4-1}}{\mathrm{e}^x - 1}\right)\mathrm{d}x = 4!\,\xi(4) = \frac{4}{15}\pi^4 \tag{8.5}$$

$$I = \int_0^{+\infty} \frac{x}{\mathrm{e}^x + 1}\mathrm{d}x = \frac{\pi^2}{12} \tag{9.1}$$

证明：

$$\frac{x}{\mathrm{e}^x + 1} = \frac{x\mathrm{e}^{-x}}{1 + \mathrm{e}^{-x}} = x\mathrm{e}^{-x}(1 - \mathrm{e}^{-x} + \mathrm{e}^{-2x} - \cdots)$$

$$= \sum_{k=1}^\infty (-1)^{k-1} x\mathrm{e}^{-kx}$$

所以有

$$I = \int_0^{+\infty} \frac{x}{\mathrm{e}^x + 1}\mathrm{d}x = \sum_{k=1}^\infty (-1)^{k-1}\int_0^\infty x\mathrm{e}^{-kx}\mathrm{d}x$$

$$= \sum_{k=1}^\infty (-1)^{k-1}\frac{1}{k^2}\int_0^\infty y\mathrm{e}^{-y}\mathrm{d}y$$

$$= \sum_{k=1}^\infty (-1)^{k-1}\frac{1}{k^2} = \frac{\pi^2}{12}$$

第3部分　排列　组合　概率　统计平均值　几个数学公式

5. 排列与组合

① 把 N 个不同的物体，排列成序，即有此方法数为从 1 到 N 的自然数相乘之积，称为 N 的阶乘，记为 $N!$：

$$N! = N(N-1)(N-2)\cdots 3 \cdot 2 \cdot 1 \tag{10.1}$$

② 在 N 个不同物体中，选出 n 个物体。不管选择时的次序如何，这样的组合选择法的数是：

$$\frac{N!}{(N-n)!\,n!} \tag{10.2}$$

6. 概率与统计平均值

在一定条件下，一个事件可能发生不发生，这事件称为随机事件。当对 A 随机事件观测数 N 趋于无穷时，A 事件发生次数是 N_A，当 N 趋于无穷大时，比值 N_A/N 趋于一个稳定的极限值，这称为事件 A 发生的概率，记为

$$P_A = \lim_{N \to \infty} \frac{N_A}{N} \tag{11.1}$$

如一变量以一定概率取各种可能值，这变量称为随机变量。如 X 是连续型的随机变量，其取值范围是在 a 到 b 之间，取值 $x \sim x + \mathrm{d}x$ 内的概率是 $\mathrm{d}P(x)$，形式上是：$\mathrm{d}P(x) =$

$\rho(x)\mathrm{d}x$,其中 $\rho(x)$ 称为概率密度,并满足以下条件:

$$\mathrm{d}P(x) \geqslant 0 \ , \ \int_a^b \rho(x)\mathrm{d}x = 1 \qquad (11.2)$$

统计平均值是

$$\overline{X} = \int_a^b x\rho(x)\mathrm{d}x \qquad (11.3)$$

如 X 是离散的随机变量,x_i($i = 1,2,3,\cdots,N$)变量对应的概率值是 P_i,则统计平均值是

$$\overline{X} = \sum_{i=1}^N x_i P_i \qquad (11.4)$$

参考文献

[1]汪志诚.热力学·统计物理[M].5版.北京:高等教育出版社,2013.

[2]马本堃,高尚惠,孙煜.热力学与统计物理学[M].北京:人民教育出版社,1980.

[3]陈金灿,苏国珍.热力学与统计物理学热点问题思考与探索[M].北京:科学出版社,2010.

[4]钟云霄.热力学与统计物理[M].北京:科学出版社,1988.

[5]许国保.热力学与统计物理学[M].上海:华东师范大学出版社,1982.

[6]Stephen J. Blundell,Katherine M Blundell.热物理概念——热力学与统计物理学[M].2版.北京:清华大学出版社,2012.

[7]中国科学技术大学物理辅导班.美国物理试题与解答(第5卷):热力学与统计物理学[M].合肥:中国科学技术大学出版社,1986.

[8]李湘如,彭匡鼎.热力学与统计物理学例题和习题[M].北京:高等教育出版社,1988.

[9]林宗涵.热力学与统计物理学[M].北京:北京大学出版社,2009.

[10]范建中,董元兴.热力学与统计物理学[M].北京:科学技术文献出版社,2005.

[11]万发宝,董庆彦.热力学与统计力学[M].西安:陕西人民出版社,2002.

[12]欧阳容百.热力学与统计物理[M].北京:科学出版社,2007.

[13]汪志诚.热力学·统计物理学习辅导书[M].5版.北京:高等教育出版社,2013.

[14]胡承正.热力学与统计物理学学习指导[M].北京:科学出版社,2015.